全国高等职业院校食品类专业第二轮规划教材

(供食品智能加工技术、食品质量与安全、食品检验检测技术、
食品贮运与营销等专业用)

食品安全与卫生

主　编　徐　魏

副主编　刘金玉　隋　明　张浩琪

编　者　(以姓氏笔画为序)

龙　翔 (湖南食品药品职业学院)

刘金玉 (长春职业技术学院)

张建辉 (中国检验认证集团湖南有限公司)

张浩琪 (湖南食品药品职业学院)

徐　魏 (湖南食品药品职业学院)

黄巧娟 (广东省食品药品职业技术学校)

梁　莎 (益阳医学高等专科学校)

隋　明 (四川工商职业技术学院)

景兰娟 (楚雄医药高等专科学校)

中国健康传媒集团
中国医药科技出版社

内容提要

　　本教材是"全国高等职业院校食品类专业第二轮规划教材"之一，系根据本专业培养目标定位和岗位需求及主要专业能力要求，按照本套教材编写指导思想和原则，结合食品安全与卫生课程教学大纲的基本要求和课程特点编写而成，内容上涵盖食品安全与卫生基础及背景知识、天然有毒动植物与食品安全、食品加工过程中的生物性污染及控制措施、食品加工过程中的化学性污染及控制措施、食品安全溯源及预警技术等。本教材为书网融合教材，即纸质教材有机融合电子教材、教学配套资源（PPT、微课、视频、图片等）、题库系统、数字化教学服务（在线教学、在线作业、在线考试）。

　　本教材主要供高等职业院校食品智能加工技术、食品质量与安全、食品检验检测技术、食品贮运与营销等专业师生教学使用，还可为从事食品采购、生产加工、质量控制、储存、销售等环节和岗位的专业技术人员提供参考。

图书在版编目（CIP）数据

食品安全与卫生/徐魏主编．—北京：中国医药科技出版社，2024.6
全国高等职业院校食品类专业第二轮规划教材
ISBN 978 – 7 – 5214 – 4688 – 3

Ⅰ.①食…　Ⅱ.①徐…　Ⅲ.①食品安全 – 高等职业教育 – 教材 ②食品卫生 – 高等职业教育 – 教材　Ⅳ.①TS201.6 ②R155

中国国家版本馆 CIP 数据核字（2024）第 110224 号

美术编辑　陈君杞
版式设计　友全图文

出版　**中国健康传媒集团** | 中国医药科技出版社
地址　北京市海淀区文慧园北路甲 22 号
邮编　100082
电话　发行：010 – 62227427　邮购：010 – 62236938
网址　www.cmstp.com
规格　889mm × 1194mm $^1/_{16}$
印张　12 $^1/_2$
字数　364 千字
版次　2024 年 6 月第 1 版
印次　2024 年 6 月第 1 次印刷
印刷　天津市银博印刷集团有限公司
经销　全国各地新华书店
书号　ISBN 978 – 7 – 5214 – 4688 – 3
定价　**39.00 元**

获取新书信息、投稿、为图书纠错，请扫码联系我们。

出版说明

为了贯彻党的二十大精神，落实《国家职业教育改革实施方案》《关于推动现代职业教育高质量发展的意见》等文件精神，对标国家健康战略、服务健康产业转型升级，服务职业教育教学改革，对接职业岗位需求，强化职业能力培养，中国健康传媒集团中国医药科技出版社在教育部、国家药品监督管理局的领导下，通过走访主要院校，对2019年出版的"全国高职高专院校食品类专业'十三五'规划教材"进行广泛征求意见，有针对性地制定了第二轮规划教材的修订出版方案，并组织相关院校和企业专家修订编写"全国高等职业院校食品类专业第二轮规划教材"。本轮教材吸取了行业发展最新成果，体现了食品类专业的新进展、新方法、新标准，旨在赋予教材以下特点。

1. 强化课程思政，体现立德树人

坚决把立德树人贯穿、落实到教材建设全过程的各方面、各环节。教材编写将价值塑造、知识传授和能力培养三者融为一体。深度挖掘提炼专业知识体系中所蕴含的思想价值和精神内涵，科学合理拓展课程的广度、深度和温度，多角度增加课程的知识性、人文性，提升引领性、时代性和开放性。深化职业理想和职业道德教育，教育引导学生深刻理解并自觉实践行业的职业精神和职业规范，增强职业责任感。深挖食品类专业中的思政元素，引导学生树立坚持食品安全信仰与准则，严格执行食品卫生与安全规范，始终坚守食品安全防线的职业操守。

2. 体现职教精神，突出必需够用

教材编写坚持"以就业为导向、以全面素质为基础、以能力为本位"的现代职业教育教学改革方向，根据《高等职业学校专业教学标准》《职业教育专业目录(2021)》要求，进一步优化精简内容，落实必需够用原则，以培养满足岗位需求、教学需求和社会需求的高素质技能型人才，体现高职教育特点。同时做到有序衔接中职、高职、高职本科，对接产业体系，服务产业基础高级化、产业链现代化。

3. 坚持工学结合，注重德技并修

教材融入行业人员参与编写，强化以岗位需求为导向的理实教学，注重理论知识与岗位需求相结合，对接职业标准和岗位要求。在不影响教材主体内容的基础上保留第一版教材中的"学习目标""知识链接""练习题"模块，去掉"知识拓展"模块。进一步优化各模块内容，培养学生理论联系实践的综合分析能力；增强教材的可读性和实用性，培养学生学习的自觉性和主动性。在教材正文适当位置插入"情境导入"，起到边读边想、边读边悟、边读边练的作用，做到理论与相关岗位相结合，强化培养学生创新思维能力和操作能力。

4.建设立体教材，丰富教学资源

提倡校企"双元"合作开发教材，引入岗位微课或视频，实现岗位情景再现，激发学生学习兴趣。依托"医药大学堂"在线学习平台搭建与教材配套的数字化资源(数字教材、教学课件、图片、视频、动画及练习题等)，丰富多样化、立体化教学资源，并提升教学手段，促进师生互动，满足教学管理需要，为提高教育教学水平和质量提供支撑。

本套教材的修订出版得到了全国知名专家的精心指导和各有关院校领导与编者的大力支持，在此一并表示衷心感谢。希望广大师生在教学中积极使用本套教材并提出宝贵意见，以便修订完善，共同打造精品教材。

数字化教材编委会

主　编　徐　魏　张浩琪

副主编　刘金玉　隋　明

编　者　（以姓氏笔画为序）

龙　翔（湖南食品药品职业学院）

刘金玉（长春职业技术学院）

张建辉（中国检验认证集团湖南有限公司）

张浩琪（湖南食品药品职业学院）

徐　魏（湖南食品药品职业学院）

黄巧娟（广东省食品药品职业技术学校）

梁　莎（益阳医学高等专科学校）

隋　明（四川工商职业技术学院）

景兰娟（楚雄医药高等专科学校）

前　言

　　食品安全与卫生是高等职业院校食品类、餐饮类专业的一门专业基础课程。本教材是根据本专业培养目标定位和岗位需求及主要专业能力要求，按照本套教材编写指导思想和原则，结合食品安全与卫生课程教学大纲，组织高等职业院校和企业从事教学、生产一线的教师及企业专业技术人员悉心编写而成。通过本课程的学习，将为后续食品质量安全与控制技术、食品企业管理体系与认证、食品安全监督管理、食品企业合规管理、餐饮食品安全与控制等专业核心课程奠定重要的理论基础。

　　本教程共分为9章，主要讲授食品安全与卫生基础及背景知识、天然有毒动植物与食品安全、食品加工过程中的生物性污染及控制措施、食品加工过程中的化学性污染及控制措施、食品安全溯源及预警技术等内容。本教材在编写过程中，我们力求反映国内外的先进技术水平和发展趋势，使读者能够接触到最新的知识和信息。同时，我们也注重实践和应用，通过案例分析和应用实践等环节，帮助读者更好地理解和掌握食品安全与卫生知识和技能。

　　本教材由徐魏担任主编。具体编写分工为：第一章由张浩琪和徐魏共同编写；第二章由徐魏编写；第三章由隋明和张浩琪共同编写；第四章由刘金玉编写；第五章由黄巧娟编写；第六章由梁莎编写；第七章由景兰娟编写；第八章由张建辉编写；第九章由龙翔和张浩琪共同编写。

　　本教材在编写过程中，得到各参编院校的领导及编者的大力支持，在此谨致以诚挚的谢意。

　　由于本教材涉及的领域很广，编者水平与经验有限，书中难免有疏漏与不足之处，敬请广大读者提出宝贵意见，以便修订时补充修正。

编　者

2024 年 4 月

第六章 ⊙ 食品包装材料和容器的安全性　98

第七章 ● 食品安全质量保障体系　126

第八章 ● 食品安全溯源及预警技术　141

第九章 ● 食品安全应用实践　168

第一章

绪　论 ⓔ微课

PPT

学习目标

知识目标

1. **掌握**　掌握食品安全与卫生的概念以及特征。
2. **熟悉**　食品安全与卫生的产生和发展过程。
3. **了解**　食品安全与卫生的现状及研究的主要内容。

能力目标

1. 能运用所学知识解决实际问题。
2. 具备辨别食品安全、食品卫生、食品危害因素等概念的能力。

素质目标

通过本章学习，树立辩证思维能力，能够使用唯物辩证法看待问题、思考问题、解决问题；培养在学习过程中的"知行统一"，能够将所学的食品安全与健康知识熟练地运用到实际生活和未来岗位工作当中。

"国以民为本，民以食为天，食以安为先"，食品是人类赖以生存的物质基础，是人类社会生存发展的第一需要。食品安全关系着国计民生，食品安全和监管问题是各国政府长期重点关注的焦点问题。在城乡经济发展和生活水平提高的同时，食品的数量和种类日益丰富，食品的质量与安全性的问题日益突出，建立保证食品安全的有效监控管理体系，是包括生产、消费、经营及管理者在内的全社会的重要课题。

第一节　食品安全与卫生概述

一、食品安全

随着世界工业化的高速发展，环境污染和食品污染问题日益加剧，食品安全事件频发已成为全世界的一大突出问题。国内外食品安全形势严峻，食品安全问题不仅向所有从业者和相关监督管理职能部门提出了迫切的要求，更事关全人类的福祉。

食品安全问题的产生与其自身属性及外部环境的变化密不可分，并且受到政府监管能力的影响。保障食品安全，必须从理论上充分认识到影响食品安全的多方面因素。要认识到食品安全事件频发的深层原因，建立保障食品安全的科学评价指标体系、组织机构、制度法规与管理体系，从而使食品安全管理步入科学化、法治化的轨道。

（一）食品安全学的基本概念

1. 食品安全学的定义　食品安全学（science of food safety）是"研究食物对人体健康危害的风险和

保障食物无危害风险的科学"。食品安全学是 20 世纪 70 年代以来发展的一门新兴学科，是一门偏重于应用性的、理论与实践相结合的学科。它研究了食品"从农田到餐桌"全过程危害风险的规律以及这些规律与公众健康和食品行业发展的关系，为国家食品控制战略的制定和实施提供了科学决策。因此，食品安全学的研究对象是食品安全问题及其发展变化规律和预防与控制食品安全的技术和措施。

食品安全学是研究食品安全的一门综合性科学，食品安全学不像数学、化学和物理学等学科界线十分清楚、学科内涵相对集中。食品安全学不仅包含了食品科学的内容，还包括了农学、医药学、兽医学、毒理学、公共营养与卫生学、生物学、食品原料学、食品微生物学、食品化学、生物化学、流行病学、管理学、法学和传媒学和公共信息管理学等内容。因此，食品安全学的学科基础和学科体系相对较宽，学科的综合性也较强。

2. 食品安全学的特征　食品安全学是食品科学的一个重要分支学科，也是近三十年来发展起来的一门新兴学科，主要包括三大体系内容：食品安全危害性因素、食品安全分析与检测技术体系、食品安全管理与控制体系。食品安全危害性因素主要介绍食品中的不安全因素及来源，按污染源性质不同分为生物性、化学性及物理性污染；食品安全分析和检测主要介绍食品中不安全因素的检测方法，包括常规理化、微生物检验，以及近些年来出现的色谱和波谱检测技术、免疫学检测技术、分子生物学检测技术等；食品安全管理与控制主要介绍食品安全管理体系、食品安全法规与标准、食品安全风险分析、食品安全溯源与预警技术等。

食品安全学的核心问题是保障人类健康，服务对象是人。因此，它与医学领域的毒理学、公共营养与卫生学、药学学科有关。食品安全的研究对象是食品，因此，它与食品原料学、食品微生物学、食品化学、食品理化检测技术等密切相关。食品安全在社会层面上主要是管理问题，政府从事食品安全管理主要依靠法律法规，而食品安全执法又需要标准和检测技术与方法的支持，风险分析过程也需要管理学的理论。因此，它又需要法学、管理学的支持。另外，由于公众的参与意识增强，以及媒体的广泛参与，基于对食品安全事件增加透明度的原则，传媒学也已成为其重要的学科体系之一。

（二）食品安全的基本概念

1. 食品的定义　《中华人民共和国食品安全法》（以下简称《食品安全法》）中的食品是指各种供人食用或者饮用的成品和原料以及按照传统既是食品又是中药材的物品，但是不包括以治疗为目的的物品。《食品工业基本术语》对食品的定义为：可供人类食用或者饮用的物质，包括加工食品、半成品和未加工食品，不包括烟草或只作药品用的物质。

2. 食品安全的定义　食品安全包括食物量的安全（food security）和食物质的安全（food safety）两个方面，目前在已基本解决食物量的安全的前提下，食品安全更多情况下是指食物质的安全。食品安全既包括生产安全，也包括经营安全；既包括结果安全，也包括过程安全；既包括现实安全，也包括未来安全。

1996 年世界卫生组织在《加强国家级食品安全计划指南》中把"食品安全"与"食品卫生"作为两个概念不同的用语加以区别。其中，"食品卫生"所指的范围似乎比食品安全稍窄一些，是指"为了确保食品安全性和适用性在食物链的所有阶段必须采取的一切条件和措施"，而"食品安全"被定义为"对食品按其原定用途进行制作和（或）食用时不会使消费者健康受到损害的一种担保。"安全主要是指食品在生产和消费过程中没有达到危害程度的有毒、有害物质或因素的加入，从而保证人体按正常剂量和以正确方式的摄入食品时不会受到急性或慢性的危害，这种危害包括对摄入者本身及其后代的不良影响。

食品安全是食品质量的最重要组成部分，而人们常常忽视其对公众生活、社会安定可能带来的严重影响，这对食品的生产者、经营者、社会管理部门及政府决策部门，如何从当前和长远的角度把确保食品安全问题落到实处，提出了迫切要求。解决好这个问题，首先需要对食品安全性有一个充分而科学的理解。

食品安全可以分为宏观性的食品安全和微观性的食品安全，宏观性的食品安全又称为食品量的安全，是以食品的"供给保障"安全为内涵的食品安全（food security），与粮食安全具有同等含义。微观性的食品安全又称为食品质的安全，是以保障人体健康为内涵的食品安全（food safety）。

《食品安全法》的颁布实施，对规范食品生产经营活动，防范食品安全事故发生，强化食品安全监管，落实食品安全责任，保障公众身体健康和生命安全，具有重要意义。食品安全法的实施是保障食品安全、保证公众身体健康和生命安全的需要，是促进我国食品工业和食品贸易发展的需要。也是加强社会领域立法，完善我国食品安全法律制度的需要。2015 年修订的《食品安全法》在总则中规定了食品安全工作要实行预防为主、风险管理、全程控制、社会共治的基本原则，要建立科学、严格的监管制度。该规定内容吸收了国际食品安全治理的新价值、新元素，为今后我国食品安全监管工作树立了必须遵循的理念。

按照我国《食品安全法》对食品安全定义为：食品无毒、无害，符合应有的营养要求，对人体健康不造成任何急性、亚急性或者慢性危害。当然不少曾被认为是"无污染"食品或"清洁"食品并非真的食品，而许多被宣布有毒有害的化学物质实际上在环境中和食品中都被发现以及微量广泛存在，这个安全性如何界定？从对人体健康的影响来看，除明显致病的以外，所谓慢性毒害、慢性病、健康隐患等，也都需要更明确的解释。美国学者 Jones 则曾建议区分绝对安全性与相对安全性两种不同的概念。

3. 绝对安全性和相对安全性　绝对安全性是指确保不可能因食用某种食品而危及健康或造成损害的一种承诺，也就是食品应绝对无风险。相对安全性是指一种食物或成分在合理食用方式或正常食量的情况下，不会导致健康损害的实际确定性。

因此，一种食品是否安全，取决于其制作食用方式是否合理，食用数量是否适当，还取决于食用者自身的一些内在条件。以上也说明一个问题，那就是对食品消费者和食品生产管理者来讲，前者要求对他们提供没有风险的食品，而将频繁发生的安全性事件归因于技术和管理的不当，后者则是从食品的构成和食品科技的现实出发，认为安全食品并非是完全没有风险的食品，而是在提供最丰富营养和最佳品质的同时，力求把可能存在的任何风险降到最低限度。

4. 食品安全的现代问题　人类社会的发展和科学技术进步，正在使人类的食品生产与消费活动经历巨大的变化。与人类历史上任何时期相比，目前，一方面是饮食水平与健康水平普遍提高，反映食品安全性的状况有较大提高，甚至是质的改善；另一方面则是人类食物链环节增多和食物结构复杂化，这又增添了新的饮食风险和不确定的因素。

此外，假冒伪劣食品（劣质、掺杂毒物异物等）在食品安全性问题中占有重要地位。以上可归纳为现代食品安全性的六大类问题，即营养失控、微生物致病、自然毒素、环境污染物、人为加入食物链的有毒化学物质、其他不确定的饮食风险。在食品相对富裕的条件下，因饮食结构失调使高血压、冠心病、肥胖症、糖尿病、癌症等慢性病显著增多，这说明食品供应充足不等于食品安全性改善。高能量、高脂肪、高蛋白、高糖、高盐和低膳食纤维，以及忽视某些矿物质和必需维生素摄入，都可能给人的健康带来慢性损害。

二、食品卫生

（一）食品卫生的相关概念

1. 食品卫生的定义 1984 年世界卫生组织在《食品安全在卫生和发展中的作用》的文件中，曾把"食品卫生"与"食品安全"作为同义词，定义为："生产、加工、贮存、分配和制作食品过程中确保食品安全可靠，有益于健康并且适合人消费的种种必要条件和措施。"

1996 年世界卫生组织和 1997 年《国际食品卫生法典》中将"食品卫生"和"食品安全"作为两个概念不同的用语加以区别。"食品卫生"被解释成为保证食品安全性和适合性的食物链的所有环节必须采取的一切条件和措施。因此，食品卫生就是要保证食品安全，即食品中不含有毒、有害物质，要保证食品始终在清洁的环境中，由身体健康的食品从业人员生产、加工、贮存和销售，减少其在食物链各个阶段所受到的污染，无掺假、伪造，保证食品应有的营养价值和色、香、味等感官性状，符合食品的安全卫生要求。食品卫生具有食品安全的基本特征，包括结果安全（无毒无害，符合应有的营养等）和过程安全（即保障结果安全的条件、环境等安全）。

2. 食品污染物 2010 年国际食品法典委员会（CAC）的程序手册上明确，"污染"是食品或者食品环境中导入或者出现污染物的过程。《食品安全国家标准 食品中污染物限量》（GB 2762—2022）中明确"污染物"是指食品在从生产（包括农作物种植、动物饲养和兽医用药）、加工、包装、贮存、运输、销售，直至食用等过程中产生的或由环境污染带入的、非有意加入的化学性危害物质。食品卫生学的任务之一就是充分认识食品污染的种类和来源，制定针对性的卫生操作规程，并通过有效实施来预防食品污染，消除食品安全危害或将其降低到可接受水平，即满足食品安全标准的要求。

（二）食品卫生的相关法律法规

世界各国都制定了相关的法律法规用于保障食品安全以及食品加工企业的卫生。法律法规是强制性的，标准具有强制性和推荐性两种形式，但卫生法规是强制性的，因为向公众提供的食品必须是卫生的。

1. 各类卫生规范 食品供应链相关的良好规范有四个：良好农业规范（GAP）、良好生产规范（GMP）、良好流通规范（GDP）、良好餐饮规范（GCP）。两个前提方案：前提方案（PRP）、操作性前提方案（OPRP）。一个卫生标准操作规范（SSOP）。一个危害分析与关键控制点（HACCP）。与卫生相关的良好规范有良好卫生规范（GHP）。结合前两类规范的具体规范又有四个：良好农业卫生规范（GAHP）、良好生产卫生规范（GMHP）、良好流通卫生规范（GDHP）、良好餐饮卫生规范（GCHP）。

2. 国外食品卫生规范 CAC/RCP 1 – 1969，Rev. 4 – 2003《食品卫生通用规范》；CAC/RCP 15 – 1976《蛋和蛋制品的卫生操作规范》；CAC/RCP 58 – 2005《肉类卫生操作规范》；CAC/RCP 8 – 1976《速冻食品的加工和处理操作规范》等。

国际标准化组织（ISO）制定有 ISO 22000《食品安全管理体系 食品链中各类组织的要求》、《食品安全的前提方案 第 1 部分 食品生产》（ISO/TS 22002 – 1 – 2009）等。

全球食品安全倡议（GFSI）通过标准比对、标准互认，达到"一处认证，处处认可"。

GFSI 认证计划包括 HACCP、SQF、BRC、IFS、FSSC、GLOBAL、G. A. P、BAP 以及加拿大 GAP。

美国制定有 21CFR Part 110《食品生产、包装和贮存良好生产规范》、21CFR Part 117《食品现行良好操作规范和危害分析及基于风险的预防性控制措施》等。

欧盟制定有（EC）No 852/2004《食品卫生条例》、（EC）No 853/2004《动物源食品的具体卫生规则》等。

3. 我国食品卫生规范　　《食品安全法》第二十六条规定，食品安全标准应当包括下列内容：食品生产经营过程的卫生要求；第四十八条规定，国家鼓励食品生产经营企业符合良好生产规范要求，实施危害分析与关键控制点体系，提高食品安全管理水平。

我国制定了食品供应链的通用卫生规范，有《食品安全国家标准　食品生产通用卫生规范》（GB 14881）《食品安全国家标准　食品经营过程卫生规范》（GB 31621）《食品安全国家标准　食品添加剂生产通用卫生规范》（GB 31647）；针对各类食品的卫生规范有《食品安全国家标准　罐头食品生产卫生规范》（GB 8950）《食品安全国家标准　饮料生产卫生规范》（GB 12695）《食品安全国家标准　肉和肉制品经营卫生规范》（GB 20799）《食品安全国家标准　原粮储运卫生规范》（GB 22508）《食品安全国家标准　速冻食品经营卫生规范》（GB 31646）等，这些卫生规范覆盖到生产、加工、储运和经营环节。

三、食品安全与食品卫生

关于食品安全与食品卫生的定义，经历了不同时代的变迁。

到目前为止，食品安全与食品卫生这两个概念逐渐明朗，两者既有密切的联系，又存在一定的区别。

（一）范围不同

食品安全包括食品（食物）的种植、养殖、加工、包装、贮藏、运输、销售、消费等环节的安全，而食品卫生通常并不包含种植、养殖环节的安全。

（二）侧重点不同

食品安全是结果安全和过程安全的完整统一。食品卫生虽然也包含上述两项内容，但更侧重于过程安全。两者之间的联系表现在：①食品卫生问题在一定条件下可能转化为食品安全问题。例如，在肉制品加工过程中，如果员工的手不清洁或生产用具不卫生，导致产品被致病菌污染，这种现象是由于食品在生产过程中的卫生状况不良所致，属于食品卫生问题；但是，如果这些被污染的肉制品进入流通环节，消费者食用后感染或中毒，造成健康危害，这就属于食品安全问题了。②食品卫生是保障食品安全的基本条件或前提。在国家食品安全保障体系中，必须要求食品生产者向消费者承诺其提供的食品是安全的，因此，需要相关法律法规、标准、控制措施和技术手段等来支撑整个食品安全保障体系。毫无疑问，食品卫生是食品安全保障体系中诸多支撑方法之一，为安全食品的供应提供卫生的生产环境与生产过程。

因此，为了提供有益健康的安全食品，必须在卫生环境中，采用清洁卫生、安全的食品原辅料，由身体健康的食品从业人员加工食品，防止各种生物性、化学性或物理性的因素对食品的污染以及不良的食品贮存状况引发食品安全问题。

第二节　食品安全与卫生的主要危害因素

食品是人类生存的基本要素，但是食品中有可能含有或者被污染导致含有危害人体健康的物质。食品危害（food hazard）被分为 6 类：微生物污染、农兽药残留、滥用食品添加剂、化学污染（包括生物毒素）、物理污染和假冒食品危害。假冒食品之所以也被列为食品危害，是因为它违反了"食品应准确、诚实的予以标注"的法律规定。食品中具有的危害物通常称为食源性危害物。食源性危害物大致上可以分为物理性、化学性以及生物性三大类，其产生危害的途径常常与食品生产加工过程有关。本教材将三大类危害因素与产生危害途径等相结合，将危害分析分为食品内源性毒素和食品外源性毒素两大类。

一、食品内源性毒素

（一）动植物天然毒素、真菌和细菌毒素

动植物天然毒素是生物本身含有的或是生物在代谢过程中产生的某种有毒成分。过敏源都是蛋白质，但众多的蛋白质中只有几种蛋白质能引起过敏，并且只有某些人对其过敏。引起过敏的蛋白质通常能耐受食品加工、加热和烹调，并能抵抗肠道消化酶的作用。过去中国对食物过敏的问题未引起足够的重视。尽管食物过敏没有食物污染问题那么严重和涉及面广，但一旦发生，后果相当严重。致敏性食品包括八大类：谷类、贝类、蛋类、鱼类、奶类、豆类、树籽类及其制品、含亚硝酸盐类的食品。

运用传统与现代分子生物学手段深入研究食品相关各类毒素，对毒素性食源性疾病的病因学诊断、病原学监测、中毒的预防控制和制定相应的国家标准等均具有重要意义。

细菌性危害是指细菌及其毒素产生的危害。细菌性危害涉及面最广、影响最大、问题最多。控制食品的细菌性危害是目前食品安全性问题的主要内容。

真菌性危害主要包括霉菌及其毒素对食品造成的危害。致病性霉菌产生的霉菌毒素通常致病性很强，并伴有致畸、致癌性，是引起食物中毒的一种严重生物危害。

（二）食源性病原体

食源性病原体疾病是危害人类健康的首要食品安全问题，食源性病原体是导致食源性疾病的最主要因素。在社会经济和科学技术快速发展的今天，人类对生态和资源的需求不断提高，使得食源性病原学的研究面临新的挑战。如何攻克新发食源性病原体，尤其是食源性病菌和寄生虫对公众健康的影响，控制耐药性的蔓延是本学科的重要研究内容之一。

二、食品外源性毒素

（一）农业投入品和农业操作过程

在生产食品原料的过程中，为提高生产数量与质量常使用各种化学控制物质，如兽药、饲料添加剂、农药、化肥、动物激素与植物激素等，这些物质的残留对食品安全产生重大的影响，如 β - 受体激动剂（如瘦肉精）、类固醇激素（如己烯雌酚）、镇静剂（如氯丙嗪、利血平）和抗生素（如氯霉素）等目前养殖业中常见的滥用违禁药品。目前食品中农药和兽药残留已成为全球共性问题和一些国际贸易纠纷的起因，也是当前我国农畜产品出口的重要限制因素之一。

（二）食品加工和包装过程

食品添加剂是指为改善食品的品质、色、香、味、保藏性能以及为了加工工艺的需要，加入食品中的化学合成或天然物质。食品添加剂的使用对食品加工行业的发展起着重要的作用，在标准规定下使用食品生产中允许使用的添加剂，其安全性是有保证的，但若不科学地使用或违法、违规使用会带来很大的负面影响。在加工食品过程中，非法添加其他化学物质等违规、违法操作，也会带来很大的负面影响，加工机械和容器的重金属污染、包装材料不合格造成的污染，不良烹饪方法产生的化合物等也是重要的食源性危害。

（三）环境污染物

食物源于环境，人类的生产、生活可造成环境污染，环境污染又可伴随着食品种植（养殖）、加工过程与食物间的物质代谢而存在于食品中，形成由环境污染而引起的食品安全问题。例如，由于原料受环境污染及加工方法不当带来的多环芳烃类化合物，由环境污染、生物链进入食品原料中的二噁英等，高温油炸或烘烤食品产生的苯并芘等，以及食品吸附外来放射性物质造成的食品放射性污染。

三、食品危害的影响

食品污染造成的危害主要体现在以下几个方面。

（一）影响食品的感官性状

食品污染往往是一些微生物繁殖导致食品中的营养成分减少，从而导致食品色、香、味、形等感官形状的变化。有些细菌还含有可分解各种有机物的酶类，并在适宜条件下大量生长繁殖，食品被这些细菌污染后，其中的蛋白质、脂肪和糖类可在各种酶的作用下分解，使食品感官性状恶化，营养价值降低，甚至腐败变质。例如，苹果长霉菌后，果肉的色、香、味、形等发生不可逆的变化。

（二）造成急性食物中毒

食品被致病菌污染后，一方面致病菌在适宜的温度、水分、pH 和营养条件下大量繁殖，当人体摄入一定数量的活菌后造成食物中毒；另一方面有些致病菌在食品中繁殖并产生毒素，引起食物中毒。一次大量摄入被真菌及其毒素污染的食品，会造成食物中毒；长期、小量摄入受污染的食品也会引起慢性病或癌症。

例如黄曲霉毒素，不仅具有很强的肝脏毒性，导致急慢性肝中毒，甚至导致死亡，而且还具有很强的致癌性，可引起肝癌、胃癌、肾癌、结肠癌、乳腺癌等癌症。黄曲霉毒素是黄曲霉菌产生的活性物质。黄曲霉菌是真菌的一种，普遍存在于空气和土壤中，在有氧、温度较高和潮湿的条件下容易生长，易在花生、玉米、大米、小麦、大麦、棉籽和大豆等农产品上生长发霉。黄曲霉毒素对食品原料和成品的污染很普遍，我国南方地区、印度、美国和一些东南亚国家的粮产品中黄曲霉毒素污染率均较高。黄曲霉毒素的急性毒性主要是对肝脏造成损害，造成肝细胞变性、脂肪浸润、胆管增生等。黄曲霉毒素不仅引起家禽、鱼类、家畜和其他动物的肝癌等肿瘤，流行病学调查发现在粮油、食品受黄曲霉毒素污染严重的地区，人类肝癌发病率也较高。国际癌症研究所将黄曲霉毒素确定为一级人类致癌物。食用被黄曲霉毒素污染严重的食品后可出现发热、腹痛、呕吐、食欲减退，严重者在 2 ~ 3 周内出现肝脾肿大、肝区疼痛、皮肤黏膜黄染、腹腔积液、下肢浮肿及肝功能异常等中毒性肝病的表现，也可能出现心脏扩大、肺水肿，甚至痉挛、昏迷等症。

（三）对机体产生慢性危害

如果长期摄入被少量有害有害物质污染的食物，可对机体造成损伤，引起慢性中毒。污染物的种类和毒性不同，作用机制不同。因此，慢性中毒的症状表现也各不相同。

由于近几年大量长期地乱施化肥造成农业环境污染，进而造成食品被污染。在蔬菜种植中，施用过量的氮肥，再加上蔬菜是富集硝酸盐的植物性食物，从而对叶菜类蔬菜含硝酸盐影响最大。人类摄入硝酸盐有 80% ~ 90% 来自蔬菜，虽然蔬菜中的硝酸盐对人体无害，但它极易还原成亚硝酸盐，导致癌症发生。世界卫生组织和联合国粮农组织在 1993 年就规定硝酸盐的日允许摄入量为 5mg/kg（体重），亚硝酸盐的日允许摄入量为 0.2mg/kg（体重）。人体摄入 0.3 ~ 0.5g 亚硝酸盐即可引起中毒，3g 可致死，从测定结果来看，大多数蔬菜的亚硝酸盐含量尚未超标，但腌制的芥菜已明显超标，对人类的身体健康存在潜在威胁，应引起人们的高度重视。

另外，食品中的农药污染与人体健康有机氯类农药在我国使用长达 30 余年。虽然 1983 年停止生产有机氯类农药，但它们的残留问题仍不容忽视。如 DDT、六六六的残留期长达 50 年。有机氯类农药挥发性不高，脂溶性强，化学性质稳定，易于在动植物富含脂肪的组织及谷类外壳富含脂质的部分中蓄积。

人体长期摄入含有有机氯农药的食物后，主要造成急、慢性中毒，侵害肝、肾及神经系统；此外，农药还具有环境激素的作用，对内分泌及生殖系统也会造成一定损害。

第三节 国内外食品安全与卫生概况及发展趋势

食品是人类赖以生存和发展的基本物质，是人们生活中最基本的必需品。随着经济的迅速发展和人们生活水平的不断提高，食品产业获得了空前的发展。各种新型食品层出不穷，食品产业已经在国家众多产业中占支柱地位。食品安全是消费者选择食品的首要标准。近几年来，日益加剧的环境污染和频繁发生的食品安全事件，对人们的健康和生命造成了巨大的威胁，食品安全问题已成为人们关注的热点问题。

一、中国食品安全现状及发展趋势

人类生存离不开食物，因此食物的安全问题为千千万万人所关心。食品是人类赖以生存、繁衍以及维持健康的基本条件。人的一生都离不开食物。随着食品需求量的增大，不仅要增强食品的营养保健性，还要提高食品的安全性。纵观我国的食品质量安全问题，自 2000 年以来，我国食品安全状况有了明显的改善，但长期以来，我国食品产业发展参差不齐，产业规范化、规模化、集约化程度不高，许多危害因素来自不科学的生产、加工、储运过程，所面临的问题仍然相当严重。

（一）安全现状

1. 微生物污染 包括细菌性污染、病毒和真菌及其毒素的污染、各种病原体等有害生物的污染。据世界卫生组织估计，全世界每年有数以亿计的食源性疾病患者，其中 70% 是由于各种致病性微生物污染的食品和饮用水引起的。我国 1990—1999 年十年间食物中毒情况表明，微生物性食物中毒居各类食物中毒病原的首位，占总数的 40%。

2. 种植业和养殖业的源头污染 化肥、农药、兽药、饲料等各种投入品滥用（或使用不当）是当前一段时期最突出的食品安全问题。化肥和农药的滥用则造成土壤和水等自然环境的污染，进而导致植物性食品的安全受到威胁；兽药的滥用以及饲料的质量和安全问题则直接威胁到动物性食品的安全。

3. 环境污染对食品安全的影响 工业"三废"中含有许多有毒有害的化学物质，由于工业"三废"和城市垃圾的不合理排放，使水、土壤和空气等自然环境受到污染，动物和植物长期生活在这种环境中，这些有毒有害物质就会在体内蓄积，成为被污染的食品，而这些有毒有害物质的化学结构和性质经动植物的转化变得更为复杂，通过食物链的作用，对人类造成了更为严重的威胁。

4. 食品加工过程中的污染 一方面，目前我国食品加工类企业绝大多数规模偏小。另一方面，受到利益的驱使，假冒伪劣食品屡禁不止。在加工过程中，掺杂使假，以假充真，以非食品原料、发霉变质原料加工食品，不按标准生产，滥用食品添加剂和食品加工助剂，以化工原料代替食品添加剂和食加工助剂，使用有毒有害的材料做加工器具、设备、包装材料或容器等各种违法行为都严重威胁着我国的食品质量安全。

5. 新技术、新产品对食品安全的影响 近年来，我国新的食品类产品及新的食品原辅料大量出现和应用，很多没有经过严格的危险性评估。如一些新型食品添加剂和加工助剂、新的包装材料、新的防霉保鲜剂等。还有一些作为保健食品原料的传统药用成分，作为保健食品长期和广泛地被部分人群食用，其安全性值得关注。另外像转基因技术的应用，虽然给食品行业的发展带来了较好的机遇，但转基因食品的安全性仍不确定。

6. 动物防疫检疫体系 我国地域辽阔，动物品种繁多，畜牧业生产较为分散，集约化程度不高，难以防疫管理，加之防疫机构不健全、手段落后、检疫设备不完善，我国的畜牧业疫病时有发生，同时新的疫病，也不断出现。动物疫病使得染病的动物体内含有一定的病菌和毒素，对畜禽产品的质量安全造成影响，从而给消费者带来安全隐患。更令人担忧的是，人畜共患疫病的存在和发生将直接威胁人的身体健康和生命安全。

（二）发展趋势

随着我国食品工业的快速发展，我国食品质量安全的基础工作也得到了一定的增强，食品安全水平也不断提高。我国食品安全发展趋势主要包括以下几个方面。

1. 食品标准化工作正在不断完善 目前已基本形成了由国家标准、行业标准、地方标准、企业标准构成的食品标准化体系。我国加入世界贸易组织后，为了提高标准的水平、与国际标准接轨，对多项标准进行了制订与修订。

2. 食品质量安全检验检测体系逐步健全 目前已初步形成了比较完备的食品质量安全检验网络，其中包括国家级食品检验中心，省、地市及县级食品检验机构，以及有关行业部门设置的食品检验机构。未来仍需建立全面的、连续的食源性疾病、食品污染和食品有害物质的监测资料和覆盖全国范围的监测网络体系；建立食品安全预警数据分析体系和预警机制，实现食品安全问题早发现、早预警和早控制；加入国家食品安全监测网络为我国食品安全监测体系的建立和食品安全预警提供帮助；建立一批与国际接轨、经过科学认证的食品安全检测机构，研究开发高灵敏性、准确性、高通量、快速或现场检测新技术，以及具有自主知识产权的食品安全快速检测仪器设备；强化我国基层食品检验机构在仪器设备、检测能力、检测人员素质等方面的建设。

3. 食品生产加工企业的技术、工艺设备以及质量管理水平取得较大提高 目前有些行业或企业的生产技术和管理水平已基本与国际接轨，已有上万家食品企业通过了 ISO 9000 或 HACCP 质量体系认证，有众多的食品企业在向发达国家或地区出口各类食品，还有国际著名品牌的食品集团在国内独资或者合资设立食品生产企业，这都为提升我国食品质量安全整体水平发挥了积极的带动作用。未来仍需鼓励和引导在食品生产企业实施 GMP 和 HACCP，确保食品安全。

二、国外食品安全现状及发展趋势

近年来，国际上食品安全恶性事件频繁发生，造成巨大的经济损失，国际食品安全状况不容乐观。

食源性疾病的暴发呈急剧增加趋势，不发达国家每年约有 220 万人死于食源性疾病，一些发达国家，每年也至少有 30% 的人口感染食源性疾病。在经济落后地区，食源性疾病也频频发生。

1. 食品安全监管体制的统一化 食品安全涉及种植、养殖、生产、加工、储存、运输、销售、消费等社会化大生产的诸多环节。实施"从农田到餐桌"的全程监管和质量控制，需要研究从农田到餐桌全过程中危害识别关键技术，提高危害识别能力；研究食品从生产到消费过程危害物的形成机制和控制机制，优化工艺和关键技术解决过程污染问题。

近年来，为提高食品安全监管的效率，许多国家对传统的食品安全监管体制进行了改革。改革大致通过两种方式进行：一是将过去分散的管理部门予以统一，如澳大利亚与新西兰组建了澳大利亚新西兰食品标准局，将食品安全标准的分散部门制定改革为统一的部门制定，统一规划、统一制定，保证了食品安全标准的统一与权威；二是对传统分散的管理部门予以适当协调。目前，食品安全监管要素的统一主要表现在三个层面的统一：①决策层面的统一，包括法律、标准、政策和规划的统一等；②执行层面的统一；③监督层面的统一。

2. 食品安全保证规则的法律化　近年来，在食品安全监管体制逐步统一化的进程中，各国政府逐步开始统一食品安全的各项保障规则，其显著标志就是食品安全法律和标准的法典化。法典化的根本目标在于基于共同的原则形成体系完整、价值和谐的科学体系。

总体看来，许多国家已逐步将过去分散的食品安全法律规范予以编撰形成覆盖食品生产经营全过程制定的《食品安全法》《食品标准法》，如日本制定了《食品安全基本法》《食品卫生法》等。在标准方面，许多国家逐步在统一规则下构建食品安全的基础标准、管理标准、方法标准和产品标准等标准体系，如英国、澳大利亚等国家组建了独立的食品标准局，具体负责食品安全标准的制定工作。此外，许多国家将食品安全标准列入食品安全法律中，称之为食品安全技术法规，具有强制性。

3. 食品安全技术服务机构的社会化　食品安全技术服务机构是指由专业技术人员依靠自己的专业知识或技能对受托的食品特定事项进行检测、检验、鉴定、评价等并出具相应意见的专业技术支撑机构。其包括食品安全检测机构、食品安全检验机构、食品安全评价机构等。在食品安全技术服务机构的认识上，国际社会经历了若干转变：一是在基本属性的定位上，经历了从行政权力到技术服务的转变；二是在服务对象的把握上，经历了从权力服务到社会服务的转变；三是在资源价值的发挥上，经历了从封闭所有到开放利用的转变。

4. 建立健全完善的食品安全信息系统　美国形成了以联邦政府信息披露为主、地方各州政府信息披露为辅，分工明确、全方位的食品安全信息披露主体。我国的这个主体在现阶段几乎没有发挥太大的作用，大部分的食品安全事件都是先从媒体揭露出来的，所以目前需建立全面的信息采集、科学的风险分析以及综合的信息反馈系统；建立独立的、权威的食品安全风险评估机构、完善的法律法规，对信息披露进行规范，而不是任何个人都可以随意发布食品安全信息。

三、食品安全与卫生面临的新挑战

（一）新的病原微生物不断出现且不易控制，食源性疾病的危害日益严重

致病性微生物引起的食源性疾病是中国的头号食品安全问题，也是世界上头号食品安全问题。食源性疾病呈现新旧交替和复发两种趋势，新的食源危害物不断出现。据世界卫生组织公布的资料，在过去的 20 多年间，新出现并确认的传染病有 30 余种，如禽流感、猪链球菌等，其中有很多是通过食品传播的，防止这些疾病在我国传播将是一个新的挑战。在我国易造成食物中毒的病原微生物主要有致病性大肠埃希菌、金黄色葡萄球菌、沙门菌等。病原微生物引起的食物中毒每年都有发生，尤其是在气温较高的夏、秋季节更容易发生此类中毒事件。

（二）环境污染等源头污染直接威胁着食品安全

食品中新的化学污染物和放射性污染对人体健康潜在的威胁有扩大和加重的趋势。工业生产过程中

产生的污染直接污染大气、水源、农田，给农作物的生长、发育带来影响，从而影响食品原料的安全。目前，在我国的 78 条主要河流中，有 54 条已受到污染，其中 14 条受到严重污染；在大约 5 万条支流中，75% 受到污染。已被污染的河流总长达 1.8 万千米，其中 1.26 万千米河流的水已不能用于灌溉，鱼虾绝迹的水体达数千千米。130 多个湖泊和近海区域都不同程度地存在富营养化问题，处于富营养化的湖泊有 51 个。我国重金属污染耕地已经达到 3 亿亩，农药污染耕地 1.36 亿亩，污水灌溉污染耕地达 3250 万亩，大气污染耕地 8000 万亩，固体废弃物堆存占地和毁田 200 万亩。环境化学性污染已成为我国第二号食品安全问题的来源。

（三）随着科学技术的进步和生态环境的进一步恶化，新的化学污染物带来的危害

农药和兽药残留、非法添加物等的不断出现对食品安全的影响越来越严重，进一步加重了对民众的健康威胁。特别是滥用非食品用物质和违规使用食品添加剂，在食品加工制造过程中，非法使用和添加超出食品法规允许范围的化学物质（其中绝大部分对人体有害），如使用三聚氰胺和瘦肉精，在面粉中过量使用增白剂，在腌菜中超标使用苯甲酸和在饮料中超标使用化学合成甜味剂等。

（四）食品新技术和新的产销方式给食品安全带来新的挑战

由于现代生物技术和食品加工技术等新技术的应用，使食品加工、制造、流通和市场迅速发生变化，新型食品不断涌现，如方便食品、冷冻食品、保健食品和转基因食品等。这些食品虽然增加了食品种类，丰富了食品资源，并给国民经济带来了新的增长点，但同时也存在着不安全、不确定的因素。例如包装材料和保鲜剂等化学品，长期食用会对人体健康带来严重威胁。此外日益流行的保健食品中有些成分并未经过系列的毒理学评价，其安全性存疑。

（五）食品安全监管工作任重而道远

首先，我国是一个人口和食品消费大国，农业生产和大多数食品加工组织规模小而且分散。据不完全统计，目前我国有食品生产加工企业 44 万余家，其中 80% 为 10 人以下的小企业，食品经营主体 323 万家，农民、牧民、渔民 2 亿多户，有证餐饮单位约 210 万家，无证照的小作坊、小摊贩和小餐饮难以计数，农业生产更为分散，种植养殖环节主要依靠 2 亿多农民散户生产。如此庞大的食品生产消费量，如此众多的食品生产经营者，使得我国食品安全监管任务异常繁重。其次，随着我国城市化进程加快，老百姓的生活方式发生了很大变化，也加大了食品安全监管的工作量。再次，一些从事食品生产经营的不法分子犯罪手段花样百出，使得食品安全监管任务异常艰巨，打击食品违法犯罪活动的任务任重而道远。

（六）食品安全问题的国际化

由于食品贸易的国际化，一个国家出现的食品污染会引起另外一个国家的相关食品问题，即某国发生的食品安全问题会很快"国际化"。这也对各国食品生产与流通中的安全性保证提出了新的挑战。疯牛病、口蹄疫、禽流感、二噁英污染等重大食品安全事件频发和流行已经对世界各国经济和社会发展产生了重要影响。

第四节　食品安全与卫生研究展望

近年来，我国食品产业快速发展，食品安全标准体系逐步健全，检验监测能力不断提高，全过程监管体系基本建立，重大食品安全风险得到控制，人民群众饮食安全得到保障，食品安全形势不断好转。人民群众日益增长的美好生活需要对加强食品安全工作提出了新的更高的要求；推进国家治理体系和治

理能力现代化，推动高质量发展，实施健康中国战略和乡村振兴战略，为解决食品安全问题提供了前所未有的历史机遇。中共中央、国务院发布的《关于深化改革加强食品安全工作的意见》中指出，必须深化改革创新，用最严谨的标准、最严格的监管、最严厉的处罚、最严肃的问责，进一步加强食品安全工作，确保人民群众"舌尖上的安全"。

一、加强食品安全风险监测体系和风险评估体系建设

食品安全风险监测与评估工作是《食品安全法》赋予卫生行政部门的一项重要职责。卫健委负责组织食品安全风险评估工作，成立由医学、农业、食品、营养等方面的专家组成的食品安全风险评估专家委员会进行食品安全风险评估。依托现有的疾病预防控制和医疗机构体系资源，在全国建立食品污染物、食源性疾病监测和膳食调查体系，建立食品安全有害因素与食源性疾病监测数据库，对食品、食品添加剂中生物性、化学性和物理性危害进行风险评估。建立这一制度可以发现食品中的潜在危害，做到预防在先。

完善国家食品安全风险监测、评估体系，其最终目标有 4 个：一是人们患食源性疾病的风险减少，公众健康得到有效保护；二是保护消费者避免受到不卫生、有害健康、错误标志或掺假食品的危害；三是消费者信任国家食品体系；四是国内及国际的食品贸易具有合理的法规基础，促进经济发展。

有效的食品安全监管是一项系统工程。2018 年我国形成了以国家市场监督管理总局为主体的食品安全监管机构。市场监督管理部门转变管理理念，创新管理方式，充分发挥市场机制、行业自律和社会监督作用，建立让生产经营者真正成为食品安全第一责任人的有效机制。将充实加强基层监管力量，切实落实监督责任，形成队伍集中、装备集中，广覆盖、专业化的食品监管体系，不断提高食品安全质量水平。中国的食品安全管理需要高标准、严要求，加大监督和检查的力度。同时也要大力实施扶优扶强措施，政策、行政、经济手段并举，对重信誉、讲诚信的企业给予激励，努力营造食品安全的诚信环境，完善食品安全诚信运行机制，加强企业食品安全诚信档案建设，推行食品安全诚信分类监管。

二、建立较为完善的食品安全应急反应体系

食品安全事件具有突发性、普遍性和非常规性的特点，影响的区域非常广泛，涉及的人员也很多。如果没有高效应急机制，事件一旦发生，规律难以掌握，局势难以控制，则损失难以估量。为了维护社会安定和市场经济秩序，建立健全应对食品安全突发事件的应急反应机制，及时控制食品安全突发事件，有限度地减少食品安全事件造成的危害。目前，建立处理食品安全突发性事件的应急机制已成为国际惯例。我国应从完善机构体系、健全信息收集、建立预设方案等几个方面建立健全食品安全应急反应机制。

三、提高食品安全科学研究水平

基于中国经济的发展水平以及现有科技基础，应优先研究关键技术和食源性危害危险性评估技术；采用可靠、快速、便捷、精确的食品安全检测技术；积极推行食品安全过程控制技术等。同时为满足检测工作的要求，质检机构既要加强硬件建设，不断充实新的仪器设备，配备先进的测试手段，还要有一批有较高理论造诣和丰富实战经验的专业检测人员，以了解检测技术的发展趋势及当前食品的制假动态，善于从产品的外观捕捉到产品的违禁添加物，为产品质量监督和打击假冒伪劣产品寻找到直接的突破口和切入点，积极开展新技术、新工艺、新材料加工食品的安全性评价技术研究。

四、完善健全食品召回制度

食品生产者如果确认其生产的食品存在安全危害，应当立即停止生产和销售，主动实施召回；对于故意隐瞒食品安全危害、不履行召回义务或由于生产者过错造成食品安全危害扩大或再度发展的，将责令生产者召回产品，并辅以相应的惩罚措施。

五、建立信息发布制度，完善食品安全信息体系

建立信息发布制度，完善食品安全信息体系，能够促进政府监管部门、企业、消费者和社会公众等有关各方面的信息交流，有利于提高食品安全参与性、透明性，维护公众信心，促进行业自律，全面提升食品安全社会监督水平。这是食品安全科学监管的必然要求。

目前，中国政府高度重视食品安全，坚持安全第一、问题导向、预防为主、依法监管、改革创新、共治共享的原则，食品安全法规不断完善。随着中国科学技术的发展和人民生活水平的提高，越来越多的人将具有"食品安全"意识，食品安全状况将不断改善。

知识链接

从"十四五"规划看中国食品安全监管

《中华人民共和国国民经济和社会发展第十四个五年规划和2035年远景目标纲要》提出，严格食品药品安全监管，加强和改进食品药品安全监管制度，完善食品药品安全法律法规和标准体系，探索建立食品安全民事公益诉讼惩罚性赔偿制度。深入实施食品安全战略，加强食品全链条质量安全监管，推进食品安全放心工程建设攻坚行动，加大重点领域食品安全问题联合整治力度。加强食品药品安全风险监测、抽检和监管执法，强化快速通报和快速反应等。

练习题

答案解析

一、单选题

1. 食品安全中，关于食品添加剂的使用，说法正确的是（　　）。
   A. 可以随意增加食品添加剂的用量以提高食品品质
   B. 禁止在食品中添加任何人工合成物质
   C. 食品添加剂的使用应符合国家相关标准和规定
   D. 食品添加剂对人体无害，可以无限制使用

2. 关于食源性疾病，以下说法错误的是（　　）。
   A. 食源性疾病主要由微生物污染引起
   B. 食源性疾病通常通过食物传播给人类
   C. 只要食物煮熟，就可以完全避免食源性疾病
   D. 预防食源性疾病需要注重食品的卫生和安全

二、简答题

1. 什么是食品安全？

2. 常见食品危害因素有哪些？

3. 试述国内外食品安全的现状。

4. 我国食品安全面临的主要问题有哪些？

书网融合……

本章小结	微课	题库

第二章

天然有毒动植物与食品安全 ⓔ微课

PPT

📝 学习目标

知识目标

1. **掌握** 常见动植物中天然有毒物质的种类和特点；动植物天然毒素的防治措施。
2. **熟悉** 常见动植物中天然有毒物质的种类、特点和中毒机制。
3. **了解** 动植物天然毒素的概念及分布。

能力目标

1. 能够识别常见的动植物天然毒素的种类，根据各毒素的毒性及其机制，科学取舍、选取合适的烹饪方法，预防由动植物毒素引起的食物中毒。
2. 能够针对食物天然毒素问题提出新的解决方案或改进现有方法。

素质目标

通过本章学习，具备沟通与团队合作能力，能够有效地与同行、监管机构、消费者等各方进行沟通，传递有关食物天然毒素的专业知识。在多学科团队中能够发挥积极作用，共同解决食品安全领域的问题。培养终身学习的习惯，持续关注食物天然毒素领域的最新研究进展。

　　天然有毒动植物是指那些含有天然毒素的动物和植物。天然毒素是指某些动植物本身含有的某种对人体健康有害的非营养性物质。这些毒素可能是为了防御、保护或繁殖而产生的。不同种类的动植物含有不同的毒素，对人体的影响也各不相同。这些动植物在自然界中分布广泛，有些经过处理后可供人类食用，但如果处理不当或误食，可能会引发中毒甚至危及生命。

　　天然有毒动植物与食品安全之间存在密切的联系。一方面，天然有毒动植物是自然界的生物，其存在和分布受到自然环境和生态平衡的影响。另一方面，人类在采集、加工、食用天然有毒动植物的过程中，如果处理不当或误食，就有可能造成中毒甚至死亡。因此，为了保障食品安全和人类健康，需要加强对天然有毒动植物的识别、预防和控制，同时加强食品安全监管和宣传教育，提高公众对食品安全的认知。

第一节　食物中天然有毒物质概述

情境导入

　　情境　2019 年，云南省一处旅游景点发生了一起贝毒素中毒事件。有多名游客在该景点食用了当地的烧烤贝类食品后出现中毒症状。经过检测，发现该贝类中含有贝毒素，会导致食用者出现头晕、恶心、呕吐等症状。贝毒素产生的原因是贝类摄食有毒的藻类，其本身不会中毒，但有富集和蓄积藻类毒素的能力，人们食用后即可引起食物中毒。此次中毒事件引起了当地政府的重视，采取了禁止采摘和食用含贝毒素的贝类等措施。

问题 1. 查阅资料，了解本情境中贝类毒素的类型有哪些？
2. 此类食物中毒的机制是什么？

食物中天然有毒物质一般源自食物本身，或因贮存方法不当，在一定条件下产生的某种有毒成分。这些植物、动物、微生物在长期进化过程中之所以自己产生有毒化合物，可能是为了抵御外界危害等不利因素的胁迫。

一、食物中天然有毒物质的种类

食物中天然有毒物质的种类繁多，主要可以分为以下几类。

（一）苷类

苷类化合物是一类具有环状缩醛结构的化合物，由糖或糖的衍生物与苷元连接而成。根据苷键原子不同，苷类可以分为氧苷、硫苷、氮苷、碳苷等。其中，对人体或动物有害的有硫苷和氰苷。

硫苷和氰苷主要存在植物中，是植物的防御性物质，可以防止动物啃食。硫苷即芥子苷，主要分布在甘蓝植物的种子中，含量为 2~5mg/g，对昆虫、动物和人均具有毒性。氰苷则广泛存在于豆科、蔷薇科、禾本科植物中，如木薯、杏仁、桃仁、枇杷仁、亚麻仁等，以及动物的鱼胆中。水解后产生氢氰酸（HCN），可对人体造成危害。

除了硫苷和氰苷外，有些苷类化合物本身毒性较强，可直接造成中毒。而有些苷类则须在相应的酶作用下生成有毒苷元，继而引起中毒。常见的苷类毒素有强心苷、黄酮苷、皂苷等。强心苷类能使心肌收缩增强、心率减慢，小剂量有强心的作用，大剂量长时间使用可致心脏中毒，甚至是停搏。黄酮苷和皂苷的毒性主要是对局部有强烈的刺激作用，并能抑制呼吸，损害心脏。

（二）生物碱

生物碱是一类含氮的有机化合物，通常具有碱的性质。在自然界中，生物碱主要存在于植物中，也有一些存在于动物中。生物碱具有一定的生物活性，在药物开发中具有重要的价值，但有一部分生物碱具有毒性，不同种类的生物碱其毒性程度和作用机制各不相同。

乌头碱会作用于神经系统，影响心脏传导系统，可能导致心律失常、血压下降、头晕、头痛等症状。千里光属和野百合等生物碱则可能导致肝中毒、恶心呕吐、腹胀腹胀、黄疸昏迷、头痛等症状。生物碱还会对消化系统产生影响。许多生物碱具有苦味，因此具有一定的拒食性，可以避免动物的伤害。但如果摄入过量，会对消化道产生刺激作用，引起恶心、呕吐、腹泻等症状。一些生物碱还具有抑制呼吸的作用。例如，南天竹碱可以使脊髓的反射性增高，最终导致呼吸麻痹。某些具有医疗用途的生物碱也会产生一定的毒性。例如，吗啡、可待因等强效镇痛药在用于治疗癌症疼痛时可能会上瘾，长期使用会对身体造成伤害。

（三）毒蛋白和肽

食物中的毒蛋白和肽主要存在于一些植物和动物中，具有一定的生物活性和毒性。以下是一些常见的食物中的毒蛋白和肽。

豆类：生大豆中含有皂素和植物红细胞凝集素等有毒成分，如果豆浆未煮熟时就食用，会引起食物中毒。

蘑菇：一些毒蘑菇中含有毒肽和毒伞肽等有毒蛋白和肽，会对人体造成严重危害，甚至死亡。

鱼类：一些鱼类中含有鱼卵毒素，主要存在于鲇鱼、鳇鱼等鱼类中，会对人体造成危害。

其他：一些植物如黄花菜、苦杏仁等也含有一定量的有毒蛋白和肽。

食物中的毒蛋白和肽对人体的健康存在一定的潜在威胁，需要加强对其性质和作用机制的研究，同时也要注意食品卫生和安全，避免摄入过量或未煮熟的食物。

（四）酶类

食物中的酶类通常没有毒性，因为它们是生物体内自然存在的蛋白质，主要参与各种生物化学反应。然而，有些食物中的酶类可能会引起过敏反应或消化不适，例如菠萝中的菠萝蛋白酶、杏仁中的苦杏仁苷酶等。这些酶类可能会对人体的免疫系统造成一定的刺激，导致过敏反应，但通常不会对人体健康造成严重危害。

对于某些特定的人群，如过敏体质者或儿童、妊娠期妇女和老年人等，应谨慎选择含有潜在过敏源的食物，以避免不必要的健康风险。此外，某些食物中的酶类可能会影响其他食物中营养素的吸收，例如蕨类植物中的硫胺素酶可破坏动植物体内的维生素 B_1，影响维生素 B_1 的吸收。

（五）草酸和草酸盐

草酸和草酸盐是常见的天然有机酸，广泛存在于许多植物和动物中。草酸根离子可以沉淀钙离子，生成不溶于水的草酸钙，因此草酸和草酸盐在自然界中常以草酸钙的形式存在。

草酸盐是一种有毒物质，人吞食可能导致肾脏疾病甚至死亡。因此，在饮食中应适量食用各种食材，保持健康的饮食习惯。同时，对于草酸盐过敏或对草酸盐敏感的人群，建议避免或限制食用富含草酸盐的食材。常见富含草酸盐的食物包括西红柿、菠菜、草莓、甜菜、芹菜、葡萄、青椒、牛羊肉、土豆、甜菜、核桃、巧克力等。此外，大豆食品也含有较高的草酸盐和磷酸盐。

（六）非蛋白类神经毒素

非蛋白类神经毒素是指一类存在于生物体内的具有强烈神经毒性的化合物。这些毒素可以对神经系统产生强烈的干扰和破坏作用。常见的非蛋白类神经毒素包括河豚毒素、蟾酥等。这些毒素通常在生物体内以较低的浓度存在，但在某些情况下，它们的浓度可能会增加，从而对生物体产生毒性作用。

河豚毒素主要存在于河豚鱼类体内，以及其他一些海洋和陆地生物中，如某些蟾蜍、蝾螈、蓝环章鱼等。河豚毒素是一种高选择性和高亲和性的神经毒素，能阻碍神经传导，从而导致神经麻痹。具体来说，它可以高选择性和高亲和性地阻断神经兴奋膜上的钠离子通道，使得神经细胞无法正常传导信号。这种毒素对肠道有局部刺激作用，吸收后迅速作用于神经末梢和神经中枢。中毒后的潜伏期很短，短至 $10 \sim 30$ 分钟，长至 $3 \sim 6$ 小时发病。如果抢救不及时，中毒后最快的 10 分钟内死亡，最迟 $4 \sim 6$ 小时死亡。中毒后也缺乏有效的解救措施。河豚毒素的化学性质和热性质均很稳定，盐腌或日晒等一般烹调手段均不能将其破坏。

蟾酥也是非蛋白类神经毒素的一种，它是中华大蟾蜍、黑眶蟾蜍等耳后腺、眶下腺分泌物的干燥品，所含强心苷类物质，心脏毒性和局麻作用也可以致死。食物中天然毒素的主要种类见表 2 - 1。

表 2 - 1　食物中天然毒素的主要种类

类别	有毒生物	主要结构类型	重要代表物
植物毒素	广泛分布	生物碱、苷类	氰苷、茄碱
动物毒素	河豚、雪卡鱼	毒肽、毒蛋白	河豚毒素
真菌毒素	蕈类	环肽毒素	毒肽、毒伞肽
海洋生物毒素	毒贝、西甲鱼类	生物碱、多肽	沙蚕毒素

二、食物中天然有毒物质的防控措施

食物中天然有毒物质的防控主要包括以下几个方面。

（一）加强食品安全宣传和教育

提高公众对食物中天然有毒物质的认知和识别能力，教育公众避免食用有毒的食物。

（二）规范食品生产和加工

食品生产和加工企业应遵守相关法律法规和标准，确保食品的安全性。同时，应加强对食品的检测和监管，及时发现和处理食品安全问题。

（三）加强食品储存和运输管理

食品储存和运输过程中应保持清洁、卫生，避免食品受到污染和交叉感染。同时，应控制食品的储存和运输温度，防止食品变质和发酵。

（四）合理搭配食物

食物搭配不合理可能导致营养不均衡，甚至引起中毒。因此，应合理搭配食物，保证营养的平衡和充足。

（五）注意个人卫生

保持个人卫生，勤洗手，避免交叉感染。同时，应避免食用不干净、不卫生的食品。

第二节　含天然有毒物质的植物

情境导入

情境　某年某月某日，广西某市发生了一起因食用木薯导致的食物中毒事件。据报道，有3人在食用木薯后出现中毒症状，其中包括一名儿童。这起中毒事件的导火索是一位村民在木薯丰收季节采摘木薯并煮食供家人食用，但因为加工方式不当导致中毒。最终，这名儿童不治身亡。

问题　1. 本情境属于哪种食物中毒及中毒原因是什么？
　　　2. 此类食物中毒的机制是什么？

植物来源的有毒物质可分为两类：一类是植物中天然含有的有毒成分，如硫苷、氰苷等；另一类是植物在一定条件下产生的有毒成分，如发芽马铃薯中的龙葵素等。植物的毒性主要取决于所含的有害化学成分种类和数量，如致癌的化学物质，虽然含量很少，却严重影响了食物的安全性。因此，研究食物中天然植物性毒素对防治植物性食物中毒具有重要的意义。

一、粮食作物

（一）木薯

木薯在我国主要分布于福建、台湾、广东、广西、海南、云南、贵州等省区，偶有野生。木薯块根富含淀粉，可供食用，是世界近六亿人的口粮；茎、叶可作饲料，具有很高的经济价值。

木薯的根、茎、叶中都含有一种名为亚麻仁苷的有毒物质，是植物氰苷的一种。如果摄入生的或未煮熟的木薯，亚麻仁苷在胃酸的作用下会水解，产生游离的氢氰酸，导致人体中毒。氢氰酸是一种强烈的毒素，它能与细胞色素氧化酶结合，使得红细胞虽仍能携带氧气到身体各组织中去，但组织细胞无法利用氧气，造成细胞内的窒息，使机体严重缺氧。此外，氢氰酸还可能损害呼吸中枢及运动中枢。中毒后一般会有恶心、呕吐、头晕、眼花、头痛、腹痛、面色苍白、皮肤冰凉、呼吸急促、四肢抽搐等症状，严重者可因呼吸衰竭而死亡。

木薯中亚麻仁苷的含量范围为几百至数千毫克/千克，具体数值会因木薯产地、品种等因素有所变化。50%~65%的亚麻仁苷都存在于木薯皮中，未经处理的生木薯致死剂量通常为150~300g。生食木薯或者食用过量的中毒表现包括头疼、头晕、恶心、呕吐、腹痛、腹泻、呼吸困难等，严重者甚至可能会出现休克。因此，为了防止木薯中毒，建议在食用前去皮，用清水浸薯肉，使氰苷溶解。一般泡6天左右就可去除70%的氰苷，再加热煮熟后即可食用。

防控措施：氰苷易溶于水、醇，且加热使酶失活也可阻碍生氰糖苷分解产生有毒的氢氰酸。常见的预防木薯中毒的措施主要是不要生食木薯，食用前必须对其进行适当处理。由于亚麻仁苷易溶于水、加热可使酶失活，可以采用水浸泡、充分加热，同时敞开锅盖使氰化物挥发等方式使这些植物在烹调或者加工过程中产生的氢氰酸溶解流失或挥发，达到去除毒素的效果。木薯含有的亚麻仁苦苷主要存在于木薯皮中，因此食用木薯前还应当去皮；也不要食用可能溶解有氰化物的木薯汤。

（二）马铃薯

马铃薯作为主要的粮食作物之一，是很多加工食品的制作原料，如土豆泥，薯片等。在未成熟的马铃薯或因贮存时接触阳光引起表皮变绿和发芽的马铃薯中含有生物碱糖苷——龙葵素。马铃薯中的龙葵素含量一般为20~100mg/kg。新鲜马铃薯组织中龙葵素含量随品种和季节的不同而有所不同。马铃薯中的龙葵素主要集中在芽眼、表皮和呈绿色的部分，其中芽眼部位的龙葵素量约占生物碱糖苷总量的40%。龙葵素的毒素较强，不溶于水，小鼠口服龙葵素的 $LD_{50} \geq 1000mg/kg$，而人一般只要口服200mg以上即可导致中毒。龙葵素引发的不适反应较重，多数人群可出现口腔和咽喉不适，如舌咽麻痹、瘙痒等，龙葵素进入胃肠道后还可能出现胃部灼痛，并伴有恶心、反复呕吐、腹泻等类似于胃肠炎的症状，严重者可出现脱水。当毒素逐渐入侵血液时，可引发高热，同时还可伴有耳鸣、瞳孔散大、头晕、头痛、抽搐等症状。此时人的意识、精神状态也会出现明显异常，如兴奋、激动、意识丧失等。中毒严重者可能出现血压下降、呼吸困难、麻痹等，极少数人可因呼吸困难而引发死亡。

防控措施：生物碱糖苷在马铃薯块茎中作为一种正常的天然成分存在时含量很低，一般不影响食用安全。但如果贮藏过久或贮藏条件不适，马铃薯块茎发芽、薯皮见光变绿时，其中生物碱糖苷的含量将大大增加，严重影响其食用安全性。采用较低温避光贮藏是防止马铃薯块茎生物碱糖苷积累的有效方法。马铃薯加工时应去芽、削皮并用清水漂洗，使水溶性的生物碱糖苷被洗脱，部分非水溶性生物碱糖苷亦可从切面破碎细胞液中流失。生物碱糖苷具有弱碱性，在烹调马铃薯时加入适量的食醋使其分解，可以有效地避免中毒。

二、蔬菜

（一）大豆

大豆营养价值丰富，含有大量的蛋白质、脂肪、碳水化合物、维生素和矿物质等。然而，大豆中也含有一些抗营养物质，可能会影响其营养价值和消化吸收，甚至引起人体中毒。大豆中的有毒成分主要如下。

1. 蛋白酶抑制剂　大豆蛋白酶抑制剂主要包括胰蛋白酶抑制剂和胰凝乳蛋白酶抑制剂等。能够抑制人体胰蛋白酶的活性，影响食物蛋白质的消化和吸收。

因此，在食用大豆及其制品时，需要注意控制摄入量，并选择合适的加工方式来降低大豆蛋白酶抑制剂的活性。例如，通过加热处理可以破坏胰蛋白酶抑制剂的结构，使其失去活性，从而提高大豆的营养价值。此外，合理搭配其他食物一起食用也可以降低大豆蛋白酶抑制剂的影响。

2. 植物红细胞凝集素 是一种存在于某些豆类（如大豆、菜豆等）中的天然成分，具有凝集红细胞的作用。在大豆中，植物红细胞凝集素含量较高，这也是生食未经适当处理的豆类会引起中毒的原因。植物红细胞凝集素在未加热处理之前就食用，可能会引起恶心、呕吐、腹泻、头痛等不良反应，严重者甚至会导致死亡。这种毒性可以通过加热处理来消除。因此，只要将豆类加热至完全熟透，就不会引起食用者中毒。

3. 脂肪氧化酶 豆类中的脂肪氧化酶主要存在于接近大豆表皮的子叶中。当大豆的细胞壁破碎后，只需有少量水分存在，脂肪氧化酶即可利用溶于水中的氧催化大豆中的不饱和脂肪酸（如亚油酸和亚麻酸）发生酶促氧化反应，形成氢过氧化物。脂肪氧化酶已成为大豆和其他植物蛋白异味增强的主要原因。因此，在食品加工中，了解和控制脂肪氧化酶的活性以及相关的氧化反应，对于提高大豆制品的品质和安全性具有重要意义。

4. 皂素 又被称为皂苷，广泛存在于植物界，主要分布在双子叶植物中，如豆科、五加科、石竹科、菊科、报春花科和无患子科等。皂素含有能破坏红细胞的溶血素，对胃肠道黏膜有强烈的刺激作用，能引起充血、肿胀及出血性炎症，以致造成恶心、呕吐、腹痛、腹泻等症状。因此，在食用豆类时，应确保充分煮熟以破坏皂素。

防控措施：豆类毒素大多对热比较敏感，通过热处理可对上述毒素起到一定的破坏作用。但是胰蛋白酶抑制剂对热的稳定性较高，100℃处理20分钟或121℃处理3分钟才可使它失去90%以上的活性。因此在家庭、餐饮业加工大豆、菜豆等豆类时，去除豆类毒素最有效的方法是将其充分加热煮熟后再食用。在制作豆乳时，要防止皂苷引起的"假沸"现象，在沸腾后仍要继续加热5分钟以上，以保证食品安全。

（二）新鲜黄花菜

黄花菜的营养价值很高，含有丰富的蛋白质、脂肪、碳水化合物、维生素A、B族维生素、维生素C等，还有钙、铁、磷等矿物质。

新鲜黄花菜中含有一定量的秋水仙碱，秋水仙碱本身无毒，但当它进入人体后会被氧化，产生二秋水仙碱，这是一种剧毒物质。研究发现，成年人食用50～100g新鲜黄花菜（其中含有0.1～0.2mg秋水仙碱）后会出现急性中毒，表现为恶心、呕吐、腹痛、腹泻等症状。新鲜黄花菜晒干处理或将新鲜黄花菜放入沸水中焯烫1～2分钟，这样可以有效地破坏秋水仙碱。

防控措施：食用鲜黄花菜前一定要先去除花蕊。秋水仙碱具有较好的水溶性，也可以将鲜黄花菜在开水中烫漂，然后用清水充分浸泡、冲洗，使秋水仙碱最大限度地溶于水中，再进行烹调，以保证食用安全；秋水仙碱不耐热，大火煮10分钟左右就能将其破坏。

（三）青番茄

青番茄指未成熟的番茄。在番茄的生长期间，含有较高的龙葵素等毒素，吃了未成熟的青番茄常感到不适，出现头晕、恶心、呕吐、流涎等中毒症状。番茄成熟以后，龙葵素由自身增多的酸性物质水解失去毒性。

（四）腐烂的姜

腐烂的生姜会产生一种叫作黄樟素的毒性物质，黄樟素可能诱发食管癌、肝癌等疾病。即使将生姜腐烂部分切掉，剩余的部分也可能已经被污染。因此，生姜一旦发霉腐烂，应立即丢弃。生姜应该存放在干燥的地方，以保持其品质和营养价值。同时，生姜发芽可以继续食用，不会对身体产生负面影响。

（五）新鲜木耳

木耳是我国重要的食用菌，木耳富含蛋白质、脂肪、糖类及多种维生素和矿物质，有很高的营养价值，现代营养学家盛赞其为"素中之荤"。木耳的营养价值可与动物性食物相媲美，含有丰富的铁、维生素 K。

新鲜木耳含有一种特殊物质，即"卟啉"。这种物质对光线非常敏感，如果食用新鲜木耳后受到阳光照射，可能会引发日光性皮炎，导致皮肤瘙痒、疼痛、红肿，出现鲜红色丘疹和水疱，严重者甚至会导致皮肤组织坏死。此外，卟啉还有可能被咽喉黏膜吸收，导致咽喉水肿、流泪、流涕以及全身乏力、呼吸困难等症状。

防控措施：新鲜木耳经过曝晒处理得到的干木耳，在曝晒过程中大部分卟啉会被分解掉。食用前干木耳再用水浸泡，这会将剩余的毒素溶于水，使干木耳最终无毒。

（六）蚕豆

蚕豆中的有毒成分主要是蚕豆嘧啶葡糖苷和伴蚕豆嘧啶核苷，这两种物质在体内产生的糖苷配基降低了红细胞的谷胱甘肽含量，最终发生溶血的中毒反应。此外，蚕豆中含有一种名为氢氰酸甙的化合物，也是有毒成分之一。

在食用蚕豆后，其中的有毒成分会导致部分人发生蚕豆中毒，通常在食用后数小时至一两天内发病，症状包括恶心、呕吐、腹痛、腹泻、头晕、头痛等，严重者可能出现高热、脱水、酸中毒、昏迷等症状，甚至导致死亡。蚕豆中毒的发病机制与红细胞缺乏 $G-6-PD$ 酶有关，这是一种遗传性疾病（蚕豆病），因此对于有家族史的人更容易发生蚕豆中毒。

防控措施：为了预防蚕豆中毒，应该避免生吃蚕豆，应先用水焯一下或烹饪之后再食用。同时，也要注意不要在短时间内大量食用蚕豆，特别是对于有蚕豆过敏症状的人，应该避免食用蚕豆及其制品。如果出现蚕豆中毒的症状，应立即就医治疗。

（七）菠菜

菠菜中富含草酸。草酸在人体可与钙结合形成不溶性的草酸钙，不溶性的草酸钙可在不同组织中沉积，尤其在肾脏。人过量食用含草酸多的蔬菜可引起食物中毒。中毒表现为口腔和消化道糜烂，胃出血、尿血，甚至发生惊厥。

三、水果

（一）水果核仁

杏、桃、李、梅等水果核仁中的有毒成分是苦杏仁苷。当苦杏仁苷被咀嚼和在胃肠道中经 $\beta-$ 葡萄糖苷酶代谢分解后，会产生有毒的氢氰酸。氢氰酸与含铁的细胞色素氧化酶结合，妨碍正常呼吸，因组织缺氧，机体陷入窒息状态。氰离子还能作用于呼吸中枢和血管运动中枢，使之麻痹，最后导致死亡。

（二）白果

白果又名银杏果，是银杏科植物银杏的种子。银杏果富含多种营养成分，如蛋白质、脂肪、糖类、多种氨基酸、胡萝卜素、维生素以及微量元素等，具有很高的药用和食用价值。

白果的毒性成分主要包括白果酸、白果醇、白果酚、银杏酸等，这些物质在银杏果的果仁中含量较高，具有明显的细胞毒性和免疫毒性，可引起恶心、呕吐、腹痛、腹泻、头痛、呼吸困难等症状。此外，白果中的氢氰酸等有毒物质也会对人体健康造成一定的危害。

（三）柿子

柿子是柿科柿属植物的果实，原产于中国，现在广泛栽培于亚洲和美洲。柿子在秋季成熟，呈橙黄色或鲜红色，肉质丰满，味道甜美。柿子含有丰富的营养成分，如维生素 C、胡萝卜素、糖类和多种微量元素，具有很高的营养价值。

柿子不可过量食用，尤其未成熟的柿子，大量食用容易生成胃柿石。胃柿石是植物性胃石的一种，常由于进食多量未成熟的柿子形成的胃内结石，多见于老年患者。胃柿石是由于柿子中的单宁在胃酸的作用下与食物纤维凝结而成的块状结石。当胃柿石形成后，可能会引起胃部不适、腹痛、腹胀等症状。

（四）石榴皮

石榴皮是石榴科植物石榴的果皮。石榴皮具有涩肠止泻、止血和驱虫等功效，常用于治疗久泻、久痢、便血、脱肛、崩漏、带下、虫积腹痛等症状。

石榴皮中含有石榴皮碱。石榴皮碱大量摄入人体后，可能会出现运动神经末梢麻痹的情况，危及身体健康。具体来说，石榴皮中的石榴皮碱具有显著的生物活性，在低浓度时能松弛肠道平滑肌，高浓度时则可麻痹呼吸中枢。此外，它还具有明显的抑菌作用。因此，误食大量石榴皮或长时间食用石榴皮所引起的中毒症状主要包括恶心、呕吐、腹痛、腹泻、头痛等，严重者可能会出现呼吸困难、心悸、抽搐等症状。

四、其他

（一）棉籽

棉籽是棉花的种子，富含蛋白质、脂肪、碳水化合物、矿物质以及多种维生素等营养成分，具有较高的营养价值和药用价值。棉籽可用于榨取棉籽油，棉籽油是一种适于食用的植物油。

棉籽中的有毒成分为棉酚。粗制生棉籽油中有毒物质主要是棉酚、棉酚紫和棉酚绿三种。它们存在于棉籽的色素腺体中，其中以游离棉酚含量最高。游离棉酚是一种含酚毒苷，或为血浆毒和细胞原浆毒，对神经、血管、实质性脏器细胞等都有毒性，并影响生殖系统。食用未经除去棉酚的棉籽油可引起不育症，对人体的危害较大，它既能造成急性食物中毒，又可致慢性中毒或食源性疾病。①急性中毒：棉酚引起的中毒在 1~4 小时发病，症状为头痛、头晕、恶心、呕吐、腹痛、行走困难、闭经等。②慢性中毒：主要表现为皮肤干燥、粗糙、发红、发热，并伴有心慌、气短、头晕眼花、视物不清、四肢麻木无力、恶心、呕吐等症状。特别是在阳光照耀下，患者更觉皮肤烧烫，少汗或无汗，其痛苦难以忍受，若在阴凉处或用凉水冲洗后，其症状可暂时缓解或消失。此外，棉酚对生殖系统会造成严重损害，男子性欲减退、早泄、精液内无精或精子不活泼，导致不育症；女子出现月经不调、闭经、子宫缩小等症状。

（二）烟草

烟草有毒成分为生物碱。烟草的茎、叶中含有多种生物碱，已分离出的生物碱就有 14 种之多，其中主要有毒成分为烟碱，尤以叶中含量最高。烟碱的毒性与氢氰酸相当，急性中毒时的死亡速度也几乎与之相同（5~30 分钟即可死亡）。在吸烟时，虽大部分烟碱被燃烧破坏，但仍可产生一些致癌物。

烟碱为脂溶性物质，可经口腔、胃肠道、呼吸道黏膜及皮肤吸收。进入人体后，一部分暂时蓄积在肝脏内，另一部分则可氧化为无毒的 β-吡啶甲酸（烟酸），而未被破坏的部分则可经肾脏排出体外；同时也可由肺、唾液腺和汗腺排出一部分；还有很少量可由乳汁排出，但会减弱乳腺的分泌功能。

吸烟会降低脑力及体力劳动者的反应能力。吸烟过多可产生各种毒性反应，由于刺激作用，可致慢性咽炎以及其他呼吸道症状，肺癌与吸烟有一定的相关性。此外，吸烟还可引起头痛、失眠等神经症状。

（三）蓖麻

蓖麻有毒成分为蓖麻毒素。蓖麻全株有毒，种子毒性最大，主要含有蓖麻毒素。儿童食入 3~4 颗，成年人食入 20 颗种子即可中毒死亡。

蓖麻毒素与细胞接触时，使核糖体失活，从而抑制蛋白质合成。只要有一个蓖麻毒素分子进入细胞，就能使该细胞的蛋白质合成完全停止，最终杀死这个细胞。另外，蓖麻毒素可诱导细胞因子的产生，引起体内氧化损伤，诱导细胞凋亡。蓖麻毒素中毒表现为全身无力、恶心、呕吐、血尿、头痛、腹痛、体温上升、血压下降，严重者出现痉挛、昏迷甚至死亡。

第三节　含天然有毒物质的动物

情境导入

情境　范先生朋友送了他一条河豚，其自行加工后食用，觉得比较腥，仅吃了一点。半小时后，范先生感觉手脚发麻，活动不便，说话、呼吸都有困难，忙叫家人带其就医。急诊医生给予范先生紧急气管插管后，直接送到 ICU 抢救。据医生介绍，当日凌晨范先生入院时，自主呼吸基本停止，昏迷，四肢软瘫。经抢救后，范先生度过了这次危机。

问题　1. 本情境属于哪种食物中毒及中毒原因是什么？
　　　　2. 此类食物中毒的机制是什么？

人类普遍食用的畜禽肉有猪、牛、羊、鸡、鸭、鹅等动物性食品，在正常情况下其肌肉是无毒的，可安全食用；但其体内的某些腺体、脏器或分泌物经提取后可作为医学用药，如果摄食过量，可扰乱人体的正常功能，影响人体的身体健康；某些组织器官含病原微生物较多，也不适于食用。

一、鱼类

目前，由陆生动物引起的食物中毒事件较少。大多数（不包括微生物活动）的食物中毒均由海洋鱼类引起。海洋鱼类毒素的存在已成为热带、亚热带地区摄取动物性蛋白食品来源的重大障碍，因误食中毒者在各国皆屡见不鲜，因此，海洋鱼类毒素是食品中很重要的不安全因素。海洋动物天然毒素的主要种类见表2-2。

表2-2　海洋动物天然毒素的主要种类

海洋动物	毒素类型
海葵、海蜇、章鱼	毒蛋白
鲍鱼	pyropheophorbidea
贝类、蟹类	岩蛤毒素
河豚、加州蝾螈	河豚毒素
青花鱼、金枪鱼、蓝鱼	组胺
梭鱼、鳗鱼、鹦嘴鱼、黑鲈	雪卡毒素

（一）河豚

河豚是一种生活在海洋和淡水中的小型鱼类，属于鲀形目鲀科。河豚的毒性极强，处理不当或误食，轻者中毒，重者丧命。毒素能够干扰神经系统的正常功能，导致呼吸衰竭和心脏停止跳动。

河豚毒素分布在大多数河豚的品种中，毒素的浓度由高到低依次为卵巢、鱼卵、肝脏、肾脏、眼睛和皮肤，肌肉和血液中含量较少。由于鱼的肌肉部分河豚毒素含量很低，所以，中毒大多数是由于可食部受到卵巢或肝脏的污染，或是直接进食内脏器官引起的。对死亡较久的河豚来说，因内脏腐烂，其中的毒素也会侵染其肌肉。河豚毒素主要存在于雌性河豚的卵巢中，而且含量随季节变化而有所不同。在产卵期的冬季，河豚卵巢和鱼卵中毒素的浓度最高，但这也是河豚风味最佳的时候。

河豚毒素中毒一般发生在进食后的 30 ~ 60 分钟（偶尔会更早）。中毒的典型进程包括以下四个阶段：①唇、舌和手指有轻微麻痹和刺感，这是中度中毒的明显征兆；②唇、舌及手指逐渐变得麻痹，随即发生恶心、呕吐等症状，口唇麻痹进一步加剧，但存在知觉；③出现说话困难现象，运动失调更为严重，并且肢端肌肉瘫痪；④知觉丧失，呼吸麻痹而导致死亡。

河豚毒素微溶于水，在低 pH 时较稳定，碱性条件下河豚毒素易于降解。河豚毒素对热稳定，于 100℃温度下处理 24 小时或于 120℃温度下处理 20 ~ 60 分钟方可使毒素完全被破坏。实际上，河豚毒素是很难去除的，所以预防中毒很重要。

防控措施：河豚毒素对热稳定，需要 100℃加热 7 小时或 200℃加热 10 分钟以上才能被分解，在普通烹调中是很难去除的。因此，应当加强河豚知识宣传，了解河豚的形态特点及其毒性，避免误食或贪其美味但处理不当而中毒。最有效的预防河豚中毒的方法是将河豚集中进行深埋或进行无害化处理，禁止出售。

（二）肉毒鱼类

肉毒鱼类泛指热带海域礁区的有毒鱼类（豚形目鱼类除外）中能引起食用者中毒的一类鱼。肉毒鱼类的外形和一般食用鱼类几乎没有什么差异，有些科属的大多数种类是食用鱼类，只有少数几种是有毒的，因而在外形上不易区别，人们往往把它们误认为有价值的可食鱼类。肉毒鱼类的毒素通常只存在于一些鱼的不同组织中，主要存在于鱼体肌肉、内脏及生殖腺等部位。

有毒成分：雪卡毒素（CTX）。肉毒鱼的主要有毒成分是雪卡毒素，它是一组对热稳定、亲脂性的高度氧化的梯状聚醚，常存在于鱼体肌肉、内脏和生殖腺等组织或器官中，是一种外因性和积累性的神经毒素，它具有胆碱酯酶阻碍作用，类同于有机磷农药中毒。

食用肉毒鱼多在进食 1 ~ 6 小时内出现中毒症状。在中毒初期，患者可能会感到口唇、舌、咽喉部有刺痛感，随后可能出现麻痹。此外，恶心、呕吐、口干、金属样味觉、痉挛性腹痛、腹泻和里急后重等消化道症状也很常见。随着毒素的进一步吸收，患者可能出现全身症状，如头痛、焦虑、关节痛、神经过敏、眩晕、失眠、进行性衰弱、苍白、发绀、寒战、发热、出汗、脉搏快而弱等。除了上述症状外，皮肤病变也是肉毒鱼类中毒的重要表现之一。患者可能出现皮肤瘙痒、红斑、斑丘疹、水泡等症状，手脚广泛脱皮甚至产生溃疡，毛发与指甲脱落等。这些症状不仅影响患者的外观，还可能给患者带来极大的痛苦。

在严重中毒的情况下，神经系统症状将变得尤为突出。患者可能出现肢体感觉异常，冷热感觉倒错，甚至发展到全身性肌肉运动共济失调。这些症状表明患者的神经系统已经受到严重损害，需要立即采取治疗措施。否则，病情可能进一步恶化，导致呼吸麻痹而死亡。

（三）胆毒鱼类

胆毒鱼类是指那些胆汁中含有剧毒的鱼类。目前已知有十几种鱼类属于胆毒鱼类，全部属于"鲤形目鲤科"，包括常见的青鱼、草鱼、鲢鱼、鳙鱼以及鲫鱼、团头鲂（武昌鱼）、翘嘴鲌等。这些鱼类的胆汁中含有的毒素能够损害人体健康。

有毒成分：组胺、胆盐、氰化物及其他胆汁毒素。胆毒鱼类的毒素主要存在于胆汁中，其毒性大小与含量有关，吞食鱼胆越多、越大，则中毒症状越严重，甚至死亡。其中毒机制目前尚不清楚，胆汁毒素能耐热，不易被乙醇和加热所破坏。鱼胆毒素能严重损伤肝、肾，造成肝脏变性、坏死、肾小管损坏、集合管阻塞、肾小球滤过减少、尿液排出受阻等，在短期内即可导致肝、肾功能衰竭，脑细胞受损，严重脑水肿，心肌受损，出现心血管与神经系统病变，病情急剧恶化，最后死亡。

一次摄食过量鱼胆（质量2kg以上鱼的胆）即可引起不同程度中毒，潜伏期一般较短，最短的约为半个小时，多数为5~12小时，很少有延至14小时以上的。中毒早期的临床症状表现为恶心、呕吐、腹泻、腹痛等胃肠道症状，也有出现腹胀、黑便、腹腔积液、剧烈头痛及腹部疼痛者，第2天出现肝、肾损害，全身皮肤或巩膜出现黄染，头晕、尿少，小便中出现红细胞和蛋白质。体检无发热，一般情况尚好，个别出现低热、畏寒、腰痛。其后，黄疸快速发展，全身皮肤、巩膜深度黄染，尿少（100mL以下），甚至完全无尿；肝大，有触痛或叩击痛，个别人出现面部、下肢或全身浮肿。随后病情继续恶化，黄染加剧，闭尿，出现肺水肿及脑水肿，并伴有神志不清，全身阵发性抽搐，嗜睡，瞳孔对光反射及角膜反射迟钝等神经系统症状，及血压升高、心律失常、心率上升、心肌损害等心血管系统症状，若治疗无效，一般第8~9天即死亡，死前出现昏迷及中毒性休克。

（四）血毒鱼类

血毒鱼类是指血液中含有毒素的鱼类。这些鱼类的血清中含有毒素，称为鱼血毒素，这是一种大分子结构的外毒素。常见的血毒鱼类有鳗鲡和黄鳝。

血毒鱼类的毒素对黏膜有强烈的刺激作用。人体黏膜受损或手指受伤，接触鳗鱼血会引发炎症、化脓、坏疽。动物实验表明，注射鳗鱼血清会引起实验动物神经系统中毒，产生强烈痉挛、心脏衰弱，呼吸停止而死亡。

食用血毒鱼类时要特别小心，尽量避免接触口腔黏膜、眼黏膜和受伤的手指，以免引起炎症。尽管鱼血毒素可以被加热和胃液所破坏，但生饮鱼血或食用未煮熟的鱼肉仍可能引发中毒。

（五）肝毒鱼类

肝毒鱼类是指那些肝脏中含有毒素的鱼类。这些鱼类的肝脏内可能含有多种有毒物质，如过量的维生素A、维生素D以及其他毒素，如痉挛毒、麻痹毒和鱼油毒等。

一些常见的肝毒鱼类包括鲨鱼、鳕鱼、马鲛鱼等。例如，鲨鱼肝所含的维生素A含量极高，一次进食过多的鲨鱼肝可能导致维生素A中毒。此外，国内还有关于食用狗、狼、狍、熊等动物的肝脏引起中毒的报道，其症状和治疗方法与鱼肝中毒相似。

除了上述鱼类外，其他如鲤鱼、鲫鱼等的肝脏中也可能含有有害物质，如重金属、毒蛋白等，食用后也可能引起中毒。

为了避免肝毒鱼类中毒，建议在食用前彻底去除鱼类的内脏，特别是肝脏部分。同时，采用高温烹调的方式，确保鱼肉煮熟煮透，以降低潜在的食物中毒风险。如果出现任何不适症状，应立即就医并告知医生自己的饮食史，以便及时诊断和治疗。

（六）刺毒鱼类

我国广大的海域和淡水中分布着大量的刺毒鱼类，其中以海洋刺毒鱼为主。这类鱼的鳍棘和尾刺中有毒腺，被刺伤后可引起中毒。刺毒鱼类可分为软骨刺毒鱼类和硬骨刺毒鱼类两种，它们分别属于脊椎动物亚门的软骨鱼纲和硬骨鱼纲。

软骨刺毒鱼可分为有毒鱼类和有毒腺的刺毒鱼类两种。有毒鱼类在食用后会引起中毒。它们的毒性可能来自体内的某种有毒成分，如生物碱、重金属或其他有毒物质。食用这些鱼类后，毒素会被人体吸收，导致中毒症状的出现。有毒腺的刺毒鱼类具有毒腺，毒腺通常与鱼鳍上的刺相连。当人体接触到这些刺时，毒腺会分泌毒液进入伤口，引起疼痛和中毒症状。这种中毒方式是通过毒刺致伤引起的。尽管这些鱼类的肉可以食用，但在处理它们时必须小心，以避免被刺伤。刺毒鱼类毒液的毒理作用因种类不同而有差异，有的毒性还不清楚。有毒魟鱼的毒液毒性较大，内含有氨基酸和多肽类物质，毒性不稳定，4~18小时冷冻干燥后毒性消失。粗毒素由核苷酸及磷酸二酯酶组成，是一种以神经毒为主的毒素。

软骨刺毒鱼中毒的临床表现与进入伤口的毒液性质和量、机械损伤程度及被刺者体况有关。魟类尾刺和鲨类的锯齿鳍棘可造成人体严重的刺伤或撕裂伤。中毒的局部症状表现为刺伤处可见刺痕，局部剧痛。被毒鲨刺伤后可出现红斑和严重肿胀，持续数小时至数天。角鲨刺伤可致命。毒魟、鳐鱼刺伤后在10分钟内即可出现10cm左右的伤口，有痉挛性剧痛，并向外呈辐射状，波及整个肢体，6~18小时后逐渐减轻。严重者肌肉可呈强直性痉挛，伤口变紫黑色，经久不愈。全身症状表现为患者出现乏力、胸闷、心悸，出冷汗，全身肌肉酸痛，皮肤有散在出血，呼吸困难，并出现继发感染。严重的可出现恶心、呕吐、流涎、少尿、血压下降。最后出现运动失调，瞳孔放大，惊厥，昏迷，全身抽搐死亡。

硬骨刺毒鱼的生活习惯与分布范围与软骨刺毒鱼大致相同。它也包括有毒的硬骨鱼和有毒腺的硬骨鱼两种。硬骨刺毒鱼通过毒棘机械刺伤人体，毒腺分泌的毒液排入人体引起局部或全身中毒。

有毒成分：鲉鱼毒液的粗提取物0.1mL皮下注射可使大白鼠（10~20g）在3小时内死亡。静脉注射动物体可立即出现肌肉震颤，呼吸窘迫和死亡。毒素在7~8℃时可失去活性，因此口服时毒素失去活性。

（七）卵毒鱼类

卵毒鱼类是生殖腺（卵或卵巢）含有毒素的鱼类。卵毒鱼类主要是淡水鱼，也有部分海水鱼。已报道的卵毒鱼类分属于鲟鱼目等7个目15个科。我国常见的有毒种属有鲤科鲃属、光唇鱼属、裂腹鱼属的鱼，如青海湖裸鲤、云南光唇鱼、温州厚唇鱼；狗鱼科的狗鱼；鲍科的鲍鱼等。这类杂食性或肉食性的鱼中，有的鱼质很鲜美，只要在食用时除去鱼卵和卵巢就不会发生中毒。

有毒成分：鱼卵毒素。卵毒鱼类鱼卵中毒素的产生与生殖活动有明显的关系。鱼卵在发育成熟中逐渐变得有毒，在成熟期毒性最大，受精离体后毒性逐渐消失。卵毒鱼类的卵内含有的鱼卵毒素是一种蛋白质，能抑制组织细胞生长，使动物的肝、脾坏死。

鱼卵毒素不耐高温，在100℃加热30分钟后，毒性被部分破坏；120℃加热30分钟后，活性可完全消失。成人一次摄食有毒鱼卵100~200g，会很快出现胃肠道症状及神经系统症状，严重者可导致死亡。

（八）青皮红肉鱼

青皮红肉鱼是一种海水鱼，主要是指鲭科鱼类，包括鲅鱼、鲐鱼、竹荚鱼、金枪鱼、秋刀鱼、沙丁鱼、青鳞鱼、铁甲鱼、鲣鱼等。这些鱼的身体呈纺锤形，头尖口大，背部为青黑色或青蓝色，腹部为白色或淡黄色，鱼肉则呈红色或红褐色。由于青皮红肉鱼体内组氨酸含量较高，当鱼体不新鲜时，胺容易生成组胺，导致高组胺鱼类中毒。

组胺中毒主要是刺激心血管系统和神经系统，促使毛细血管扩张充血，使毛细血管通透性增加，使血浆进入组织，血液浓缩，血压下降，心率加速，使平滑肌发生痉挛。组胺中毒发病快，潜伏期一般为0.5~1小时，长者可达4小时。主要表现为脸红、头晕、心率加快、胸闷和呼吸急迫等。部分患者眼结膜充血、瞳孔散大、脸发胀、四肢麻木，出现荨麻疹。但大多数患者症状轻、恢复快、死亡者少。

二、贝类

贝类作为人类动物性蛋白质食品的重要来源之一，在全球范围内被广泛食用。然而，许多贝类也含有一定量的有毒物质，这些物质可能会对人体健康产生不良影响。实际上，贝类本身并不产生毒素，它们之所以含有毒素，通常是因为它们通过食物链摄取了含有毒素的海藻或与藻类共生。这些海藻在生长过程中可能会产生一些有毒物质，如麻痹性贝类毒素、腹泻性贝类毒素等。

（一）麻痹性贝类毒素

麻痹性贝类中毒目前已成为影响公众健康的最严重的食物中毒现象之一。麻痹性贝类毒素很少量时就对人类产生高度毒性，是低分子毒物中毒性较强的一种。麻痹性贝类毒素毒性与河豚毒素相似，主要表现为摄取有毒贝类后 15 分钟到 2～3 小时，人出现唇、手、足和面部的麻痹，接着出现行走困难、呕吐和昏迷，严重者常在 2～12 小时之内死亡。死亡率一般为 5%～18%。1mg 岩蛤毒素即可使人中度中毒，岩蛤毒素对人的最小经口致死剂量为 1.4～4.0mg/kg 体重，对小鼠的经口半数致死剂量为 0.263mg/kg 体重。岩蛤毒素不会因洗涤而被冲走，热对其也不起作用，而且没有已知的解毒药。

（二）腹泻性贝类毒素

腹泻性贝类毒素是一种在海洋中广泛分布的毒素，主要由一些赤潮生物分泌。这些毒素通过食物链传递，并在贝类体内积累。如果人类误食了这些含有毒素的贝类，就会引起中毒。腹泻性贝类中毒的主要症状是腹泻和呕吐。在日本和欧洲发生过多次食用贝类中毒事件，主要中毒症状除腹泻、呕吐外，还伴随有恶心、腹痛、头痛。中毒者的潜伏期根据食用有毒贝类量的多少有所差异。有的不足 30 分钟，有的长达 14 小时，中毒者一般在 48 小时内恢复健康。

（三）神经性贝类毒素

神经性贝类毒素是一种脂溶性贝类毒素，主要由海洋中的赤潮生物，特别是一种名为短裸甲藻的藻类产生。当贝类摄食这些有毒藻类后，毒素会在它们体内积累，进而通过食物链传递给人类。

神经性贝类毒素的中毒症状通常出现在食用有毒贝类后的 30 分钟至 3 小时内，主要表现为胃肠紊乱和神经麻痹。具体症状可能包括瞳孔放大、身体冷热无常、恶心、呕吐、腹泻、运动失常等。严重的情况下，还可能导致冷热感觉逆转、复视以及呼吸、吞咽、言语困难等。虽然神经性贝类毒素中毒的持续时间相对较短，一般从 10 分钟到 20 小时不等，但仍然需要及时就医治疗。

（四）失忆性贝类毒素

失忆性贝类毒素，又称为健忘性贝类毒素或记忆丧失性贝毒，是一种由海洋硅藻产生的强神经性生物毒素，化学名称为多莫酸。当硅藻大量繁殖时，双壳贝类等低等的海洋动物能通过摄食藻类饵料而在体内积累大量的多莫酸。这些贝类一旦被其他动物（包括人类）摄食，就可能引起中毒或死亡。失忆性贝类毒素能与人类中枢神经系统（大脑海马）的谷氨酸受体结合，引起神经系统麻痹，并能导致大脑损伤；轻者引起神志不清和记忆丧失，重者引起死亡。

多莫酸是谷氨酸的一种异构体，能牢固结合谷氨酸的受体，作用于兴奋性的氨基酸受体和突触传递素。通过与控制细胞膜 Na^+ 通道的神经递质谷氨酸受体紧密结合，提高 Ca^{2+} 的渗透性，使神经细胞时间处于极化的兴奋状态，最终导致细胞死亡。

失忆性贝类毒素对热稳定，溶于水、烯酸和碱溶液中，微溶于甲醇和乙醇。在 1987 年，加拿大曾发生一起因食用紫贻贝引起的失忆性贝类中毒事件，造成 100 多人中毒，其中 12 人病愈后记忆丧失长达 18 个月。

三、哺乳动物类

哺乳动物有毒成分主要包括以下几种。

（一）甲状腺激素

动物肉中的甲状腺激素主要存在于其甲状腺中，这是一种内分泌腺体，分泌的激素对于调节动物的新陈代谢、生长发育和其他生理功能至关重要。

甲状腺激素在动物体内发挥着多种作用，包括促进蛋白质、脂肪和碳水化合物的代谢，维持神经系统的兴奋性，以及影响心血管和消化系统的功能。然而，当人类摄入含有过多甲状腺激素的动物肉时，会导致一系列症状，如头痛、失眠、心悸、多汗等。这些症状是甲状腺激素对神经、心血管和代谢系统的刺激作用所致。

因此，在食用动物肉时，应注意选择健康、新鲜的肉类，并避免食用含有过多甲状腺激素的甲状腺组织。此外，对于已经患有甲状腺疾病的人群，应在医生的指导下合理饮食，以避免摄入过多甲状腺激素带来的不良影响。

（二）肾上腺激素

动物肉中的肾上腺激素能调节动物的应激反应、新陈代谢和其他生理功能。肾上腺激素包括肾上腺素和去甲肾上腺素等，它们能够刺激中枢神经系统，使动物在面临危险或压力时能够迅速做出反应。

当人类摄入含有过多肾上腺激素的动物肉时，会刺激人体的中枢神经系统，导致心跳加速、血压升高、头痛、失眠等不适症状。长期过量摄入还可能对心血管系统产生负面影响。

一般来说，正规渠道购买的肉类会经过相关检验和处理，肾上腺等内分泌腺体会被去除。但是，如果是自己宰杀动物或者购买非正规渠道的肉类，就需要注意去除肾上腺等内分泌腺体，以确保食品安全。

第四节　含天然有毒物质的菌类

毒菌，也被称为毒蘑菇或毒蕈，是指被人食用后能够导致中毒反应的大型真菌的子实体。这些毒菌大多属于担子菌，少数则属于子囊菌。在全球范围内，已经报道的毒蘑菇种类大约有 1000 种，而在我国，目前已经报道的约有 480 种。常见的毒蘑菇包括褐鳞小伞、肉褐鳞小伞、白毒伞（致命鹅膏）、鳞柄白毒伞、毒伞、残托斑毒伞、毒粉褶蕈、秋生盔孢伞、包脚黑褶伞、鹿花菌等。

毒蘑菇的毒性成分复杂，一种毒蘑菇可能含有多种毒素，而一种毒素也可能存在于多种毒蘑菇中。主要的毒素类型包括鹅膏肽类毒素、鹅膏毒蝇碱、光盖伞素、鹿花毒素和奥来毒素等。这些毒素对人体的影响各不相同，但都可能导致严重的健康问题，甚至死亡。

由于毒菌与可食野生菌外观特征极其相似，在野外杂生情况下极易混淆，因此实际的毒蘑菇中毒案例中，多数是由于误采、误食有毒野蘑菇而引发的中毒事件，且主要发生在夏秋多雨季节。

一、引起肠胃炎型中毒的菌类

（一）毒蕈种类

属于此类型中毒的毒菌我国已知约有 70 种，主要是粉红枝瑚菌、白乳菇、毛头乳菇、毒粉褶菌、臭黄菇等。

（二）有毒成分

这些毒菌含胃肠道刺激物质。如蘑菇属的毒菌含有类树脂物质、苯酚或甲酚类化合物。墨汁鬼伞含鬼伞素，喇叭菌和某些牛肝菌含有蘑菇酸（或松草酸）。

胃肠炎型菌类中毒潜伏期短，食后 10 分钟~6 小时发病。主要为急性恶心呕吐、腹泻、腹痛，或伴有头昏、头痛、全身无力。重者偶有吐血、脱水、休克、昏迷。很少有急性肝、肾功能衰竭和死亡。一般病程短，致死率低，容易恢复。在毒菌中毒中，该类型占绝大多数，是极普遍的中毒类型。

二、引起神经精神型中毒的菌类

（一）毒覃种类

属于此类型中毒的毒菌我国已知约有 60 种，主要有毒蝇伞、褐黄牛肝菌、豹斑毒伞、残托斑毒伞、角鳞灰伞、橘黄裸伞、花褶伞等。

（二）有毒成分

1. 毒蝇伞碱　也叫蝇覃碱或者毒覃碱，是一种无色、无味的生物碱，易溶于水和乙醇。其主要作用是使副交感神经系统兴奋，导致一系列症状如血压降低、心跳减慢、胃肠平滑肌的蠕动增快，引起呕吐和腹泻等。

毒蝇伞碱是毒蝇伞等毒蘑菇中的主要有毒成分之一。毒蝇伞是一种含有神经精神毒素的毒蘑菇，其毒素成分包括毒蝇碱、异噁唑衍生物和色胺衍生物三大类。其中，毒蝇碱是使副交感神经系统兴奋的主要毒素，其主要作用是使副交感神经系统兴奋，导致一系列症状如血压降低、心率减慢，以及增加胃、肠平滑肌蠕动等反应。

2. 异噁唑衍生物　是一类具有特定化学结构的化合物，在毒蘑菇中，这种化合物通常与毒性相关。毒蘑菇中的异噁唑衍生物毒素主要作用于中枢神经系统，可能引发一系列神经中毒症状。

含有异噁唑衍生物毒素的毒蘑菇种类较多，如土红鹅膏。土红鹅膏在我国华中、华东、华南和西南地区等多个省份有分布，它的主要特征包括菌盖和菌柄上的土红色、橘红褐色至皮革褐色的粉末状鳞片，以及膜质菌环等。这种毒蘑菇引发的中毒事件在我国时有发生，对人们的健康构成了严重威胁。

3. 色胺衍生物　是毒蘑菇中常见的毒素之一。这类化合物对人体具有毒性作用，摄入后可能导致一系列中毒症状。色胺衍生物主要存在于裸盖伞属、斑褶伞属、裸伞属、锥盖伞属、丝盖伞属及光柄菇属等毒蘑菇中。其中，裸盖菇素是最具代表性的色胺衍生物之一，它激动 5 - 羟色胺受体，产生精神错乱、幻视、烦躁、意识障碍等中毒症状。

4. 幻觉诱发物　毒蘑菇中的幻觉诱发物是一类特殊的毒素，它们能够影响人类的神经系统，导致出现幻觉、妄想等精神症状。这类毒素通常存在于一些特定的毒蘑菇种类中，如裸盖菇属、斑褶伞属等。

幻觉诱发物中毒一般潜伏期短、发病快，约半小时至 1 小时左右发病。主要出现异常神奇的各种幻觉反应，如幻视、幻想、幻听等。这些症状通常伴随着兴奋、愉快、狂笑、乱语、手舞足蹈等表现。部分患者还可能出现步态不稳、神志不清、眼花眩晕、视物大小及长短多变等现象。严重者甚至可能出现脉弱、抽搐、幻觉及嗜睡等症状，并可能因肝脏、肾脏严重受损及心力衰竭而导致死亡。

三、引起中毒性肝损伤型的菌类

（一）毒覃种类

属于此类型中毒的毒菌我国已知约有 20 种。主要是淡红鹅膏、假淡红鹅膏、灰花纹鹅膏和条盖盔孢菌等。

（二）有毒成分

常见的中毒性肝损伤蘑菇毒素包括鹅膏毒肽、鬼笔毒肽和毒伞素等。这些毒素主要存在于鹅膏属、环柄菇属和盔孢伞属等毒蘑菇中。不同种类的毒蘑菇所含的毒素成分和毒性程度可能有所不同，因此误食不同种类的毒蘑菇可能导致不同程度的中毒症状和肝脏损伤。

中毒性肝损伤蘑菇中毒是毒蘑菇中毒的主要类型之一，其临床表现主要为急性肝损害症状，如恶心、呕吐、腹痛、腹泻、黄疸、肝区疼痛、肝大等。严重的情况下，可能导致肝功能衰竭、多器官功能衰竭甚至死亡。

四、引起中毒性溶血型的菌类

（一）毒覃种类

引起此类型中毒的毒菌主要是鹿花菌、赭鹿花菌、褐鹿花菌等。

（二）有毒成分

鹿花菌素是一种有毒的化学成分，主要存在于鹿花菌等毒蘑菇中。它属于一甲基联氨（MMH）类毒素，具有强烈的溶血作用，能导致人体出现精神错乱、肌肉自发性收缩、眩晕、瞳孔放大、昏迷、循环性虚脱及呼吸停止等严重症状，最后可能导致肝肾衰竭或溶血而死亡。

将鹿花菌煮成半熟可以大幅减少鹿花菌素的含量，但重复食用仍会增加中毒的风险。误食含鹿花菌素的毒蘑菇后，中毒潜伏期通常为6～12小时，初期可能出现恶心、呕吐、腹泻等症状，3～4天后可能出现溶血性黄疸、肝脾肿大，少数患者可能出现血红蛋白尿。由于红细胞被迅速破坏，而在1～2天很快出现溶血性中毒症状，表现为急性贫血、血红蛋白尿、尿闭、尿毒症及肝脏、肾脏肿大。重者还出现脉弱、抽搐、嗜睡。中毒者往往因肝脏严重受损害及心脏衰竭而死亡。

知识链接

有毒动植物

有毒动植物的进化是一个复杂而迷人的生物学过程，它涉及多个因素，包括环境适应性、遗传变异和自然选择等。有毒动植物的进化往往是对其生存环境的一种适应。这些生物可能生活在充满竞争和捕食压力的环境中，因此发展出毒性作为一种防御机制，以保护自己免受天敌的攻击。通过产生毒素，它们能够降低被捕食的风险，提高生存和繁殖的机会。同时，有毒动植物的进化还涉及遗传变异和自然选择的过程。在进化过程中，这些生物可能会经历基因突变或其他形式的遗传变异，从而产生新的毒性特征。这些特征随后会在种群中传播，并受到自然选择的检验。那些具有更有效毒性特征的个体更有可能生存下来并繁殖后代，从而将这些特征传递给下一代。有毒动植物的进化还受到生态系统中其他生物的影响。例如，某些动植物可能进化出针对特定天敌的毒素，以更有效地抵御它们的攻击。同时，天敌也可能通过进化出对毒素的抗性来适应这些有毒动植物，从而形成一种相互作用的进化关系。

练习题

答案解析

一、单选题

1. 以下属于胆毒鱼类的是（   ）。

A. 马鲛鱼　　　　B. 毒鲼　　　　C. 鲨鱼　　　　D. 团头鲂

2. 以下毒素可导致中毒性肝损伤的是（　　）。

  A. 鬼伞素　　　　　B. 毒蝇伞碱　　　　　C. 鹅膏毒肽　　　　　D. 鹿花菌素

二、简答题

1. 简述动植物天然有毒物质的概念。

2. 天然动植物毒素引起食物中毒的原因有哪些方面？

3. 存在于天然食物中的有毒物质有哪些种类？

4. 简述鱼类毒素的种类和食物中毒特征。

5. 简述蕈类毒素的种类和食物中毒特征。

书网融合……

本章小结　　　　　　微课　　　　　　题库

第三章

食品的生物性污染

学习目标

知识目标

1. **掌握** 食品安全与微生物之间的关联性；学会采取相关措施避免致病菌对食品的污染。
2. **熟悉** 污染食品的主要微生物；各种食品污染的预防方法。
3. **了解** 微生物源引起的食源性疾病特征。

能力目标

1. 能运用所学知识解决细菌、病毒、真菌和真菌毒素、寄生虫等对食品污染物污染。
2. 能够了解食品中常见的致病菌及食物中毒。

素质目标

通过本章学习，树立辩证思维能力，能够使用唯物辩证法看待问题、思考问题、解决问题；能够理解食品生物性污染所造成的危害和制定食品生物性污染预防措施的必要性，了解微生物污染食物的机制，并学以致用。

生物性污染是指由有害的微生物、寄生虫、昆虫等生物因子污染食品，导致食品的安全性、营养性和感官性状发生改变的现象。这种污染可能对人体健康产生严重影响。

第一节　概　述 📱微课1

PPT

一、生物性危害

生物性污染会造成食品的生物性危害，食品中的生物性危害主要是指生物（尤其是微生物）本身及其代谢过程、代谢产物（如毒素）对食品原料、加工过程和产品的污染，这种污染会对食品消费者的健康造成损害。食品中的生物性危害按生物的种类分为以下几类。

（1）细菌危害　包括引起食物中毒的细菌及其毒素造成的对人体的侵害。

（2）真菌危害　包括真菌及其毒素和有毒大型真菌造成的疾病。

（3）病毒病　包括甲型肝炎病毒、诺如病毒引起的相关疾病。

（4）寄生虫病　包括原生动物（如溶组织阿米巴、鞭毛虫等）和寄生虫（如牛、猪绦虫和某些吸虫、线虫等）造成的危害。

表3－1列出食品中主要的生物性危害的来源及其传播特征。

表 3 – 1　食品中主要生物性危害及其传播特征

种类	宿主或携带者	传播方式				相关食物
		水	食物	人—人	食物中繁殖	
细菌						
蜡样芽孢杆菌	土壤	−	+	−	+	熟米饭、熟肉、蔬菜、蒸煮后熟制淀粉食品
布氏杆菌	牛、山羊、绵羊	−	+	−	+	生乳、乳制品
空肠弯曲菌	小鸡、狗、猫、牛、猪、野鸟	+	+	+	−	生乳、禽肉
肉毒梭菌	土壤、哺乳动物鸟、鱼	−	+	−	+	禽畜肉类食品（含腌制和罐头类肉制品）
产气荚膜梭菌	土壤、动物、人	−	+	−	+	煮熟的肉类、禽肉、肉汁、豆类食品
大肠埃希菌						
肠产毒型	人	+	+	+	+	色拉、生蔬菜
肠致病型	人	+	+	+	+	乳制品
肠侵袭型	人	+	+	+	+	乳酪
肠出血型	人、牛、羊	+	+	+	+	生乳、生肉、半熟的肉、乳酪、生奶、肉产品、卷心菜丝沙拉
单增李斯特菌	外界自然环境	+	+	−	+	乳酪、生奶、肉产品、卷心菜丝沙拉
牛结核分枝杆菌	牛	−	+	−	−	生乳、乳制品、肉类产品
伤寒沙门菌	人	+	+	±	+	贝类、菜色拉、肉类、家禽、蛋类
沙门菌（非伤寒型）	人和动物	±	+	±	+	乳制品、巧克力
志贺菌	人	+	+	+	+	土豆、鸡蛋色拉
金黄色葡萄球菌（肠毒素）	人	+	+	±	+	火腿、家禽和鸡蛋色拉、含奶油的产品、冰淇淋、乳酪
01 型霍乱弧菌	海生生物、人	+	+	±	+	贝类、生鱼、蟹和其他贝类
非 01 型霍乱弧菌	海生生物、人	+	+	±	+	贝类、生鱼、蟹和其他贝类
副溶血弧菌	海水、海生生物		+			贝类、生鱼、蟹和其他贝类
小肠结肠炎耶尔森菌	水、野生动物、猪、狗、家禽	+	+	+	+	乳、猪肉和家禽
病毒						
甲型肝炎病毒	人	+	+	+		贝类、生的水果和蔬菜
诺瓦克（诺如）病毒	人	+	+	0		贝类
轮状病毒	人	+	0	+		0
原生动物						
隐孢子虫	人	+	+	+		生乳、生调料汁（未发酵）
溶组织阿米巴	人	+	+	+		蔬菜和水果
鞭毛虫	人、动物	+	±	+		蔬菜和水果
弓形虫	猫、猪	0	+			烹调不足的肉、生的蔬菜
寄生虫						
蛔虫	人	+	+			土壤污染的食物
中华肝吸虫	淡水鱼		+			生的鱼、烹调不足的鱼
肝片吸虫	牛、羊		+			水田荠
后睾吸虫（麝猫/猫）	淡水鱼		+			生的鱼、烹调不足的鱼
并殖吸虫	淡水蟹		+			生的蟹、烹调不足的蟹
绦虫（猪/牛）	牛、猪	+	+			烹调不足的肉
旋毛虫	猪、食肉类动物		+			烹调不足的肉 土壤污染的食物
毛首鞭虫	人	0	+			土壤污染的食物

在表中：+为是；±为罕见；−为否；0为无资料。

二、食品微生物污染来源

食品中微生物的污染来源主要有内源性污染和外源性污染。

1. 内源性污染　指作为食品原料的动植物体在生活过程中，由于本身带有的微生物而造成的食品污染。例如，畜禽在生活期间，其消化道、呼吸道、粪便等都可能存在微生物，这些微生物可能会污染食品。

2. 外源性污染　指在食品生产、加工、运输、储存等过程中，由于外界环境的影响而引入食品中的微生物。例如，食品加工设备的不洁、空气、水等环境中存在的微生物都可能通过空气飞沫、水滴等方式进入食品中，导致食品污染。

三、微生物生长繁殖需要的条件

1. 营养物质　食品中含有蛋白质、碳水化合物、脂肪、无机盐、维生素和水分等，可为微生物生长提供所需要的营养物质。由于微生物种类繁多，生长要求不同，不同食品受微生物侵入的种类和数量也不同。

2. pH　不同微生物的生长需要不同的 pH。pH 适宜，则微生物的生长繁殖速度快。污染食品的微生物以细菌占绝大多数，一般细菌的生长 pH 为中性，真菌生长的 pH 偏酸性。

3. 温度　根据微生物的生长最适温度，可将所有微生物分为嗜冷、嗜温、嗜热微生物三大类。适于在 20 ~ 40℃ 生长的嗜温菌，是造成食品变质及发生安全问题的主要微生物。而当食品处于低温或高温的条件下，微生物生长及引起食品发生变质的情况会有较大的变化。大多数病原菌能在 5 ~ 60℃ 的范围内生长，这个温度称为"危险温度区"。少数病原菌如单核细胞增生李斯特菌能在低于 5℃ 的温度生长，但是生长速度很慢。低温冷却（冷藏）是抑制微生物生长繁殖的有效方法之一。

4. 氧气　微生物与氧有着十分密切的关系，好氧微生物在有氧条件下，生长迅速。在食品中，如果缺乏氧，通常其变质速度较慢，这时变质可能主要由厌氧微生物引起。对兼性厌氧微生物来说，氧的存在与否，决定着该菌能否生长及其生长速度。例如当水分活度（A_w）为 0.86 时，无氧存在，金黄色葡萄球菌不能生长或生长极其缓慢，如有氧，则生长良好。

5. 水分　微生物的生命活动离不开水，通常以食品的 A_w 来反映其对微生物的影响。食品都含有一定的水分。在食品中，水分的存在形式为两种：结合水和游离水。微生物能利用的水分是游离水，因为游离水是良好的溶剂，能溶解食品中的糖、盐和氨基酸等物质，使微生物在含有营养物质的水溶液中进行生长繁殖。水分多的食品，微生物容易生长；含水分少的食品，微生物不易生长。

6. 渗透压　大多数微生物适合在等渗的环境生长，若置于高渗溶液（如 20% NaCl）中，水将通过细胞膜进入细胞周围的溶液中，造成细胞脱水而引起质壁分离，使细胞不能生长甚至死亡；若将微生物置于低渗溶液（如 0.01% NaCl）或水中，外环境中的水从溶液进入细胞内引起细胞膨胀，甚至破裂致死。

第二节　细菌污染 🅔 微课2

PPT

情境导入

情境　X 年 X 月 X 日，X 省 X 市某社区居民王某及其亲属 9 人在家中聚餐，共同食用了自制酸汤子（用玉米水磨发酵后做的一种粗面条样的主食）后，引发食物中毒。据调查得知，该酸汤子已在冰箱冷冻一年，疑似该食材引发食物中毒。

> **问题** 什么样的酸汤子能引发中毒？

食品中细菌来自内源和外源的污染，而食品中存活的细菌只是自然界细菌中的一部分。这部分在食品中常见的细菌，在食品卫生学上被称为食品细菌。食品细菌包括致病菌、相对致病菌和非致病菌，有些致病菌还是引起食物中毒的原因。它们既是评价食品卫生质量的重要指标，也是食品腐败变质的原因。

一、食品中常见的致病菌

1. 假单胞菌科 该科中在食品中最常见的是假单胞菌属。该属菌为革兰阴性、无芽孢、需氧、直或稍弯曲杆状。营养要求简单，大部分菌种在不含维生素、氨基酸的合成培养基中仍能良好生长。假单胞菌属的细菌多具有分解蛋白质和脂肪的能力，其中有些分解能力很强。部分菌株可产生水溶性荧光色素。

此外，假单胞菌还具有一些特点：增殖速度快、一些种能在5℃的低温下生长，具有很强的产生氨等物质的能力。假单胞菌污染肉及肉制品、鲜鱼贝类、禽蛋类、牛乳和蔬菜等食品后可引起腐败变质，并且是冷藏食品腐败的主要微生物。例如，荧光假单胞菌在低温下可使肉、乳及乳制品腐败；生黑色腐败假单胞菌能使动物性食品腐败，并在其上产生黑色素；菠萝软腐病假单胞菌可使菠萝果实腐烂，被侵害的组织变黑并枯萎。与食品腐败有关的菌种还有草莓假单胞菌、类蓝假单胞菌、类黄假单胞菌、腐臭假单胞菌、腐败假单胞菌、生孔假单胞菌、黏假单胞菌等。假单胞菌属中有些种对人或动物有致病性，该属菌多分布于土壤和水中及各种植物体上。

2. 盐杆菌科 包括盐杆菌属和盐球菌属2个属。盐杆菌属和盐球菌属对高渗均具有很强的耐受能力，可在高盐环境中（3.5%至饱和盐溶液中）生长。低盐可使细菌由杆状变为球状。盐杆菌和盐球菌可在咸肉和盐渍食品上生长，引起食物变质。

3. 醋酸杆菌科

（1）醋酸杆菌属 该属菌的细胞为椭圆形直杆状，直或稍弯曲，以单个、成对或成链存在。专性好氧。幼龄为革兰阴性杆菌，老龄常变为阳性。最适宜生长温度为25～30℃。该属菌能将乙醇氧化成醋酸，并可将醋酸和乳酸氧化成CO_2和水。其生长所需的最好碳源是乙醇、甘油和乳酸。有些菌株能够合成纤维素，当这些菌株生长在静止的液体培养基中时，会在表面形成一层纤维素薄膜。醋酸杆菌属细菌主要分布在花、果实、葡萄酒、啤酒、苹果汁、醋和果园土等环境中，并可引起菠萝的粉红病和苹果、梨的腐烂。该属菌在食品工业上可用于食醋酿造。

（2）葡糖杆菌属 该属细菌为椭圆状或杆状，专性好氧，最适生长温度为25～30℃，在37℃不生长，老龄菌常由革兰阴性变为阳性。能氧化乙醇成醋酸，但不能将醋酸或乳酸氧化成CO_2和H_2O。该属菌广泛分布于花、果实、蜂蜜、苹果汁、葡萄酒、醋和软饮料等环境中，可导致含乙醇饮料变酸。

4. 肠杆菌科 肠杆菌科细菌为革兰阴性杆菌，能运动，少数无鞭毛、不运动，最适生长温度为37℃（除欧文菌属和耶尔森菌属外），对热抵抗力弱，可被巴氏消毒杀死。肠杆菌科的细菌大多存在于人和动物的肠道内，是肠道菌群的一部分。其中一些菌种是人和动物的致病菌，一些是植物的病原菌，还有一些是引起食品腐败变质的腐败菌。该科中的主要属如下。

（1）埃希菌属 许多菌株产荚膜或微荚膜，埃希菌属中的代表菌种是大肠埃希菌。大肠埃希菌是人和动物肠道正常菌群之一，绝大多数大肠埃希菌在肠道内无致病性、无害，甚至在某些情况下对人体是有益的，例如在帮助消化食物和合成某些维生素方面。极少部分可产生肠毒素等致病因子，引起食物中毒。此外，该菌大多具有组氨酸脱羧酶活性，污染食品后，可在食品中产生组胺，引起过敏性食物中毒。大肠埃希菌是食品中常见的腐败菌，也是食品和饮用水的粪便污染指示菌之一。大肠埃希菌污染食品引起腐败变质后，可产生不洁净或粪便气味。

（2）志贺菌属 该属菌为直杆菌，革兰阴性，兼性厌氧。根据生化和血清学反应，可将其分为4个亚群。主要通过食物、水或人与人之间的接触传播。志贺菌感染在全球范围内都有发生，尤其在卫生条件较差的地区更为常见。该菌污染食品经口进入人体后，可侵入大肠的上皮细胞，引起以下痢、发热、腹痛为主的细菌性红痢。

（3）沙门菌属 该属为革兰阴性无芽孢直杆菌，该属菌能发酵葡萄糖产酸产气，不分解乳糖，产生 H_2S。根据细胞表面抗原和鞭毛抗原的不同，分为 2 000 多个血清型。不同血清型的致病力及侵染对象不尽相同，有些对人致病，有些对动物致病，也有些对人和动物都致病。沙门菌广泛分布于自然界，已从人和家畜等哺乳动物、禽类、蛇、龟、蛙等两栖动物中分离出该菌。在食品中增殖，人食入后可在消化道内增殖，引起急性胃肠炎和败血症等，该菌是重要的食物中毒性细菌之一。

（4）肠杆菌属 该属菌为直杆状，周生鞭毛，能运动，兼性厌氧，可发酵葡萄糖产酸产气。该属菌污染水和食品，是条件致病菌，可从尿液、痰、呼吸道等分离。该属菌污染食品后可引起食品的腐败变质。此外，有部分低温性菌株可引起冷藏食品的腐败。

（5）柠檬酸细菌属 该属菌能运动，可利用枸橼酸盐作为碳源。广泛分布于自然界，可引起食品腐败变质。该属中有部分低温性菌株可在4℃增殖，引起冷藏食品的腐败变质。

（6）克雷伯菌属 该属菌为直杆状，革兰阴性，有荚膜。广泛分布于水、土壤、人和动物的消化道及呼吸道、粮食和冷藏食品上。可引起食品变质、人的上呼吸道感染、肺炎、败血症等。

（7）沙雷菌属 该属菌呈直杆状兼性厌氧。该属菌广泛分布于水、土壤和植物表面，是腐败作用较强的腐败细菌，也是人类的条件致病菌。对食品中的蛋白质具有较强的分解能力，并产生大量挥发性氨态氮等腐败性产物，使食品产生很强的腐败性气味。

（8）变形菌属 该属菌呈直杆状，属菌为兼性厌氧，广泛分布于动物肠道、土壤和水中，具有很强的蛋白质分解能力，是重要的食品腐败菌之一。该菌污染食品后可在食品中迅速增殖，初期使食品的pH稍下降，以后产生盐基氮，使食品转为碱性并使其软化。

二、构成致病菌的毒力因素

（一）侵袭力

侵袭力是指细菌突破机体的防御功能，在体内定居、繁殖及扩散、蔓延的能力。构成侵袭力的主要物质有细菌的酶、荚膜及其他表面结构物质。

1. 细菌的胞外酶 本身无毒性，但在细菌感染的过程中有一定作用。

（1）血浆凝固酶 大多数致病性金黄色葡萄球菌能产生一种血浆凝固酶（游离血浆凝固酶），能加速人或兔血浆的凝固，保护病原菌不被吞噬或免受抗体等的作用。凝固酶是一种类似凝血酶原的物质，通过血浆中的激活因子变成凝血样物质后，才能使血浆中的纤维蛋白原变为纤维蛋白因而血液凝固。金黄色葡萄球菌还产生第二种血浆凝固酶（凝聚因子），结合在菌细胞上，在血浆中将球菌凝集成堆，无需血浆激活因子，而是直接作用于敏感的纤维蛋白原。在抗吞噬作用方面，凝聚因子比游离血浆凝固酶更为重要。

（2）链激酶或称链球菌溶纤维蛋白酶 大多数引起人类感染的链球菌能产生链激酶。作用是能激活溶纤维蛋白酶原或胞浆素原成为溶纤维蛋白酶或胞浆毒，而使纤维蛋白凝块溶解。因此，链球菌感染由于容易溶解感染局部的纤维蛋白屏障而促使细菌和毒素扩散。致病性葡萄球菌也有溶纤维蛋白酶，称为葡激酶，其作用不如链激酶强，在致病性上意义不大。

（3）透明质酸酶　或称扩散因子是一种酶，可溶解机体结缔组织中的透明质酸，使结缔组织疏松，通透性增加。如化脓性链球菌具有透明质酸酶，可使病细菌在组织中扩散，易造成全身性感染。

此外，产气荚膜杆菌可产生胶原酶，是一种蛋白分解酶，在气性坏疽中起致病作用。许多细菌有神经氨酸酶，是一种黏液酶，能分解细胞表面的黏蛋白，使之易于感染。A族链球菌产生的脱氧核糖核酸酶，能分解脓液中的DNA，因此，该菌感染的脓液，稀薄而不黏稠。

2. 荚膜与其他表面结构物质　细菌的荚膜具有抵抗吞噬及体液中杀菌物质的作用。肺炎球菌、A族和C族乙型链球菌、炭疽杆菌、鼠疫杆菌、肺炎杆菌及流行性感冒杆菌的荚膜是很重要的毒力因素。例如，将无荚膜细菌注射到易感的动物体内，细菌易被吞噬而消除，有荚膜则引起病变，甚至死亡。

有些细菌表面有其他表面物质或类似荚膜物质。如链球菌的微荚膜（透明质酸荚膜）、M-蛋白质；某些革兰阴性杆菌细胞壁外的酸性糖包膜，如沙门杆菌的Vi抗原和数种大肠埃希菌的K抗原等。不仅能阻止吞噬，并有抵抗体和补体的作用。此外黏附因子，如革兰阴性菌的菌毛，革兰阳性菌的膜磷壁酸在细菌感染中起着重要作用。

（二）细菌毒素种类

细菌毒素按其来源、性质和作用的不同，可分为外毒素和内毒素两大类。

1. 外毒素　有些细菌在生长过程中，能产生外毒素，并可从菌体扩散到环境中。若将产生外毒素细菌的液体培养基用滤菌器过滤除菌，即能获得外毒素。外毒素毒性强，小剂量即能使易感机体致死。如纯化的肉毒杆菌外毒素毒性最强，1mg可杀死2000万只小白鼠；破伤风毒素对小白鼠的致死量为6~10mg；白喉毒素对豚鼠的致死量为3~10mg。

产生外毒素的细菌主要是某些革兰阳性菌，也有少数是革兰阴性菌，如志贺痢疾杆菌的神经毒素、霍乱弧菌的肠毒素等。外毒素具亲组织性，选择性地作用于某些组织和器官，引起特殊病变。例如破伤风杆菌、肉毒杆菌及白喉杆菌所产生的外毒素，虽对神经系统都有作用，但作用部位不同，临床症状亦不相同。破伤风杆菌毒素能阻断胆碱能神经末梢传递介质（乙酰胆碱）的释放，麻痹运动神末梢，出现眼及咽肌等的麻痹；白喉杆菌外毒素有和周围神经末梢及特殊组织（如心肌）的亲和力，通过抑制蛋白质合成可引起心肌炎、肾上腺出血及神经麻痹等。有些细菌的外毒素已证实为一种特殊酶。例如产气荚膜的甲种毒素是卵磷脂酶，作用在细胞膜的磷脂上，引起溶血和细胞坏死等。

2. 内毒素　存在于菌体内，是菌体的结构成分。细菌在生活状态时不释放出来，只有当菌体自溶或用人工方法使细菌裂解后才释放，故称内毒素。大多数革兰阴性菌有内毒素，如沙门菌、痢疾杆菌、大肠埃希菌、奈瑟球菌等。

（1）化学成分　内毒素是磷脂-多糖-蛋白质复合物，主要成分为脂多糖。是细胞壁的最外层成分，覆盖在坚韧细胞壁的黏肽上。各种细菌内毒素的成分基本相同，都是由类脂A、核心多糖和菌体特异性多糖（O特异性多糖）三部分组成。类脂A是一种特殊的糖磷脂，是内毒素的主要毒性成分。菌体特异多糖位于菌体胞壁的最外层，由若干重复的寡糖单位组成。多糖的种类与含量决定细菌种、型的特异性，以及不同细菌间具有的共同抗原性。它还参与细菌的抗补体溶解作用。

内毒素耐热，加热100℃ 1小时不被破坏，必须加热160℃，经2~4小时或用强碱、强酸或强氧化剂煮沸30分钟才能灭活。内毒素不能用甲醛脱毒制成类毒素，但能刺激机体产生具有中和内毒素活性的抗体。

（2）内毒素的作用　内毒素对组织细胞的选择性不强，不同革兰阴性细菌的内毒素，引起的病理变化和临床症状大致相同。

1）发热反应　内毒素作为外源性致热原（即热原质）作用于粒细胞和单核细胞等，使之释放内源性致热原，引起发热。

2）糖代谢紊乱　先发生高血糖，转而为低血糖，大量糖原消耗，可能与肾上腺素大量分泌有关。

3）血管舒缩功能紊乱　内毒素激活了血管活性物质（5－羟色胺、激肽释放酶与激肽）的释放。末梢血管扩张，通透性增高，静脉回流减少，心脏输出量减低，导致低血压并可发生休克。因重要器官（肾、心、肝、肺与脑）供血不足而缺氧，有机酸积聚而导致代谢性酸中毒。

4）弥散性血管内凝血（DIC）　内毒素能活化凝血系统的Ⅻ因子，当凝血作用开始后，使纤维蛋白原转变为纤维蛋白，造成DIC；由于血小板与纤维蛋白原大量消耗，以及内毒素活化胞浆素原为胞浆素，分解纤维蛋白，进而产生出血倾向。

5）施瓦兹曼现象　可能是由内毒素引起DIC的一种特殊形式。将内毒素注入动物皮内，次日再以内毒素静脉注射，数小时后第一次注射的局部皮肤出现坏死。如果二次均为静脉注射内毒素，就可出现DIC。现认为第一次剂量的内毒素封闭了单核－吞噬细胞系统，以致不能消除第二次注入的内毒素，故发生这种反应。亦可用炭粒代替第一次内毒素剂量以阻断单核－吞噬细胞系统，或以肾上腺皮质类固醇处理，也可得同样结果。

三、影响致病菌存活的主要因素和存活机制

（一）主要因素

影响致病菌存活的主要因素包括环境条件、营养供应、抗生素浓度、宿主免疫力以及细菌数量。

1. 环境条件　如温度、湿度、光照和pH等都会影响致病菌的存活。例如，一些致病菌在温暖、潮湿、黑暗的环境中能存活较长时间。

2. 营养供应　致病菌需要营养物质来维持生存，如氨基酸、脂肪酸和维生素等。在缺乏必要的营养物质的环境中，它们的存活时间会受到影响。

3. 抗生素浓度　致病菌对某些抗生素敏感，高浓度的抗生素可以抑制它们的生长和繁殖，从而影响它们的存活时间。

4. 宿主免疫力　如果宿主的免疫力强大，能够及时清除致病菌，那么这些病菌的存活时间就会缩短。

5. 细菌数量　当细菌数量较多时，它们之间的竞争会加剧，这可能会导致存活时间缩短。

（二）存活机制

主要涉及致病菌如何适应和抵抗不利的环境条件。例如，一些致病菌可以形成生物膜，这是一种由细菌分泌的多糖、蛋白质和DNA等组成的复杂结构，它可以保护细菌免受抗生素和宿主免疫系统的攻击。此外，一些致病菌还可以产生抗生素耐药基因，使其能够在高浓度的抗生素环境中存活。总的来说，致病菌的存活受到多种因素的影响，而它们的存活机制则涉及如何适应和抵抗这些不利因素。

1. 致病菌的代谢途径　致病菌的代谢途径对其生存能力有着直接的影响。某些致病菌能够利用多种不同的碳源和能源，这使得它们能够在多变的环境中生存和繁衍。而有些致病菌则依赖特定的代谢途径，这限制了它们在特定环境中的生存能力。

2. 群体感应　这是一种细菌间的通信机制，通过分泌和检测称为自诱导物的信号分子，来协调群体行为。致病菌可以通过群体感应来调节各种生理活动，如抗生素的产生、生物膜的形成以及毒力基因的表达等，以适应环境变化。

3. 逃避宿主免疫机制　致病菌发展出多种策略来逃避或抵抗宿主的免疫防御机制。例如，一些致病菌能够分泌中和宿主杀菌物质的酶，或者表达能够抑制宿主免疫反应的蛋白质。

4. 适应性进化　致病菌在感染宿主的过程中，会经历选择压力，导致它们的基因发生突变，从而适应宿主环境。这种适应性进化可能包括增强对抗生素的耐药性、增加对宿主免疫系统的抵抗能力以及提高在宿主体内的繁殖能力等。

第三节　真菌污染 微课3

PPT

一、黄曲霉毒素

（一）黄曲霉简介

黄曲霉菌（*Aspergillus flavus*）属曲霉属，半知菌类，一种常见腐生真菌。多见于发霉的粮食、粮食制品及其他霉腐的有机物上。黄曲霉适宜在 25 ～42℃生长，其最佳生长温度为37℃。

（二）黄曲霉毒素来源与性质

黄曲霉毒素主要是由黄曲霉（图 3 - 1）和寄生曲霉（图 3 - 2）产生的次级代谢产物。目前已经分离鉴定出几十种的黄曲霉毒素及其异构体，它们的结构很类似，都是二呋喃香豆素的衍生物，这类毒素因为含有共轭体系，热稳定性非常好，因此不容易被常规烹饪和加热法所分解。食品和饲料中污染的黄曲霉毒素常见的有 B_1、B_2、G_1、G_2、M_1、M_2 六种。黄曲霉毒素经常出现在玉米、花生、还有一些干果中，其中以花生和玉米污染最严重。家庭自制发酵食品也能检出黄曲霉毒素，尤其是高温高湿地区的粮油及制品中检出率更高。

图 3 - 1　黄曲霉

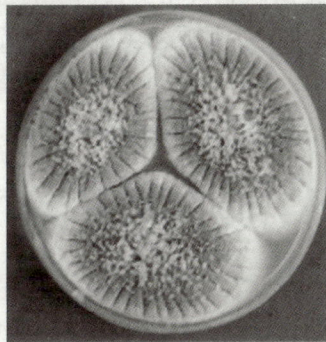

图 3 - 2　寄生曲霉

黄曲霉毒素最早分离出四种不同的化合物，根据它们在紫外灯下显示的荧光颜色不同，蓝色 blue 用 B 表示，绿色 green 用 G 表示，于是将这四个化合物命名为黄曲霉毒素 B_1、B_2、G_1、G_2（表 3 - 2）。1967 年确定了这四个化合物的绝对构型。

表 3 - 2　各黄曲霉毒素的理化性质

黄曲霉毒素	分子式	结构式	分子量（D）	熔点（℃）
B_1	$C_{17}H_{12}O_6$		312	268 ～269

续表

黄曲霉毒素	分子式	结构式	分子量（D）	熔点（℃）
B₂	$C_{17}H_{14}O_6$		314	286～289306～309
G₁	$C_{17}H_{12}O_7$		328	244～246
G₂	$C_{17}H_{14}O_7$		330	237～240

1963 年又有科学家发现，将吃过受黄曲霉污染的草料的奶牛产出的牛奶，喂给鸭子的时候，鸭子表现出肝脏受损，症状和由黄曲霉毒素 B₁ 引起的肝脏受损症状一样，由于这种毒性物质来自牛奶（milk），于是将这个物质命名为黄曲霉毒素 M，在 1966 年将这个物质进一步分离纯化，得到了两个新的黄曲霉毒素，并分别命名为黄曲霉毒素 M₁（图 3-3）和黄曲霉毒素 M₂（图 3-4）。

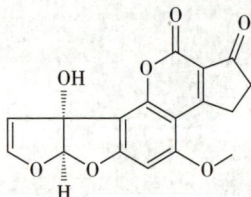

图 3-3 黄曲霉毒素 M₁ 的结构式

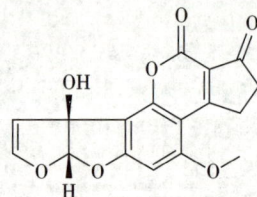

图 3-4　黄曲霉毒素 M₂ 的结构式

毒理试验证明，黄曲霉毒素 B₁ 的毒性最强，仅次于肉毒毒素，毒性分别是氰化钾的 10 倍、砒霜的 68 倍。因此，人们经常所说的黄曲霉毒素主要是指黄曲霉毒素 B₁。

黄曲霉毒素的相对分子质量为 312 ～346，易溶于油脂、甲醇、丙酮和三氯甲烷等有机溶剂，比较难溶于水，不溶于石油醚、己烷和乙醚。黄曲霉毒素是目前已知真菌毒素中最稳定的一种，在 268 ～269℃时才分解，所以平常的烹调条件不易将其破坏，通常的高压灭菌也难以将其分解。不过，黄曲霉毒素在 pH9 ～ 10 的碱性条件下极易降解，诸如 Cl_2、NH_3、H_2O_2 强碱等均能破坏其毒性；但在酸性条件下比较稳定，即便在 pH1 ～3 的强酸性溶液中只略有分解。

（三）黄曲霉毒素来源与危害

黄曲霉毒素可以通过谷物、干果、粮油等农产品的加工储藏，以及畜牧业饲料等环节污染粮食制品、食用油类以及水产畜禽类产品。受全球气候变暖、干旱等因素的影响，黄曲霉毒素对食用和饲用农产品污染日趋严重。据联合国粮食及农业组织（FAO）估算，全世界每年超过四分之一的谷物受到真菌毒素污染，大约有2%的粮食由于过度霉变而没法食用，黄曲霉毒素污染所造成的损失可达数千亿美元。黄曲霉毒素不仅造成了巨大的经济损失，而且致畸致癌致突变，对人类健康造成了重大威胁。

一些疾病研究机构提出，食品中黄曲霉毒素与动物肝细胞癌变呈正相关性，动物及人类长时间摄入含低浓度黄曲霉毒素的食物会导致肝癌、肠癌、胃癌等疾病。临床研究发现，如果摄入黄曲霉毒素污染的食物，轻者可能会出现呕吐、腹痛、食欲减退等症状，严重患者在15~20天内会出现肝脾大疼痛、皮肤黏膜黄染、肺部水肿以及肝功能失常等中毒类肝病症状。由于霉变的农产品更多是被加工成畜产品饲料，黄曲霉毒素成为阻碍养殖业健康发展的重大威胁。黄曲霉毒素对各类动物的危害详见表3-3。

表3-3 黄曲霉毒素对各类动物的危害

动物种类	危害
猪	致癌作用：黄曲霉毒素中毒后，动物癌症发生率升高 免疫抑制：动物对环境应激和病原微生物的抵抗力减弱，容易发生疾病 肾毒性作用：肾脏炎症 肝脏毒性作用：中毒性肝炎 生产性能下降：采食量降低，拒食，料肉比差 血液功能紊乱：系统性的出血症状 在肝脏或奶中产生代谢产物和残留物（如黄曲霉毒素 M_1）
家禽	致癌作用：采用黄曲霉毒素污染饲料的动物癌症发生率升高 免疫抑制：动物对环境的应激和病原微生物的抵抗力减弱，容易发生疾病 肝脏毒性作用：肝损伤，黄疸 生产性能降低：采食量、日增重降低，屠宰重和产蛋率降低，群体整齐度差，孵化率降低 血液功能：系统性的出血；贫血神经毒性作用 影响皮肤功能：羽毛生长不良，黏膜苍白，腿苍白（家禽苍白症） 致畸形作用：遗传缺陷 病理学变化：内脏器官重量发生变化，肝脏、脾脏和肾脏增大（脂肪肝），法氏囊和胸腺重降低，器官的颜色和质地发生变化（如肝脏和肌胃），毒素在肝、肉、蛋中残留
牛	致癌作用：采食黄曲霉毒素污染饲料的动物癌症发生率升高 免疫抑制：对环境和微生物等应激因子的抵抗力减弱；动物容易发生疾病 肝脏毒性：肝脏损伤 胃肠道功能紊乱：胃功能受损，挥发性脂肪酸减少，蛋白质降解能力和胃蠕动减弱，腹泻 生产性能降低：采食量和奶产量降低（奶牛）；日增重降低（肉牛）；影响繁殖性能；繁殖率降低；出生弱小和健康状况差的犊牛；急性乳房炎残留黄曲霉毒素 M_1 在奶中残留
鱼	致癌作用：黄曲霉毒素导致动物较高的癌症发生率；肝脏肿瘤 免疫抑制：对环境和病原微生物等应激因子的抵抗力减弱，对疾病的易感性增加 肾脏毒性作用：可见肾脏出现白色至黄色的损伤 肝脏毒性作用：肝脏严重坏死；肝脏损伤 生产性能降低：生长减缓；体增重降低；死亡率增加 造血功能障碍：血液凝集受损；贫血 对真皮的影响：鱼鳃苍白
虾	肝脏毒性作用：导致肝胰腺损伤 对胃肠道的影响：影响消化酶活性 生产性能降低：生长减缓表观消化率降低；死亡率增高 造血功能障碍：红细胞比容降低（血红细胞的数量减少明显，体积变小） 致畸作用：生理失调、组织改变
马	致癌作用：肝脏损伤 血液循环损伤：出血症；贫血
宠物	胃肠道：呕吐 肝脏：肝炎，黄疸 神经：厌食、嗜睡、精神不振 肾：过度饮水、多尿 造血功能：弥散性血管内凝血，死亡

（四）黄曲霉毒素限量标准

鉴于黄曲霉毒素 B_1 对人类及动物的严重危害，全球包括中国在内的 61 个国家都制订了常见食品中黄曲霉毒素 B_1 的限量标准。国际食品法典委员会（CAC）规定，食品中黄曲霉毒素（包括 $B_1 + B_2 + G_1 + G_2$）的最大残留限量标准不得超过 15μg/kg；FAO 和 WHO 确定人类食品中黄曲霉毒素的上限为 30μg/kg。欧盟国家规定了 17 类食品中黄曲霉毒素 B_1 的限量值范围为 0 ~ 12.0μg/kg。而日本对于食品中黄曲霉毒素残留的最大限量值有着十分严格的规定，其中在进口食品中黄曲霉毒素 B_1 的残留限量规定为"不得检出"。《食品安全国家标准食品中真菌毒素限量》（GB 2761—2017）特别增加了特殊医学用途配方食品、辅食营养补充品、运动营养食品、妊娠期妇女及哺乳期妇女营养补充，食品中真菌毒素限量要求，其中食品中黄曲霉毒素限量标准见表 3-4。

表 3-4 食品中黄曲霉毒素限量要求

食品类别	食品名称	限量（μg/kg）
谷物及其制品	玉米、玉米面（渣、片）及玉米制品	20
	稻谷[a]、糙米、大米	10
	小麦、大麦、其他谷物	55.0
	小麦粉、麦片、其他去壳谷物	5.0
豆类及其制品	发酵豆制品	5.0
坚果及籽类	花生及其制品	20
	其他熟制坚果及籽类	5.0
油脂及其制品	植物油脂（花生油、玉米油除外）	10
	花生油、玉米油	20
调味品	酱油、醋、酿造酱	5.0
特殊膳食用食品	婴儿配方食品[b]	0.5（以粉状产品计）
	较大婴儿和幼儿配方食品	0.5（以粉状产品计）
	特殊医学用途婴儿配方食品	0.5（以粉状产品计）
	婴幼儿谷类辅助食品	0.5（以粉状产品计）
	特殊医学用途配方食品[b]（特殊医学用途婴儿配方食品涉及的品种除外）	0.5（以固态产品计）
	辅食营养补充品[c]	0.5
	运动营养食品[b]	0.5
	妊娠期妇女及哺乳期妇女营养补充食品[c]	0.5

注：[a]稻谷以糙米计；[b]以大豆及大豆蛋白制品为主要原料的产品；[c]只限于含谷类、坚果和豆类的产品。

二、单端孢霉烯族毒素

单端孢霉烯族毒素主要是由镰刀菌在低温条件下产生的重要次生代谢产物，在自然界中广泛存在，误食后易导致严重疾病甚至死亡。由镰刀菌产生的该类毒素有 60 多种，但天然污染农作物的只有几种，包括有 A、B 型两种不同的化学结构形式，A 型主要是 T-2 毒素（毒性很强）、B 型主要是脱氧雪腐镰刀菌烯醇毒素，主要污染小麦、大麦、燕麦、玉米、稻谷等。

（一）脱氧雪腐镰刀菌烯醇

脱氧雪腐镰刀菌烯醇（DON）又名致呕毒素，是一种单端孢霉烯族毒素。主要是由镰刀菌属的菌株产生，主要包括禾谷镰刀菌、尖孢镰刀菌、串珠镰刀菌、拟枝孢镰刀菌、粉红镰刀菌、雪腐镰刀菌、黄色镰刀菌、头孢菌属、漆斑菌属、木霉属等菌株产生的代谢产物，其具有很强的毒性。许多谷物都可以受到污染，如小麦、大麦、燕麦、玉米等。DON 对于谷物的污染状况与产毒菌株、温度、湿度、通风、日照等因素有关。脱氧雪腐镰刀菌烯醇可以引起人类恶心、呕吐、胃肠不适、腹泻及头痛。1993 年 IARC 将脱氧雪腐镰刀菌烯醇列入第 3 类，即"无法分类为对人类有致癌效应"的物质。

1. 化学结构 脱氧雪腐镰刀菌烯醇是一种倍半萜烯化合物，其化学名称为 12，13 – 环氧 – 3，7，15 – 三羟基 – 单端孢 – 9 烯 – 8 酮，分子式为 $C_{15}H_{20}O_8$，相对分子量为 296.3，结构类似物 3 – 乙酰脱氧雪腐镰刀菌烯醇（3 – AC – DON）、15 – 乙酰基脱氧雪腐镰刀菌烯醇，如图 3 – 5 所示。

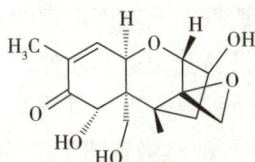

图 3 – 5 脱氧雪腐镰刀菌烯醇

2. 物理化学性质 脱氧雪腐镰孢菌烯醇是一种无色针状结晶，熔点为 151 ~ 152℃，易溶于水、乙醇、甲醇、乙腈等极性溶剂中，性质稳定，具有较强的抗热能力，加热到 110℃ 以上才能被破坏很少的部分，甚至 121℃ 高压加热 25 分钟仅少量被破坏，在 210℃ 加热 30 ~ 40 分钟，才可被破坏。干燥的条件下，酸不能影响其毒性，但是加碱或高压处理可破坏部分毒素。

一般的蒸煮及食物加工都不能破坏其毒性，但用蒸馏水冲洗谷物 3 次，其中的 DON 毒素含量可减少 65% ~ 69%，用 1mol/L 的碳酸钠溶液冲洗谷物，DON 毒素的含量可减少 72% ~ 74%。用 0.1 mol/L 碳酸钠溶液浸泡谷物 24 ~ 72 小时，DON 毒素的含量可减少 42% ~ 100%。

3. 危害及作用机制 脱氧雪腐镰刀菌烯醇可引起动物神经性中毒（导致呕吐）、厌食等；可以引起人恶心、呕吐、胃肠不适、腹泻及头痛。DON 的急性毒性与动物的种属、年龄、性别、染毒途径有关，雄性动物对毒素比较敏感。DON 急性中毒的动物主要表现为站立不稳、反应迟钝、竖毛、食欲下降、呕吐等，严重者可造成死亡。DON 可引起雏鸭、猪、猫、狗、鸽子等动物的呕吐反应，其中猪对 DON 最为敏感。DON 还可引起动物的拒食反应。

DON 激活体内细胞中丝裂原活化蛋白激酶（MAPKs）信号通路，引起机体各种生理反应，如肠道炎症。当 DON 进入细胞内后，会强烈地与核糖体结合，并给蛋白激酶和造血细胞激酶（HcK）转导 1 个信号，从而引起 MAPKs 磷酸化失活，其信号传导的具体机制尚不是很清楚，可能是由蛋白质介导的，也可能是由于 DON 损害了 28S rRNA 基因造成的。

（二）玉米赤霉烯酮

玉米赤霉烯酮（ZEA）为禾谷镰刀菌产生的霉菌毒素，在湿热条件下可在各种农作物上生长，常见于天然霉变的谷物或饲草。玉米赤霉烯酮毒素的污染常与去氧瓜蒌镰菌醇霉菌毒素以及玉米穗腐病和小麦赤霉病同时出现。它主要是谷物在贮存过程中产生的毒素，而不是在大田里。

1. 化学结构 玉米赤霉烯酮的化学式为 $C_{15}H_{22}O_5$（图 3 – 6）。ZEA 是一种白色结晶，相对分子质量 318，熔点 164 ~ 165℃。不溶于水，溶于碱性溶液苯、二氯甲烷、乙酸乙酯、乙腈和乙醇等，微溶于石油醚（30 ~ 60℃）。在长波（360nm）紫外光下，ZEA 呈蓝绿荧光，在短波（260nm）紫外光下荧光更强。

2. 物理化学性质 玉米赤霉烯酮属于三萜类物质，玉米赤霉烯酮在室温下为无色至微黄色的液体，具有特殊的气味。它在水中不溶，可溶于有机溶剂如乙醇、乙醚和苯等。玉米赤霉烯酮具有低沸点和高热稳定性。其还是一种光学活性化合物，具有旋光性质。其光学旋光度取决于其构型和拆分，因其是一种 α，β – 不饱和酮。它可参与许多化学反应，如加成反应、氧化反应和还原反应等。

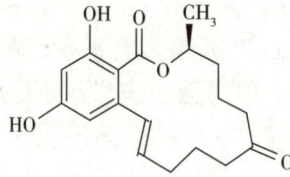

图 3 – 6　玉米赤霉烯酮

玉米赤霉烯酮毒素主要污染玉米，自然界中产生该毒素的真菌在 16 ~ 24℃和相对湿度为 85%左右时产毒最多，收获后维持潮湿状态的玉米最易受污染。此外，大麦、小麦、燕麦、稻谷蚕豆、甘薯、甜菜、芝麻等也可被污染。虫害、潮湿气候及贮存不当均可诱发玉米赤霉烯酮的产生。

3. 危害及作用机制　玉米赤霉烯酮是一种雌激素毒素，主要破坏动物的繁殖功能。动物摄入含有玉米赤霉烯酮的日粮后，毒素被机体吸收，5 天后可在血浆中检测到玉米赤霉烯酮及其代谢产物。玉米赤霉烯酮与葡萄糖醛酸结合由尿或粪排出体外。

玉米赤霉烯酮在瘤胃中可被部分降解为 α - 赤霉烯醇和少量的 β - 赤霉烯醇。已证明，所有这些代谢产物对瘤胃微生物无毒性，因此对瘤胃的发酵和代谢无毒害作用。然而，α - 赤霉烯醇的雌激素作用比原始的霉菌毒素（玉米赤霉烯酮）高 4 倍。因此，瘤胃的转化作用并不能达到脱毒的效果。由于玉米赤霉烯酮及其代谢产物的雌激素作用，它们主要破坏动物的繁殖系统，导致动物出现繁殖功能障碍。

玉米赤霉烯酮转移到牛奶中的量是很低的，乳制品对消费者的真正危害可忽略不计。尽管玉米赤霉烯酮对猪和牛的繁殖性能的损害的重要性已经广为人知，但是有关马的信息非常少。当评估不同水平的玉米赤霉烯酮及其衍生物对繁殖周期的母马卵巢的颗粒细胞的影响时发现，在体外培养颗粒细胞，结果这些霉菌毒素能导致卵泡闭锁。人们怀疑这些霉菌毒素可能与母马未知繁殖障碍有关。玉米赤霉烯酮对家禽的影响尚不清楚。资料表明，与其他所有的霉菌毒素相比，玉米赤霉烯酮对家禽的毒性较低；但玉米赤霉烯酮与其他霉菌毒素的协同作用机制尚未研究清楚。人们采用其他的镰刀菌毒素作为家禽饲料中玉米赤霉烯酮的生物标识。

4. 限量标准　目前有许多国家制定了玉米赤霉烯酮的限量标准，奥地利规定小麦、裸麦、硬质小麦中不得超过 60μg/kg。玉米赤霉烯酮国家限量标准，根据我国《饲料卫生标准》（GB 13078.2—2006）要求：配合饲料、玉米中的玉米赤霉烯酮含量不超过 500 μg/kg 。根据《食品中真菌毒素限量》（GB 2761—2017）要求，谷物及其制品中玉米赤霉烯酮含量应低于 60μg/kg。根此外，法国规定谷物、菜油中玉米赤霉烯酮允许量为 200μg/kg；俄罗斯规定硬质小麦、面粉、小麦胚芽中玉米赤霉烯酮允许量为 1000μg/kg；乌拉圭规定玉米、大麦中玉米赤霉烯酮允许量为 200μg/kg。可见，各国已逐步认识到玉米赤霉烯酮给动物及人类带来的危害，但还未达成一致的限量标准。

（三）赭曲霉毒素

赭曲霉毒素主要由赭曲霉菌、疣被青霉、洋葱曲霉、硫色曲霉、蜂蜜曲霉、孔曲霉、佩特曲霉和菌核曲霉、黑曲霉等产生，对人、动物具有致病、致癌作用，其中赭曲霉毒素 A 毒性最大，被 WHO 的国际癌症研究组织列为 2B 级可疑致癌物质，易污染玉米、大麦、小麦、燕麦、高粱、绿咖啡豆、豌豆、豆类、花生、面包、橄榄、啤酒、饲料、肉、奶酪、奶粉、干草、葡萄干、坚果。在中国的粮食中很少有 OTA 超标的样品。

1. 化学结构　赭曲霉毒素是一组结构类似化合物，包括赭曲霉毒素 A、B、C、D、α 等 7 种。赭曲霉素 A 是最重要的化合物（经常缩写为 OTA 或 OA），由聚酮化合物衍生的二氢异香豆素半族通过 12 - 羧基苯丙氨酸联合构成（图 3 –7）。赭曲霉毒素 B 少了一个氯原子，也能天然产生，但毒性较小。另外还有赭曲霉毒素 C，赭曲霉毒素 α 和赭曲霉毒素 β。赭曲霉毒素酚羟基相邻的羰基中的氧原子或酰胺基中的氧原子都能与分子内的 H 原子相结合，因此分子结构有很大差异。

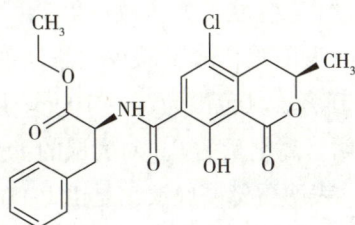

图 3 – 7　赭曲霉毒素 A

2. 物理化学性质　赭曲霉毒素 A 是一种无色晶体化合物，在二甲苯中可形成纯的结晶。钠盐可溶解于水。作为一种酸，它可以溶解在三氯甲烷、甲醇和乙腈中，微溶于水和稀的碳酸氢盐中。在乙醇中冷冻避光可保存至少 1 年。具有耐热性，用普通加热法处理不能将其破坏。在紫外光下显蓝色，在不同的 pH 值极性溶剂中有不同的吸收，在乙醇（e = 36800 和 6400）中吸收波长分别是 213nm 和 332nm，荧光的最大发射波长为 428nm。赭曲霉毒素 A 酸水解，它可以生成苯丙氨酸、旋光活性内酯酸和赭曲霉素 α。在甲醇 + HCl 中反应可生成甲酯，用重氮甲烷甲基化后可生成 O – 甲基甲酯。

3. 危害及作用机制　赭曲霉毒素 A 分子中带有氯原子，因此毒性极强，主要引起肝、肾中毒，可致突变、致畸性，能抑制蛋白的合成，被 WHO 的国际癌症研究组织列为 2B 级可疑致癌物质。赭曲霉毒素 A 通过瘤胃和肠道内的微生物群转化为赭曲霉素 α（对人和动物无毒），其随尿液和粪便排出，称为解毒。OTA 能引起活性氧的生成，活性氧通过脂质过氧化、降低抗氧化物酶活性、诱导 DNA 损伤等而对机体产生毒性作用。OTA 能诱导脂质过氧化和 DNA 损伤，形成对脑部的氧化压力，并严重消耗脑部的纹状体多巴胺。OTA 能够抑制大鼠肝脏细胞的呼吸作用，导致 ATP 的消耗，并对线粒体的形态有一定的影响。OTA 诱导的细胞变化能引起细胞凋亡，对细胞凋亡机制的研究也可能是揭示 OTA 致毒的一条途径。OTA 能导致 DNA 的非时序性合成以及继发的损伤、修复。可导致上尿道上皮细胞肿瘤的发生，即所谓的巴尔干地方性肾病。OTA 在食物及体内并不是单独存在的，与其他物质的相互影响会决定其最终的毒性。这方面的研究还比较少，还有待进一步研究。

（四）展青霉素

展青霉素（Pat）是由 Glister 首先发现、分离纯化和命名的。最初的实验发现 Pat 是一种广谱抗生素，可以抑制 70 多种革兰阳性、阴性细菌，还抑制典型真菌，原生生物和各种细胞培养物的生长。但后来发现 Pat 对实验动物（如小鼠、大鼠、猫、家兔等）有较强的毒性，不能作为药物用于临床，从此人们便把注意力转向 Pat 的毒性研究及其对食品和饲料的污染防治上。展青霉素又叫棒曲霉毒素和珊瑚青霉毒素，主要是由棒曲霉、扩展青霉、展青霉、曲青霉等代谢产生的一种免疫抑制剂。

1. 化学结构和理化性质　展青霉素为无色的结晶，熔点为 110℃，分子式为 $C_7H_6O_4$，分子量为 154（图 3 – 8）。展青霉素是一种中性物质，溶于水，乙醇、丙酮醋酸乙酯和三氯甲烷中，微溶于乙醚和苯，不溶于石油醚。在酸性环境中展青霉素非常稳定，加工过程中不被破坏，而在碱性条件下则丧失活性。

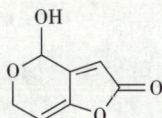

图 3 – 8　展青霉素

2. 毒性　展青霉素的毒性以神经中毒症状为主要特征，表现为全身肌肉震颤痉挛、对外界刺激敏感性增强、狂躁、后躯麻痹、跛行、心跳加快、粪便较稀、溶血检查阳性等。

（1）急性毒性　啮齿动物的急性中毒常伴有痉挛、肺出血、皮下组织水肿、无尿直至死亡。但有的实验动物并不一定表现出神经系统的中毒症状，如小鼠注射 Pat 后出现皮下组织水肿，腹腔和胸腔积液，肾淤血及变性，明显的肺水肿，呼吸困难，尿量减少，且注射处出现水肿、感染、组织坏死的现象。Pat 对部分动物的半数致死量（LD_{50}），其范围为 6 ~ 100mg/kg。

（2）亚急性毒性　据实验结果表明，高剂量的 Pat 对大鼠的肾及胃肠系统有毒性作用。但肾上腺的相对重量和组织病理学没有明显变化，表明胃部基底溃疡是由 Pat 的直接作用而非间接作用引起的。

（3）致癌性　Dickens 等在做内酯类化合物致癌实验时发现 Pat 具有致癌性。将 Pat 溶解在生油中，给两个月的雄性大鼠皮下注射，每次 0.2 mg，每周 2 次，从 58 周起在皮下注射部位发生了局部肉瘤。

（4）致畸、致突变性　致畸实验表明，Pat 对大鼠和小鼠没有致畸作用，但对鸡胚有明显的致畸作用。Pat 可诱导 FM3A 小鼠乳腺癌细胞产生致突变物 8 - 氮鸟嘌呤，产生的量随 Pat 的剂量增加而增加。Pat 在酿酒酵母菌中可产生前体突变物（一种可能控制线粒体基因突变的物质）。在一些细菌及哺乳动物细胞系中可观察到 Pat 与细胞 DNA 直接结合，通过测定 Pat 对枯草杆菌野生型及缺陷型菌株生成抑制作用的差别，可以观察到 Pat 可诱导 DNA 重组修复缺陷。展青霉素是一种神经毒素，有致畸性和致癌性；动物实验表明，展青霉素能诱发实验动物肿瘤，并对消化系统和皮肤组织具有损害作用。

联合国粮农组织和世界卫生组织下的食品添加剂联合专家委员会（JECFA）根据大鼠两年喂养试验确定了展青霉素的无作用剂量为每日 43μg/kg 体重，提出展青霉毒素的 PMTDI 为 0.4μg/kg 体重。

3. 毒性作用机制　Pat 能不可逆地与细胞膜上的—SH 结合，抑制含有—SH 的酶的活性，如乳酸脱氢酶、磷酸果糖激酶、$Na^+ - k^+$ ATP 酶、$Mg^+ - $ATP 酶、脑中乙酰胆碱酯酶等，并抑制网状细胞依赖 Na^+ 的甘氨酸转运系统。体外试验证实，Pat 抑制酶活性存在简单的剂量关系。半胱氨酸可降低 Pat 对尿素酶活性的作用，说明 Pat 与尿素酶的作用是通过 Pat 与酶分子中—SH 基作用体现的。Pat 对细胞谷胱甘肽（GSH）有耗竭作用，并与剂量和作用时间有关。

4. 展青霉素在食品中的污染　展青霉素的产毒菌在 21℃和 A_w 为 0.81 左右的条件下生成毒素最多。展青霉素主要污染大麦、小麦、面包、香肠、水果（香蕉、梨、菠萝、葡萄）等。尤其是在腐烂的苹果中含量高，苹果原汁、各种稀释过的苹果浓缩汁及苹果酒里都极有可能含有展青霉素。

5. 展青霉素的限量控制　目前，各国及地区已制定相关限量标准，限定水果及其相关制品中的展青霉素含量。欧盟、美国 FDA 规定，果汁产品中展青霉素的最大限量为 50μg/kg；世界卫生组织（WHO）规定，苹果汁中展青霉素的最高限量标准为 50μg/kg；我国《食品安全国家标准　食品中真菌毒素限量》（GB 2761—2017）标准规定，苹果、山楂制品中展青霉素的限量标准为 50μg/kg。

第四节　病毒污染 📱微课4

PPT

一、轮状病毒

轮状病毒是一种最常见引起胃肠道症状的病毒，因在显微镜下病毒外层边缘如齿轮状，绕核心有放射状轮轴而得名。轮状病毒感染性腹泻全年均可发生。但有明显的季节性。

（一）传染源

轮状病毒腹泻患者和无症状感染的带毒者是重要传染源。病毒经口侵入胃肠道后引起急性胃肠炎。潜伏期一般为 2 天，发病后 3 ~ 5 天粪便中可排出大量病毒。部分无症状带毒者，也可排出大量病毒，因此，不显性感染也有重要传染源作用。

（二）传播途径

轮状病毒具有很高的传染性，主要传播途径为粪－口传播和人－人之间直接传播。有实验证明，喷洒在空气中或玩具等物体上的轮状病毒可存活 2～3 天以上。并有报道从呼吸道分泌液中也可检出轮状病毒，故可能存在呼吸道传播途径。

（三）人群易感性

5 岁以下儿童几乎都遭受过轮状病毒的感染，但高危人群主要为 6 个月～3 岁婴幼儿。这是因为此阶段的婴幼儿胃肠生理功能和免疫系统发育还不健全，来自母体的抗体已降至最低。

（四）症状护理

该病毒主要感染小肠上皮细胞，从而造成细胞损伤，引起腹泻。轮状病毒每年在夏秋冬季流行，感染途径为粪－口途径，临床表现为急性胃肠炎，呈渗透性腹泻病，病程一般为 6～7 天，发热持续 1～3 天，呕吐 2～3 天，腹泻 5 天，严重者会出现脱水症状。全世界每年因轮状病毒感染导致的婴幼儿死亡人数大约为 900000 人，其中大多数发生在发展中国家。在我国，0～2 岁以内的婴幼儿人数约为 4000 万人（含新生儿），每年大约有 1000 万婴幼儿患轮状病毒感染性胃肠炎，占婴幼儿人数的 1/4，是引起婴幼儿严重腹泻的最主要病因。

轮状病毒总共有七种，以英文字母编号为 A、B、C、D、E、F 与 G。每一次感染后人体免疫力会逐渐增强，后续感染的影响就会减轻，因而成年人就很少受到其影响。轮状病毒感染从无症状、轻微发病到严重发病，严重时发生致命性胃肠炎、脱水及电解质平衡失调。轮状病毒胃肠炎的症状包括发烧、呕吐、腹痛以及无血色水样腹泻，症状可持续 3～9 天。

家长应该注意婴幼儿的卫生习惯，定期清洗婴幼儿的双手和玩具，避免与患有轮状病毒感染的人接触。此外，接种轮状病毒疫苗也是预防轮状病毒感染的有效措施之一，接种对象主要为 2 个月～5 岁以下婴幼儿。

二、诺如病毒

诺如病毒（NV）是一种引起非细菌性急性胃肠炎的病毒。感染诺如病毒后最常见的症状是腹泻、呕吐、恶心，或伴有发热、头痛等症状。儿童患者以呕吐、恶心症状多见，成人患者以腹泻为多，呕吐少见。病程一般为 2～3 天，此病是一种自限性疾病，恢复后无后遗症。诺如病毒感染性腹泻在全世界范围内均有流行，全年均可发生感染，感染对象主要是成年人和学龄儿童，寒冷季节呈现高发。该病毒在全球广泛分布，资料显示，在中国 5 岁以下腹泻儿童中，诺如病毒检出率为 15% 左右，血清抗体水平调查表明中国人群中诺如病毒的感染亦十分普遍。

（一）诺如病毒治疗

诺如病毒目前尚无特效的抗病毒药物，也没有可用于预防的疫苗，出现呕吐、腹泻主要是靠对症治疗或支持疗法。

1. 口服补液盐　轻症患儿口服 WHO 推荐的口服补液盐。严重病例，尤其是幼儿及体弱者应及时输液，纠正水、电解质、酸碱平衡失调。

2. 日常护理　应注意患者的饮食卫生，多吃新鲜、易消化、含钙高的食品，多喝水，少吃高脂肪食品，少吃冷食，同时注意患儿的保暖，并少去人群过于集中的公共场所。

3. 预防脱水　虽然此病大部分可以自行恢复，但医生提醒，脱水是诺如病毒感染性腹泻的主要死因，对严重病例尤其是幼儿及体弱者应及时输液或口服补液，以纠正脱水、酸中毒及电解质紊乱。

4. 营养治疗　腹泻营养治疗原则是在饮食上进行调整，停止进食高脂肪和难以消化的食物，以减轻胃肠负担，逐渐恢复消化功能，补充维生素和电解质对因治疗，忌滥用抗生素。

（二）诺如病毒预防

1. 切断传播途径　病毒性腹泻的主要传播途径为"粪－口"传播，传染源多为轻型患者或无症状携带者，故主要预防措施是做好食品和饮水工作，加强患者、密切接触者及其直接接触环境的管理等工作，积极切断疾病的传染途径。

2. 控制传染源　已经发病的学生要隔离治疗，暂停上课，应该在家休息，建议症状消失 3 天后返校，以免将疾病传染给同学。对患者、疑似患者的吐泻物和污染过的物品、厕所等进行消毒。

3. 避免病从口入　不吃生冷食品和未煮熟煮透的食物，禁止生食贝类等水产品；不吃放置时间较久的冷菜，不喝生水。

4. 抓好饮食卫生　严格执行《中华人民共和国食品卫生法》，特别要加强对饮食行业（包括餐厅、个体饮食店、学校周边饮食摊档等）、农贸集市、集体食堂等的卫生管理。食物加工者要严格注意个人卫生，一旦发病立即调离工作岗位。

5. 彻底煮熟食物　避免进食未经彻底煮熟的食物。在超过 80℃高温环境 30 秒，诺如病毒便会死亡。因此，注意彻底煮熟食物，尤其是海产和贝壳类食物，便可预防。

6. 健康教育　加强以预防肠道传染病为重点的宣传教育，提倡喝开水，不吃生的、半生的食物，尤其是禁止生食贝类等水产品，生吃瓜果要洗净，饭前便后要洗手，养成良好的卫生习惯。

7. 个人性的预防措施
（1）锻炼身体，提高机体抵抗力。
（2）注意个人卫生，勤洗手，防止病毒病原体的感染
（3）不吃生冷食品和未煮熟煮透的食物，减少外出就餐。
（4）流行季节，少去人多的公共场所，杜绝传染渠道，减少感染概率。
（5）家中有腹泻患者时，应给予积极治疗患者，并适当地隔离。
（6）一有情况，立刻就诊，并报告所在单位、社区。

三、札如病毒

札如病毒（SaV）又称札幌病毒、沙波病毒，最早是 1977 年由日本学者从札幌某托儿所一系列的腹泻暴发研究中发现，可引起人类和动物的急性胃肠炎。札如病毒和诺如病毒同属人类杯状病毒科，都能导致不同年龄人群急性肠胃炎发作，以婴幼儿最为易感；临床症状多以"恶心、腹痛、腹泻、呕吐"为主，但札如病毒导致的症状较诺如病毒感染温和一些。近年来，SaV 在世界范围内引起的非细菌性胃肠炎暴发有增加趋势，且在不同地区 SaV 检出率有很大不同。

（一）生物学特征

札如病毒为单股不分节段正链 RNA 病毒，基因组约为 7.1 ~ 7.6kb，病毒颗粒直径为 30 ~ 38nm，二十面体，无包膜，用电镜可观察到 SaV 病毒颗粒的六芒星结构，表面有杯状凹陷，部分病毒颗粒的轮廓上可观察到 10 根纤突。札如病毒可分为 5 个基因型（GⅠ、GⅡ、GⅢ、GⅣ、GⅤ），其中 GⅠ型、GⅡ型、GⅣ型、GⅤ型主要感染人，GⅢ型主要感染猪，GⅠ型、GⅡ型是人类札如病毒的主要基因型。

（二）实验室诊断

札如病毒最初是在电子显微镜下被发现，但是由于病毒粒子的数量较少，而且病毒颗粒很小，很难被正确辨认，因此该技术应用不是特别广泛。

由于目前人类札如病毒不能用细胞系进行人工培养，这给札如病毒研究工作带来困难。有学者使用

札如病毒 N – 末端删除的重组衣壳蛋白以构建病毒样颗粒，以此为基础进行札如病毒分子结构以及检测等多方面研究，取得了较好的效果。

酶联免疫吸附反应（ELISA）也可用于札如病毒的检测，但应用并不广泛，因为现存的特异性抗体检测范围有限，虽特异性可达 100%，但灵敏性仅分别为单轮 RT – PCR 的 60% 和巢式 RT – PCR 的 25%。不过有研究证明，人类 SaV 具有一个共同的抗原表位，使检测多种基因群/型 SaV 的 ELISA 或免疫层析法的研发具有一定的可行性。

目前，逆转录聚合酶链式反应（RT – PCR）是检测人类札如病毒最有效的方法之一，也是使用最广泛的检测方法。包括普通 RT – PCR 和实时荧光 RT – PCR。该方法针对札如病毒的保守序列设计特异引物（实时荧光 RT – PCR 还需设计探针），利用 Taq 酶等特异性扩增靶序列，通过电泳或荧光信号收集来检测产物。实时荧光 RT – PCR 和普通 RT – PCR 相比，效率和灵敏度更高，并能对样品进行定量分析，且操作相对简单、污染风险更低。

（三）治疗与预防

1. 传播方式 札如病毒主要通过受感染的蚊子叮咬传播给人类。主要的传播媒介是亚洲虎蚊和非洲伊蚊。这些蚊子通常在白天活动，因此人们在白天更容易被叮咬并感染病毒。

2. 症状 大多数札如病毒感染者只会出现轻微的症状，甚至可能没有任何症状。常见的症状包括发热、皮疹、关节疼痛、肌肉疼痛、头痛和结膜炎（红眼病）。然而，妊娠期妇女感染札如病毒后，可能会对胎儿造成严重影响，包括小头症等出生缺陷。

3. 预防和控制 预防札如病毒的最佳方法是避免被蚊子叮咬。这包括使用驱蚊剂、穿着长袖长裤、安装蚊帐或屏风以及控制蚊子繁殖的环境。此外，针对蚊子的控制措施，如喷洒杀虫剂、清理积水等，也有助于减少病毒的传播。

四、甲型肝炎病毒

（一）生物学特征

1973 年 Feinslone 首先用免疫电镜技术在急性期患者的粪便中发现甲型肝炎病毒。为小 RNA 病毒科嗜肝病毒属。人类感染 HAV 后，大多表现为亚临床或隐性感染，仅少数人表现为急性甲型肝炎。一般可完全恢复，不转为慢性肝炎，亦无慢性携带者。病毒呈球形，直径约为 27nm，无囊膜。衣壳由 60 个壳微粒组成，呈 20 面体。在病毒的核心部位，为单股正链 RNA。除决定病毒的遗传特性外，兼具信使 RNA 的功能，并有传染性。HAV 的单股 RNA，其长度相当于 7400 个核苷酸。在 RNA 的 3′末端有多聚的腺苷序列，在 5′末端以共价形式连接一由病毒基因编码的细小蛋白质，称病毒基因组蛋白。

它在病毒复制过程中，能使病毒核酸附着于宿主细胞的核蛋白体上进行病毒蛋白质的生物合成。甲型肝炎病毒主要通过粪 – 口途径传播，传染源多为患者。甲型肝炎的潜伏期为 15～45 天，病毒常在患者转氨酸升高前的 5～6 天就存在于患者的血液和粪便中。发病 2～3 周后，随着血清中特异性抗体的产生，血液和粪便的传染性也逐渐消失，长期携带病毒者极罕见。HAV 随患者粪便排出体外，通过污染水源、食物、海产品（如毛蚶等）、食具等的传播可造成散发性流行或大流行。也可通过输血或注射方式传播，但由于 HAV 在患者血液中持续时间远较乙型肝炎病毒为短，故此种传播方式较为少见。

（二）预防与治疗

1. 传播方式 甲型肝炎病毒主要通过口 – 粪途径传播，即病毒通过污染的食物、水或日常接触传播给人类。这种病毒在感染者的粪便中大量存在，因此，不卫生的生活习惯、不良的卫生条件或水源污染都可能导致病毒的传播。

2. 症状 甲型肝炎的症状通常在感染后的 15～50 天内出现，但也可能有数月的潜伏期。常见的症状包括发热、乏力、恶心、呕吐、腹痛、黄疸（皮肤和眼睛发黄）以及深色尿液等。大多数成年人感染后的症状较为轻微，而儿童感染后的症状可能更为严重。

3. 预防和控制 预防甲型肝炎的最佳方法是保持良好的个人卫生习惯，如勤洗手、避免饮用未经处理的水、不食用不洁食物等。此外，接种疫苗也是预防甲型肝炎的有效手段。疫苗通常包括两剂次，可在感染后提供长期保护。

4. 治疗 甲型肝炎是一种自限性疾病，意味着大多数感染者会在数周内自行康复。然而，对于症状严重的患者，医生可能会给予支持性治疗，如补液、休息和避免饮酒等。在极少数情况下，甲型肝炎可能导致严重的肝脏损害，需要住院治疗和可能的肝脏移植。

五、戊型肝炎病毒

（一）生物学特征

戊型肝炎病毒（HEV）是一种单股正链 RNA 病毒，属于病毒家族中的戊肝病毒属。它的病毒粒子呈球形，直径为 27～34nm，具有一个脂质膜，膜上镶嵌有多种病毒蛋白。戊型肝炎病毒的基因组相对较小，约 7.2kb。基因组编码三个开放阅读框（ORFs），分别编码病毒的非结构蛋白、结构蛋白和病毒表面蛋白。这些蛋白在病毒的复制、组装和感染过程中起关键作用。

戊型肝炎病毒主要感染人类和其他灵长类动物，如猕猴和树懒。它在人类中的感染主要引起戊型肝炎，而在动物中的感染通常不会引起明显的症状。戊型肝炎病毒的复制周期始于病毒粒子与宿主细胞受体的结合。病毒粒子进入细胞后，其 RNA 基因组被释放到细胞质中，并作为 mRNA 被翻译成病毒蛋白。这些蛋白随后组装成病毒复制复合物，在细胞质中复制病毒 RNA。新合成的 RNA 与病毒蛋白一起组装成新的病毒粒子，最终通过细胞膜出芽释放到细胞外。

戊型肝炎病毒具有一定的变异性，但其变异速度相对较慢。病毒的基因组在复制过程中可能会发生突变，导致病毒逃避宿主免疫系统的攻击或产生新的病毒株。然而，由于戊型肝炎病毒的变异程度相对较低，因此现有的疫苗和治疗方法仍然有效。

（二）预防与治疗

戊型肝炎是一种经粪－口传播的急性传染病。1989 年 9 月，东京国际 HNANB 及血液传染病会议正式命名为戊型肝炎，其病原体戊型肝炎病毒在分类学上属于戊型肝炎病毒科戊型肝炎病毒属。

戊型肝炎传播途径（主要经粪－口途径传播）和临床表现（隐性感染及急性肝炎、不致慢性肝炎等）与甲型肝炎相似。戊型肝炎在 15～39 岁的青年和成年人高发。戊型肝炎亦为自限性疾病。HEV 对肝细胞亦无直接病变作用，机体于病后可获得一定的免疫力，但不够稳固。无戊型肝炎疫苗，预防戊型肝炎采用切断粪－口传播途径为主的措施。

1. 传播方式 戊型肝炎病毒主要通过粪－口途径传播，即病毒通过污染的食物、水或其他日常接触进入人体。与甲型肝炎病毒类似，戊型肝炎病毒也存在于感染者的粪便中，因此不良的卫生习惯、水源污染或食物不洁都可能导致病毒的传播。

2. 症状 戊型肝炎的症状通常在感染后的 15～60 天内出现，但也可能有更长的潜伏期。症状通常较甲型肝炎轻微，包括发热、乏力、恶心、呕吐、黄疸（皮肤和眼睛发黄）以及深色尿液等。然而，在妊娠期妇女和一些特定人群中，戊型肝炎可能导致更严重的后果，包括急性重型肝炎和死亡。

3. 预防和控制 预防戊型肝炎的关键措施与甲型肝炎相似，包括保持良好的个人卫生习惯、避免饮用未经处理的水和食用不洁食物等。此外，对于高风险人群，如妊娠期妇女、旅行者或在卫生条件较差地区居住的人，接种戊型肝炎疫苗也是预防感染的有效手段。

4. 治疗　大多数戊型肝炎感染者可以在几周内自行康复，而不需要特殊治疗。然而，对于症状严重的患者，特别是妊娠期妇女和老年人，医生可能会给予支持性治疗，如补液、休息和避免饮酒等。与甲型肝炎类似，戊型肝炎也可能导致严重的肝脏损害，需要住院治疗或进行肝脏移植，但这种情况较为罕见。

第五节　寄生虫污染

PPT

迄今为止，文献报道的影响食品安全的人兽共患寄生虫病约 40 余种，流行和危害比较严重的有 10 种左右。它们可经食物（包括食用植物）和饮水感染。

在影响食品安全的人兽共患寄生虫病中，原虫病最为严重。其特点是分布广，涉及的宿主传播方式多样，防治难度大。50%～60% 艾滋病患者并发卡氏肺囊虫肺炎，10%～30% 艾滋病患者并发脑弓形虫病。

一、弓形虫与弓形虫病

一般认为人感染弓形虫主要是通过食用生的或未经充分加工（高温）的肉制品、乳制品、蛋类或被污染的水而引起的。弓形虫是一种寄生在细胞内的单细胞寄生虫，属于原生动物门、顶复门、有核膜纲、真球虫目、弓形虫科。弓形虫的生活史包括两个阶段：无性生殖阶段（在猫科动物体内）和有性生殖阶段（在其他哺乳动物体内，包括人类）。

弓形虫的生活史包括两个阶段：速殖子阶段和缓殖子阶段。在猫科动物体内，弓形虫进行无性生殖，产生大量的速殖子。这些速殖子可以通过猫的粪便排出体外，污染食物和水源。当人类或其他哺乳动物摄入被污染的食物或水时，速殖子会进入体内并开始有性生殖，形成缓殖子。缓殖子会在宿主的组织中形成包囊，并在其中长期存活，等待机会再次繁殖。

弓形虫病是由弓形虫引起的一种人兽共患寄生虫病。人类感染弓形虫后，大多数情况下不会出现症状，特别是隐性感染。然而，在某些情况下，特别是在免疫系统较弱的人群中，弓形虫感染可能导致明显的症状，包括发热、头痛、肌肉疼痛、淋巴结肿大等。弓形虫还可以引起视网膜炎、脑炎等严重并发症。

弓形虫病的预防和控制主要依赖于控制传染源（即猫科动物）和阻断传播途径。避免与猫的粪便直接接触，尤其是未经过消毒处理的猫粪，是预防弓形虫感染的关键。此外，保持良好的个人卫生习惯，如勤洗手、避免饮用未经处理的水和食用不洁食物等，也有助于预防弓形虫感染。

弓形虫是一种典型的经食源感染的人兽共患寄生原虫。弓形虫可感染包括人在内的 200 多种动物，广泛流行于我国及世界各地。世界三分之一的人口感染弓形虫或为弓形虫携带者。此外，弓形虫还是一个主要的机会致病原虫。据报道，有 6%～10% 的艾滋病患者感染弓形虫，艾滋病患者所患的脑炎中有 50% 是由弓形虫引起的。国内以往的流行病学调查认为我国人口的感染率在 0.33%～38.6%。

二、线虫病

目前我国人兽共患线虫病的流行特点是土源性线虫病的病例呈下降趋势，食源性线虫病没有得到有效控制，新发线虫病时有发生。

（一）旋毛虫病

我国是世界上旋毛虫病危害最为严重的几个国家之一。旋毛虫病严重影响着我国的食品安全。旋毛虫病是由旋毛虫引起的一种人兽共患寄生虫病。旋毛虫是一种细长的线虫，其幼虫侵入人体后，会在肌肉组织中发育成熟，形成包囊。这种包囊可以在人体内长期存活，甚至长达数年。

1. 感染途径　旋毛虫病的感染途径主要是通过摄入含有旋毛虫幼虫包囊的肉类食品。当人类食用未煮熟或未煮熟透的含有旋毛虫幼虫包囊的肉类时，幼虫会进入人体消化道，并侵入小肠壁，随后进入血液循环系统，最终定殖于肌肉组织中。

2. 症状　旋毛虫病的症状通常在感染后的数周内出现，但也可能达到数月的潜伏期。症状包括发热、全身乏力、肌肉疼痛、头痛、恶心等。随着病情的进展，患者可能会出现肌肉疼痛加剧、肿胀和僵硬，尤其是在摄入感染肉类后的2~3周内。严重病例可能导致呼吸困难、心脏问题甚至死亡。

3. 预防和控制　预防旋毛虫病的关键是避免食用未煮熟或未煮熟透的肉类食品。在烹饪肉类时，应确保将其加热至适当的温度，并保持足够的时间，以确保杀死所有的旋毛虫幼虫。此外，加强食品卫生监管，确保肉类来源的安全和卫生，也是预防旋毛虫病的重要措施。

4. 诊断和治疗　旋毛虫病的诊断通常通过血液检查和肌肉活检进行。治疗方法包括使用抗生素（如多西环素、甲氧苄啶等）来杀死体内的旋毛虫幼虫，以及对症治疗，如缓解疼痛和肌肉僵硬等症状。

鉴于旋毛虫病对食品安全的危害，目前世界各国均把屠宰动物的旋毛虫病检验作为首检和强制性必检项目，以此来切断其由动物向人的传播，这也致使旋毛虫病成为目前世界范围内投入控制费用最高的食源性人兽共患寄生虫病。

（二）广州管圆线虫病

广州管圆线虫病是由广州管圆线虫引起的一种寄生虫病。广州管圆线是一种线虫，主要寄生于鼠类体内，但人类也可能成为其非特异性宿主。广州管圆线虫可侵犯中枢神经系统，引起脑炎和脑膜脑炎，危害极其严重。该虫终末宿主为各种鼠类，人的感染主要是生吃或吃未煮熟的各种水生、陆生螺类、蜗牛和蛞蝓等数十种中间宿主以及鱼、虾、蛙、蟹等大量转续宿主引起。广州管圆线虫的中间宿主福寿螺和褐云玛瑙螺等繁殖力极强，随着其在南方地区的扩散蔓延以及吃螺肉的人增多，此病将会成为我国南方地区最具潜在危险的食源性寄生虫病之一。

1. 感染途径　人类感染广州管圆线虫病通常是通过摄入被鼠类粪便污染的食物或水而发生的。幼虫在污染的食物或水中被人类误食后，会侵入人体消化道，并在体内迁移，最终侵入神经系统，尤其是脑部。

2. 症状　广州管圆线虫病的症状通常在感染后1~3周内出现。常见的症状包括头痛、颈部僵硬、眼部症状（如视物模糊、复视等）、颅内压增高等。在严重的情况下，患者可能出现脑膜脑炎、脑脓肿等严重并发症。

3. 预防和控制　预防广州管圆线虫病的关键是避免食用被鼠类粪便污染的食物和水。保持环境卫生，减少鼠类的滋生和活动，这也是预防该病的重要措施。此外，加强个人卫生习惯，如勤洗手、避免饮用未经处理的水等，也有助于预防广州管圆线虫病的感染。

4. 诊断和治疗　广州管圆线虫病的诊断通常通过血液检查、脑脊液检查和影像学检查等方法进行。治疗方法包括使用抗寄生虫药物（如阿苯达唑、伊维菌素等）来杀死体内的广州管圆线幼虫，以及对症治疗，如缓解疼痛、降低颅内压等。

（三）囊尾蚴病

人食入被虫体污染的食物而感染囊尾蚴病又称为包虫病，是食入带绦虫幼虫而发病，病原是猪带绦虫，猪是主要中间宿主。人主要是因食入含有幼虫的猪肉而感染。囊尾蚴病，又称猪囊虫病，是由猪带绦虫的幼虫——囊尾蚴引起的一种人兽共患寄生虫病。猪带绦虫的成虫主要寄生在人的小肠内，而囊尾蚴则可以在人体内多个组织器官中寄生，引起各种症状和病变。

1. 感染途径　人类感染囊尾蚴病通常是由于摄入被猪带绦虫虫卵污染的食物或水而发生的。虫卵在人体内孵化成幼虫后，会侵入肠壁，随血液或淋巴液分布到全身各个组织器官中，形成囊尾蚴。

2. 症状　囊尾蚴病的症状因囊尾蚴寄生部位和数量而异。常见的症状包括头痛、癫痫、视力障碍、肌肉疼痛、皮下结节等。在严重的情况下，囊尾蚴可引起脑部病变，导致颅内压增高、脑积水等严重并发症。

3. 预防和控制　预防囊尾蚴病的关键是避免食用被猪带绦虫虫卵污染的食物和水。保持环境卫生，减少猪与人的接触，也是预防该病的重要措施。此外，加强个人卫生习惯，如勤洗手、避免饮用未经处理的水等，也有助于预防囊尾蚴病的感染。

4. 诊断和治疗　囊尾蚴病的诊断通常通过血液检查、影像学检查（如 CT、MRI 等）和组织活检等方法进行。治疗方法包括使用抗寄生虫药物（如吡喹酮、阿苯达唑等）来杀死体内的囊尾蚴，以及对症治疗，如缓解疼痛、降低颅内压等。

📎 **知识链接**

食品环境中的极端微生物

　　自然界中，被人们认为是生命禁区的高温、低温、高酸、高碱、高盐、高压或高辐射强度等极端恶劣环境中仍然生活着微生物，如嗜热菌、嗜冷菌、嗜酸菌、嗜碱菌、嗜盐菌、嗜压菌和耐辐射菌等，统称为极端环境微生物（简称为极端微生物）。

1. 嗜盐微生物　嗜盐菌是指那些能耐受一定浓度的盐溶液，但在无盐存在条件生得最好的菌类，如金黄色葡萄球菌。嗜盐菌专指那些一定浓度的盐为菌体生长所必需，且只有在一定浓度的盐溶液中才生长最好的菌类。后者依嗜盐浓度不同，可又分为轻度嗜盐菌（最适盐浓度为 $0.2 \sim 0.5 mol/L$）、中度嗜盐菌（最适盐浓度 $0.5 \sim 2.0 mol/L$）和极端嗜盐菌（最适盐浓度 $> 3 mol/L$），其中部分极端嗜盐菌是为嗜盐菌古细菌。

2. 嗜热微生物　细菌嗜热微生物中最耐热的。按它们最适生长温度不同又可以分为嗜热菌和超嗜热菌。嗜热菌的最适生长温度为 $65 \sim 70 ℃$，$40 ℃$ 以下不能生长。超嗜热菌最适生长温度为 $80 \sim 110 ℃$，最低生长温度在 $65 ℃$ 左右。大部分超嗜热菌是古细菌，但也有真细菌归属此类。食品加工中最重要的嗜热菌归属芽孢杆菌和梭状芽孢杆菌属。酿造工业中啤酒的巴氏杀菌方式通常为 $60 ℃$，$8 \sim 15$ 分钟。

3. 嗜冷微生物　冷适应微生物可根据其生长温度特性分为两类：一类是必须生活在低温条件下且最高生长温度不超过 $20 ℃$，最适生长温度在 $15 ℃$，在 $0 ℃$ 可生长繁殖的微生物称之为嗜冷菌。另一类其最高生长温度高于 $20 ℃$，最适温度高于 $15 ℃$，在 $0 \sim 5 ℃$ 可生长繁殖的微生物称之为耐冷菌。这两类微生物的生态分布和适应低温的分子机制存在一定差异。在丰富底物存在条件下，嗜冷菌在 $0 ℃$ 的生长要超过耐冷菌。嗜冷菌只能在较窄的温度范围内生长，而耐冷菌则能在较宽的温度范围内生长。

4. 耐辐射微生物　耐辐射微生物只是对高辐射环境更具耐受性，而不是对辐射有特别嗜好。总的来说，革兰阳性菌强得多。芽孢菌的耐辐射力远大无芽孢菌。A 型肉毒梭状芽孢杆菌的芽孢是所有梭状孢子中耐辐射能力最强的一种。革兰阴性菌中，不动杆菌属存在一些极高耐辐射种。革兰阳性球菌是非芽孢中抗性最强的一类，包括微球菌、链球菌和肠球菌。辐射灭菌已被确定为一种理想的冷杀菌方式，而耐辐射菌是保藏食品腐败的主要原因。

练习题

答案解析

一、单选题

1. 关于革兰阳性菌，说法正确的是（　　）。

   A. 细胞壁的基本成分是肽聚糖　　　　B. 有蛋白糖脂质外膜

   C. 对青霉素不敏感　　　　　　　　　D. 一般不产生外毒素

2. 对细菌进行革兰染色，革兰阳性菌为（　　）色。

   A. 紫　　　　　　　B. 蓝　　　　　　　C. 红　　　　　　　D. 无

3. 关于革兰阳性菌，错误的叙述是（　　）。

   A. 有外膜　　　　　　　　　　　　　B. 细胞壁中有大量磷壁酸

   C. 细胞壁的基本成分是肽聚糖　　　　D. 对青霉

二、简答题

1. 简述细菌性食物中毒的流行病学特点。

2. 简述微生物与食品行业的关系。

书网融合……

| 本章小结 | 微课1 | 微课2 | 微课3 | 微课4 | 题库 |

第四章

食品加工过程中的化学性污染

PPT

学习目标

知识目标

1. **掌握** 重金属污染的控制措施；多氯联苯化学污染物、二噁英类化学污染物、氯丙醇化学污染物的防治措施；N-亚硝基化合物、多环芳烃、杂环胺、丙烯酰胺的控制方法。

2. **熟悉** 农药残留物、兽药残留物的控制措施。

3. **了解** 重金属汞、铅、砷、镉对人体的危害；农药残留物及兽药残留物的种类；N-亚硝基化合物、多环芳烃、杂环胺、丙烯酰胺的产生途径。

能力目标

1. 具备能够运用所学知识分析、解决实际问题的能力。

2. 具备预防和控制食品加工过程中常见化学性污染物的能力。

素质目标

通过本章的学习，帮助学生增强食品安全和健康意识，培养学生的法律意识和道德意识，思考问题，分析及解决问题的实际能力，为从事食品安全相关工作打下坚实基础。

食品加工过程中的化学性污染是指食品及其原料在生产和加工过程中，因农药、兽药、重金属及食品加工过程中产生的有毒物质如 N-亚硝基化合物、多环芳烃等所引起的污染。这些污染物直接或间接进入人体，损害人体健康。

第一节　环境污染物

一、重金属污染物

环境中的金属元素大约有 80 余种，进入人体主要是通过消化道，也可通过呼吸道和皮肤接触等途径进入人体。有些金属是构成人体组织必需的元素，而有些金属元素对人体却有毒害作用，如铅、汞、镉、砷等，常称为有毒金属。

（一）汞对食品的污染

汞及其化合物广泛应用于工农业生产和医疗卫生行业，可通过废水、废气、废渣等途径污染食品。另外，用有机汞拌种，或在农作物生长期使用有机汞农药均可污染农作物。除直接接触外，进入人体的汞主要来源于受污染的食品，水产品中的汞主要以甲基汞形式存在，而植物性食品中的汞则以无机汞为主。水产品中特别是鱼、虾、贝类食品中甲基汞污染对人体的危害最大。例如，日本的水俣病，最早出现是因工业废水排放污染了水俣湾的鱼虾，这些鱼虾通过食物链进入了动物和人类的体内。甲基汞进入人体内，被肠胃吸收，侵害脑部和身体其他部分，出现中毒症状，轻者表现为口齿不清、步履蹒跚、面部痴呆、手足麻痹、感觉障碍、视觉丧失、震颤、手足变形，重者精神失常，或酣睡，或兴奋，身体弯弓高叫，直至死亡，被称为世界八大公害事件之一。

微量汞对人体不致引起危害，但进入体内的数量过多，则会损害人体的健康。金属汞很少由胃肠道吸收，其经口毒性极小。二价无机汞化物胃肠道的吸收率平均为 7%。吸收后经血液转运，约以相等的量分布于红细胞和血浆中，并与血红蛋白和血浆蛋白的巯基结合。二价无机汞化物不易通过胎盘屏障，主要由尿和粪便排出。有机汞的吸收率较高，如甲基汞的胃肠道吸收率为 95%。血液中的汞 90% 与红细胞结合，10% 与血浆蛋白结合，并通过血液分布于全身。血液中汞含量可反映近期摄入体内的水平，也可作为体内汞负荷程度的指标，通常以 $0.5\mu mol/L$ 作为正常值上限。

甲基汞脂溶性较高，易于扩散并进入组织细胞中，主要蓄积于肾脏和肝脏，并通过血－脑屏障进入脑组织。大脑对甲基汞有特殊的亲和力，其浓度比血液浓度高 3~6 倍。毛发中甲基汞含量与摄入量成正比，发汞值可反映体内汞水平。甲基汞主要由粪便排出，由尿排出很少。一般血汞 $>200\mu g/L$，发汞 $>50\mu g/g$，尿汞 $>2\mu g/L$，即表明有汞中毒的可能。

汞由于存在形式的不同，其毒性亦异，无机汞化物多引起急性中毒，有机汞多引起慢性中毒。有机汞在人体内的生物半衰期平均为 70 天左右，而在脑内半衰期为 180~250 天。甲基汞可与体内含巯基的酶结合，从而破坏细胞的代谢和功能。慢性甲基汞中毒主要引起细胞变性、坏死，周围神经髓鞘脱失。中毒表现起初为疲乏、头晕、失眠，而后感觉异常，手指、足趾、口唇和舌等处麻木，严重者可出现共济失调、发抖，说话不清，失明，听力丧失，精神紊乱，进而疯狂痉挛而死。

（二）镉对食品的污染

镉对食品的污染主要是工业废水的排放造成的。含镉工业废水污染水体，使水产品中镉含量明显增高。含镉污水灌溉农田污染土壤，经作物吸收而使食品中镉残留量增高。用含镉金属作容器存放酸性食品或饮料时，大量的镉溶出，造成对食品的严重污染。食品受镉污染后，含镉量有很大差别，海产品、动物食品（尤其是肾脏）高于植物性食品，而植物性食品中以谷类、根茎类、豆类含量较高。

进入人体的镉以消化道摄入为主，镉在消化道的吸收率一般为 5%。低蛋白、低钙和低铁的膳食有利于镉的吸收，维生素 D 也可促进镉的吸收。吸收的镉一部分与红细胞结合，一部分与血浆蛋白结合。镉可能以金属硫蛋白的形式与低分子蛋白质结合，结合的镉主要分布于肾和肝。镉能选择性蓄积在肾近小血管处。因此，肾脏是慢性镉中毒的靶器官。体内的镉半衰期为 15~30 年。正常人血镉 $<50\mu g/L$，尿镉 $<3\mu g/L$，发镉 $<3\mu g/L$。如血镉 $>250\mu g/L$ 或尿镉 $>15\mu g/L$，则表示有过量镉或有接触镉有镉中毒的可能。

镉对体内巯基酶具有较强的抑制作用。长期摄入镉后可引起镉中毒，主要损害肾脏、骨骼和消化系统，特别是损害肾近曲小管上皮细胞，影响重吸收功能，临床上出现蛋白尿、氨基酸尿、高钙尿和糖尿，使体内呈负钙平衡而导致骨质疏松症。日本神通川流域的"骨痛病"（痛痛病），就是由于镉污染造成的一种典型的公害病。

此外，摄入过多的镉还可引起高血压、动脉粥样硬化、贫血等。镉还可干扰结合锌的酶。进入体内的镉可置换含锌酶中的锌，并抑制该酶活性。如摄入锌过多，能抵抗镉的毒性作用。

（三）铅对食品的污染

含铅工业三废的排放和汽车尾气是铅污染食品的主要来源；食品加工用机械设备和管道、食品的容器和包装材料、食品添加剂或生产加工中使用的化学物质含铅是食品铅污染的来源；陶瓷餐用具的釉彩、铁皮罐头盒的镀焊锡含铅，用铁皮桶或锡壶盛酒也可将铅溶出；印刷食品包装材料的油墨、颜料，儿童玩具的涂料也是铅的来源，亦可污染食品。含铅农药（如砷酸铅等）的使用，可造成农作物的铅污染。

进入消化道的铅有 5% ~10% 被吸收，吸收部位主要是十二指肠，吸收率受食物中蛋白质、钙、植酸等影响。体内铅主要经过肾和肠道排出。铅在体内的半衰期较长，故可长期在体内蓄积。尿铅、血铅、发铅是反映体内铅负荷的常用指标。血铅正常值上限为 2.4μmol/L，尿铅为 0.39μmol/L（0.08mg/L）。

铅的毒性作用主要是损害神经系统、造血系统和肾脏。食物铅污染所致的中毒主要是慢性损害作用，表现为贫血、神经衰弱、神经炎和消化系统症状，如食欲不振、胃肠炎、口腔金属味、面色苍白、头昏、头痛、乏力、失眠、烦躁、肌肉关节疼痛、便秘、腹泻等。严重者可导致铅中毒性脑病。儿童摄入过量铅可影响其生长发育，导致智力低下。

（四）砷对食品的污染

砷是一种非金属元素，砷及其化合物广泛存在于自然界，并大量应用于工农业生产中，故食品中通常含有微量的砷。食品中砷污染主要来源于含砷农药、空气、土壤和水体。如使用含砷农药过量或使用时间距收获期太近，可致农作物中砷含量明显增加。

食品中砷的毒性与其存在形式有关。食品中的砷有无机砷和有机砷两类。一般情况下，三价砷的毒性大于五价砷，无机砷的毒性大于有机砷。砷化物是一种原浆毒，对体内蛋白质有很强的亲和力。砷经消化道进入体内后与多种含巯基的酶结合，使之失去活性，抑制细胞的正常代谢，引发一系列症状。

长期摄入砷化物可引起慢性中毒，表现为腹泻、便秘、食欲减退、消瘦等；皮肤可出现色素沉着，手掌和足底过度角化；血管受累时呈肢体末梢坏疽，即所谓慢性砷中毒黑脚病；多发性神经炎、神经衰弱综合征。

目前已经证实多种无机砷化合物具有致突变性，可导致体内外基因突变并抑制 DNA 损伤的修复。流行病学调查表明，无机砷与人类的皮肤癌和肺癌的发生有关。

（五）重金属污染的防治措施

1. 加强工业三废的处理和严格控制三废排放　建立科学合理的生活污水排放措施。对于农药、化肥生产厂商进行监管，确保其重金属元素不超标。进行科学普及，教导农民严格按照施用标准进行农药、化肥的使用。

2. 在动、植物生长过程中防止污染　食用动、植物在良好的自然环境中生长和发育，是保证食品质量，防止有毒金属污染的重要环节。因此，应做到：不用被污染的饲料和水饲养畜、禽；不在受污染水域养殖水产品；不在有毒金属含量高的土壤或工业"三废"严重的土壤上种植作物，并注意灌溉用水的水质；在生产过程中，不滥用农药，含有金属元素的汞制剂、砷制剂应严禁使用。

3. 合理进行食品加工　使用食品加工机械、管道等生产设备时，一定要清洗干净，并防止机械空转，直接摩擦而产生金属尘粒混入食品；盛装食品的容器要慎重选择，尽量避免使用陶瓷或铝制容器，以防止接触酸性物质而溶出铅和镉渗入食品；食品添加剂应按国家食品卫生标准中对其规定的使用范围和剂量使用。此外，食品加工的环境条件也应符合卫生要求，防止大气中某些有毒金属尘埃溅落于食品上。

4. 采用轮作、间作的方式　科学合理地调整农作物的种植结构，进而减少重金属元素的污染概率。在公路周边种植隔离带，减少汽车尾气以及粉尘对附近农作物的污染，加大监管力度，禁止公路附近 40 米内种植农作物。对于农田施用石灰、氯化钠等，改良土壤，降低土壤中的重金属元素活性。

5. 加大饲料生产企业的监管力度　确保其生产的饲料符合国家卫生标准。严格控制饲料中的重金属元素的含量，大力开发无重金属污染的饲料。对于食品在运输途中的污染加大管理，严禁使用伪劣产品。倡导绿色包装理念，改善食品生产工艺，不使用含有彩绘的陶瓷、玻璃、金属容器进行食物的储藏，减少食品在加工、运输、储存过程中的污染。

6. 建立科学的金属污染监管体系　对于食品加工企业的用水、原材料、添加剂等进行科学检测，引入责任制管理，进而确保食品安全以及消费者的人身健康。增强食品安全教育，引导消费者进行绿色食品消费。建立无公害农作物生产基地。引导消费者多食用瓜果类、根茎类农作物，对于动物的内脏尽量少食用。特殊工艺制作的食品要进行严格的质量检测，降低消费者的重金属元素污染概率。

7. 根据国家新的食品安全卫生标准，严格控制重金属食品污染　制定各类食品中重金属的最高允许限量标准，加强食品卫生质量检测和监督工作。

《食品安全国家标准　食品中污染物限量》（GB 2762—2022）规定，食品中汞、镉、铅、砷允许限量见表4-1至表4-4。

表4-1　食品中汞限量指标

食品类别（名称）	限量（以 Hg 计 mg/kg）	
	总汞	甲基汞[a]
水产动物及其制品（肉食性鱼类及其制品除外）	—	0.5
肉食性鱼类及其制品（金枪鱼、金目鲷、枪鱼、鲨鱼及以上鱼类的制品除外）	—	1.0
金枪鱼及其制品	—	1.2
金目鲷及其制品	—	1.5
枪鱼及其制品	—	1.7
鲨鱼及其制品	—	1.6
谷物及其制品		
稻谷[b]、糙米、大米（粉）、玉米、玉米粉、玉米糁（渣）、小麦、小麦粉	0.02	—
蔬菜及其制品		
新鲜蔬菜	0.01	—
食用菌及其制品（木耳及其制品、银耳及其制品除外）	—	0.1
木耳及其制品、银耳及其制品	—	0.1（干重计）
肉及肉制品		
肉类	0.05	—
乳及乳制品		
生乳、巴氏杀菌乳、灭菌乳、调制乳、发酵乳	0.01	—
蛋及蛋制品		
鲜蛋	0.05	—
调味品		
食用盐	0.1	—
饮料类		
饮用天然矿泉水	0.001mg/L	—
特殊膳食用食品		
婴幼儿罐装辅助食品	0.02	—

注："—"指无相应限量要求。
[a] 对于制定甲基汞限量的食品可先测定总汞，当总汞含量不超过甲基汞限量值时，可判定符合限量要求而不必测定甲基汞；否则，需测定甲基汞含量再作判定。
[b] 稻谷以糙米计。

表4-2　食品中镉限量指标

食品类别（名称）	限量（以 Cd 计）
谷物及其制品	
谷物（稻谷[a]除外）	0.1
谷物碾磨加工品［糙米、大米（粉）除外］	0.1
稻谷[a]、糙米、大米（粉）	0.2
蔬菜及其制品	
新鲜蔬菜（叶菜蔬菜、豆类蔬菜、块根和块茎蔬菜、茎类蔬菜、黄花菜除外）	0.05
叶菜蔬菜	0.2
豆类蔬菜、块根和块茎蔬菜、茎类蔬菜（芹菜除外）	0.1
芹菜、黄花菜	0.2
水果及其制品	
新鲜水果	0.05
食用菌及其制品（香菇、羊肚菌、獐头菌、青头菌、鸡油菌、榛蘑、松茸、牛肝菌、鸡枞、多汁乳菇、松露、姬松茸、木耳、银耳及以上食用菌的制品除外）	0.2
香菇及其制品	0.5
羊肚菌、獐头菌、青头菌、鸡油菌、榛蘑及以上食用菌的制品	0.6
松茸、牛肝菌、鸡枞、多汁乳菇及以上食用菌的制品	1.0
松露、姬松茸及以上食用菌的制品	2.0
木耳及其制品、银耳及其制品	0.5（干重计）
豆类及其制品	
豆类	0.2
肉及肉制品（畜禽内脏及其制品除外）	0.1
畜禽肝脏及其制品	0.5
畜禽肾脏及其制品	1.0
水产动物及其制品	
鲜、冻水产动物	
鱼类	0.1
甲壳类（海蟹、虾蛄除外）	3.5
海蟹、虾蛄	3.0
双壳贝类、腹足类、头足类、棘皮类	2.0（去除内脏）
水产制品	
鱼类罐头	0.2
其他鱼类制品	0.1
蛋及蛋制品	0.05
调味品	
食用盐	0.5
鱼类调味品	0.1
饮料类	
包装饮用水（饮用天然矿泉水除外）	0.005mg/L
饮用天然矿泉水	0.003mg/L
特殊膳食用食品	
婴幼儿谷类辅助食品	0.06

[a]稻谷以糙米计。

表 4 – 3　食品中铅限量指标

食品类别（名称）	限量（以 Pb 计）
谷物及其制品ª［麦片、面筋、粥类罐头、带馅（料）面米制品除外］	0.2
麦片、面筋、粥类罐头、带馅（料）面米制品	0.5
蔬菜及其制品	
新鲜蔬菜（芸薹类蔬菜、叶菜蔬菜、豆类蔬菜、生姜、薯类除外）	0.1
叶菜蔬菜	0.3
芸薹类蔬菜、豆类蔬菜、生姜、薯类	0.2
蔬菜制品（酱腌菜、干制蔬菜除外）	0.3
酱腌菜	0.5
干制蔬菜	0.8
水果及其制品	
新鲜水果（蔓越莓、醋栗除外）	0.1
蔓越莓、醋栗	0.2
水果制品［果酱（泥）、蜜饯、水果干类除外］	0.2
果酱（泥）	0.4
蜜饯	0.8
水果干类	0.5
食用菌及其制品（双孢菇、平菇、香菇、榛蘑、牛肝菌、松茸、松露、青头菌、鸡枞、鸡油菌、多汁乳菇、木耳、银耳及以上食用菌的制品除外）	0.5
双孢菇、平菇、香菇、榛蘑及以上食用菌的制品	0.3
牛肝菌、松茸、松露、青头菌、鸡枞、鸡油菌、多汁乳菇及以上食用菌的制品	1.0
木耳及其制品、银耳及其制品	1.0（干重计）
豆类及其制品	
豆类	0.2
豆类制品（豆浆除外）	0.3
豆浆	0.05
藻类及其制品	
新鲜藻类（螺旋藻除外）	0.5
螺旋藻	2.0（干重计）
藻类制品（螺旋藻制品除外）	1.0
螺旋藻制品	2.0（干重计）
坚果及籽类（生咖啡豆及烘焙咖啡豆除外）	0.2
生咖啡豆及烘焙咖啡豆	0.5
肉及肉制品	
肉类（畜禽内脏除外）	0.2
畜禽内脏	0.5
肉制品（畜禽内脏制品除外）	0.3
畜禽内脏制品	0.5
水产动物及其制品	
鲜、冻水产动物（鱼类、甲壳类、双壳贝类除外）	1.0（去除内脏）
鱼类、甲壳类	0.5
双壳贝类	1.5

续表

食品类别（名称）	限量（以 Pb 计）
水产制品（鱼类制品、海蜇制品除外）	1.0
鱼类制品	0.5
海蜇制品	2.0
乳及乳制品（生乳、巴氏杀菌乳、灭菌乳、调制乳、发酵乳除外）	0.2
生乳、巴氏杀菌乳、灭菌乳	0.02
调制乳、发酵乳	0.04
蛋及蛋制品	0.2
油脂及其制品	0.08
调味品（香辛料类除外）	1.0
香辛料类ᵇ［花椒、桂皮（肉桂）、多种香辛料混合的香辛料除外］	1.5
花椒、桂皮（肉桂）、多种香辛料混合的香辛料	3.0
食糖及淀粉糖	0.5
淀粉及淀粉制品	
食用淀粉	0.2
淀粉制品	0.5
焙烤食品	0.5
饮料类（包装饮用水、果蔬汁类及其饮料、含乳饮料、固体饮料除外）	0.3
包装饮用水	0.01mg/L
含乳饮料	0.05
果蔬汁类及其饮料［含浆果及小粒水果的果蔬汁类及其饮料、浓缩果蔬汁（浆）除外］	0.03
含浆果及小粒水果的果蔬汁类及其饮料（葡萄汁除外）	0.05
葡萄汁	0.04
浓缩果蔬汁（浆）	0.5
固体饮料	1.0
酒类（白酒、黄酒除外）	0.2
白酒、黄酒	0.5
可可制品、巧克力和巧克力制品以及糖果	0.5
冷冻饮品	0.3
特殊膳食用食品	
婴幼儿配方食品ᵉ	0.08（以固态产品计）
婴幼儿辅助食品	0.2
特殊医学用途配方食品（特殊医学用途婴儿配方食品涉及的品种除外）	
10 岁以上人群的产品	0.5（以固态产品计）
1 岁～10 岁人群的产品	0.5
辅食营养补充品	
运动营养食品	
固态、半固态或粉状	0.5
液态	0.05
妊娠期及哺乳期妇女营养补充食品	0.5

续表

食品类别（名称）	限量（以 Pb 计）
其他类	
果冻	0.4
膨化食品	0.5
茶叶	5.0
干菊花	5.0
苦丁茶	2.0
蜂蜜	0.5
花粉（松花粉、油菜花粉除外）	0.5
油菜花粉	1.0
松花粉	1.5

ᵃ 稻谷以糙米计。

ᵇ 新鲜香辛料（如姜、葱、蒜等）应按对应的新鲜蔬菜（或新鲜水果）类别执行。

ᶜ 液态婴幼儿配方食品根据 8∶1 的比例折算其限量。

表 4 – 4　食品中砷限量指标

食品类别（名称）	限量（以 As 计 mg/kg）	
	总砷	无机砷ᵇ
谷物及其制品		
谷物（稻谷ᵃ除外）	0.5	—
稻谷ᵃ	—	0.35
谷物碾磨加工品［糙米、大米（粉）除外］	0.5	
糙米	—	0.35
大米（粉）	—	0.2
水产动物及其制品（鱼类及其制品除外）	—	0.5
鱼类及其制品	—	0.1
蔬菜及其制品		
新鲜蔬菜	0.5	—
食用菌及其制品（松茸及其制品、木耳及其制品、银耳及其制品除外）	—	0.5
松茸及其制品	—	0.8
木耳及其制品、银耳及其制品		0.5（干重计）
肉及肉制品	0.5	—
乳及乳制品		
生乳、巴氏杀菌乳、灭菌乳、调制乳、发酵乳	0.1	—
乳粉和调制乳粉	0.5	—
油脂及其制品（鱼油及其制品、磷虾油及其制品除外）	0.1	—
鱼油及其制品、磷虾油及其制品	—	0.1
调味品（水产调味品、复合调味料和香辛料类除外）	0.5	—
水产调味品（鱼类调味品除外）	—	0.5
鱼类调味品	—	0.1
复合调味料	—	0.1
食糖及淀粉糖	0.5	—

续表

食品类别（名称）	限量（以 As 计 mg/kg）	
	总砷	无机砷[b]
饮料类		
包装饮用水	0.01mg/L	—
可可制品、巧克力和巧克力制品以及糖果		
可可制品、巧克力和巧克力制品	0.5	—
特殊膳食用食品		
婴幼儿辅助食品		
婴幼儿谷类辅助食品（添加藻类的产品除外）		0.2
添加藻类的产品		0.3
婴幼儿罐装辅助食品（以水产及动物肝脏为原料的产品除外）		0.1
以水产及动物肝脏为原料的产品		0.3
辅食营养补充品	0.5	—
运动营养食品		
固态、半固态或粉状	0.5	—
液态	0.2	—
妊娠期妇女及哺乳期妇女营养补充食品	0.5	—

注："—"指无相应限量要求。
[a] 稻谷以糙米计。
[b] 对于制定无机砷限量的食品可先测定其总砷，当总砷含量不超过无机砷限量值时，可判定符合限量要求而不必测定无机砷；否则，需测定无机砷含量再作判定。

8. 加强食品安全教育　引导人们绿色、科学、健康消费食品，维护人体健康。

二、多氯联苯化学污染物

多氯联苯（PCBs）是广泛存在于环境中的持续性有机污染物，它是以联苯为原料在金属催化剂作用下，高温氯化合成的氯代联苯同系物与商业混合物的混合体系。PCB 的分子式为 $C_{12}H_{10-m-n}Cl_{m+n}$（$m+n<10$），根据氯原子取代数目和取代位置的不同，PCB 共有 209 种同系物。

（一）多氯联苯的物理性质

根据氯原子取代数目的不同，PCBs 的存在状态从流动的油状液体至白色结晶固体或非结晶性树脂，并具有有机氯的气味。PCBs 的相对分子质量为 188.7～498.7，比重为 1.4～1.5（30℃），密度为 1.44g/cm³（30℃），沸点为 340～375℃。PCB 极易溶解于非极性的有机溶剂和生物油脂，PCBs 在水中的溶解度极小。

（二）多氯联苯的化学性质

PCBs 遇高热分解放出有毒的烟气，甚至分解为毒性更大的物质。它的化学性质稳定，但遇到紫外线会发生反应，能与强氧化剂反应。不能与强氧化剂共存，它能够攻击一些塑料、橡胶以及涂料等，具有耐热、抗氧化的性质以及耐强酸强碱的攻击等特点。

（三）多氯联苯的环境特性

1. 长期残留性　也称为持久性，PCBs 由于化学性质极其稳定，耐热性极强，对于自然条件下生物代谢、光分解、化学降解等都具有很强的抵抗能力，一旦其排放进环境中便会长久存在，且一般条件很难将其分解。

2. 生物蓄积性 PCBs 具有低水溶性且高脂溶性的特点，因而能在脂肪中进行生物蓄积，从而导致其从周围媒介中富集到生物体内，并且通过食物链的生物放大作用在食物链的高营养级达到中毒浓度。

3. 半挥发性 PCBs 可以从土壤或者水体中通过蒸发进入大气环境或吸附在大气颗粒物上，在大气环境中进行远距离的迁移，所具备的挥发性适度又使之不可能永久停留在大气中，并能通过沉降重新回到地面，使得 PCBs 几乎遍及世界的各个角落，造成全球范围内的污染问题。

4. 高毒性 多氯联苯的毒性主要表现为：①致癌性，国际癌症研究中心已将多氯联苯列为人体致癌物质；②生殖毒性，多氯联苯能导致人类精子数量减少、精子畸形的人数增加，女性不孕，动物生育能力减弱；③神经毒性，多氯联苯能对人体造成脑损伤、抑制脑细胞合成、发育迟缓、降低智商；④内分泌系统干扰毒性。需要指出的是，有些 PCBs 虽然本身并无直接毒性，但其可通过对生物体的酶系统产生诱导作用而间接引起毒性，且某些 PCBs 能够经过光解的作用产生毒性较高的 PCBs 同系物。

（四）多氯联苯的来源

PCBs 是人类自己发明制造出来的化合物，PCBs 第一次被合成是在 20 世纪 20 年代，随后便开始被大量地使用。尽管到了 20 世纪 70 ~ 80 年代大部分国家已经禁止使用，但资料表明，截至 1996 年，PCBs 在全球范围内的总量已达到 120 万吨。蒸发、渗漏和废弃是主要来源，它的主要来源主要有以下几方面。

（1）含 PCBs 工业废水的排放和蒸发。

（2）污水处理时的渗漏。

（3）20 世纪 70 年代生产的含 PCBs 的变压器、电容器仍在使用。

（4）焚烧含 PCBs 的工业废物和城市垃圾。

（5）作为含氯溶剂、油漆、墨水、塑料等工业产品生产时的副产品出现。

（6）回收利用无碳纸和一些塑料制品。

（7）生产泡沫乳胶、玻璃纤维、防水化合物等绝缘绝热固体材料。

（8）以含 PCBs 的回收材料作为原料生产其他产品，如轮船、汽车塑料制品、纸和沥青等。

（五）PCBs 的处理方法

目前，对 PCBs 的处理方法已有报道，但真正应用于实践的报道不多。由于 PCBs 在自然水体中特殊的物理特性，一些技术的开发和应用受到很大限制，尤其是实际供水处理中，目前还没有针对 PCBs 的处理工艺的报道，因此，开发相关处理工艺已显得尤为重要。现在对 PCBs 的处理技术的开发主要集中在水体底泥的环境修复以及含 PCBs 污水的治理等方面。如何修复 PCBs 对环境的污染成为近年来研究的热点，一般可以分为生物降解和非生物降解两种方法。

1. 生物降解法主要是指微生物修复法和植物修复法 生物降解法由于其经济、环保、无二次污染而成为研究的热点，但目前距离实际应用尚有较大距离，而且生物降解周期长，有待进一步研究。

2. 非生物降解包括化学法和物理法 化学法指在一定条件下将试剂与 PCBs 反应使之脱氯生成联苯化合物或其他无毒低毒的物质。此法的优势是不但可以彻底处理废物，而且设备简单易于设计成车载装置，适用于处理集中的高浓度的 PCBs 废物，也适用于处理分散的低浓度的 PCBs 废物。但是化学法多处于实验室研究阶段且一般费用较高，工艺流程较为复杂，且反应过程有可能产生副产物，对环境造成二次污染。

物理法主要包括填埋法、物理吸附法、热处理法、超声波法等。热处理法是目前一种被广泛采用的废物处理方式，以简单焚烧法较为多见，在国外已被实际采用。但此法焚烧条件比较苛刻，费用较高，如控制不好，反应中还有可能产生毒性更大的副产物。超声波法是利用超声波降解水溶液中的 PCBs，但操作条件如频率声强温度饱和气体等都需要仔细考察，如果能找到合适的条件，此法不失为一种有前景的处理方法。此外还有应用活性炭纤维处理含 PCBs 废水的研究；光化学法也有研究报道。

三、二噁英类化学污染物

二噁英（Dioxin）是由 2 个或 1 个氧原子连接 2 个被氯取代的苯环组成的一类三环芳香族有机化合物，包括多氯二苯并二噁英（PCDDs）和多氯二苯并呋喃（PCDFs），共有 210 种同类物，统称为二噁英。

（一）二噁英化合物的理化性质

二噁英是一类非常稳定的亲脂性固体化合物，其熔点较高，分解温度 > 700℃，极难溶于水，可溶于大部分有机溶剂，所以二噁英容易在生物体内积累。自然界的微生物降解、水解和光解作用对二噁英的分子结构影响较小，故可长期存在于环境中，其平均半衰期约为 9 年。在紫外线的作用下可发生光解作用。

（二）食品中二噁英化合物来源

食品中的二噁英化合物主要来自环境污染，尤其是经过食物链的富集作用，可在动物性食品中达到较高的浓度。此外，食品包装材料中的二噁英类污染物的迁移以及意外事故，也可造成食品二噁英类化合物的污染。

1. 二噁英化合物基本上不会天然生成，也没有人为的工业生产活动 调查表明，城市固体废物以及含氯的有机化合物，如多氯联苯、五氯酚、PVC 等，焚烧时排出的烟尘中含有 PcDDs 和 PCDFs，其产生机制目前尚不清楚，一般认为，它是由于含氯有机物不完全燃烧通过复杂热反应形成的。

2. 农药生产 含氯化学品及农药生产过程可能伴随产生 PCDDs 和 PCDFs，有邻卤酚类物质、碱性环境或有游离氯存在。苯氧乙酸类除草剂、五氯酚木材防腐剂等的生产过程常伴有二噁英产生。

3. 氯气漂白 在纸浆和造纸工业的氯气漂白过程中也可以产生二噁英，并随废水或废气排放出来。

以上三种过程均可导致环境二噁英污染，但其产生的数量大小不同。

垃圾焚烧是二噁英的主要来源。另外，燃煤电站、金属冶炼、抽烟以及含铅汽油的使用等，是环境二噁英类的次要来源。

（三）二噁英的毒性和致癌性

二噁英是一类剧毒物质，其急性毒性相当于氰化钾的 1000 倍。从职业暴露和工业事故受害者身上已得到一些二噁英的人体毒性数据及临床结果，暴露在含有 PCDDs 和 PCDFs 的环境中，可引起皮肤痤疮、头痛、失聪、忧郁、失眠等症，并可能导致染色体损伤、心力衰竭、癌症等。其最大危险是具有不可逆的致畸、致癌、致突变毒性。

二噁英有多种异构体，其中毒性最强的是 2,3,7,8 - 四氯二苯并二噁英类（2,3,7,8 - TCDD），是迄今为止发现的最具致癌潜力的物质。

（四）防治措施

1. 控制环境二噁英的污染 控制环境二噁英的来源是防治二噁英类化合物污染食品及对人体危害的根本措施。如减少含二噁英类化合物农药的使用，严格控制有关农药和工业化合物中杂质的含量，控制垃圾焚烧和汽车尾气对环境的污染。

2. 发展实用的二噁英检测方法 这是目前亟待解决的问题，只有在此基础上才能加强环境和食品中二噁英化合物的监测，并制定出食品中的允许限量标准，对防止二噁英类化合物的危害起积极作用。

3. 其他措施 应深入研究二噁英类化合物的生成条件及其影响因素、体内代谢、毒性作用及其机制、阈值水平等，在此基础上提出切实可行的综合防治措施。

四、氯丙醇化学污染物

氯丙醇是继二噁英之后食品污染领域又一热点问题，被列为食品添加剂联合专家委员会（JECFA）优先评价项目，主要来自以盐酸水解蛋白工艺生产酱油。目前，人们关注氯丙醇是因为3-氯-1,2-丙二醇和1,3-二氯-2-丙醇具有致癌性。在20世纪70年代，人们就发现氯丙醇能使精子减少和精子活性降低，并能抑制雄性激素生成。20世纪80年代，英国发现用盐酸水解植物蛋白水解液生产调味品中会产生少量氯丙醇，且最普遍的是3-氯-1,2-丙二醇。

1999年欧盟检测出我国出口酱油中氯丙醇超标，从而使我国部分企业产品被禁止进口，为此我国开展对氯丙醇调查和研究，以帮助企业改进生产工艺，建立统一国家标准，利于与国际接轨，使我国酱油工业能长期健康发展。

（一）氯丙醇种类和特性

氯丙醇一般指丙三醇上羟基被氯原子取代1~2个所构成的一系列同系物、同分异构体总称。在酸水解植物蛋白（HVP）过程中可形成4种氯丙醇化合物：3-氯-1,2-丙二醇（3-MCPD）、2-氯-1,3-丙二醇（2-MCPD）、1,3-二氯-2-丙醇（1,3-DCP）、2,3-二氯-1-丙醇（2,3-DCP）（图4-1）。氯丙醇化合物均比水重，沸点高于100℃，常温是液体，一般溶于水、丙酮、苯、甘油、乙醇、乙醚、四氯化碳等。

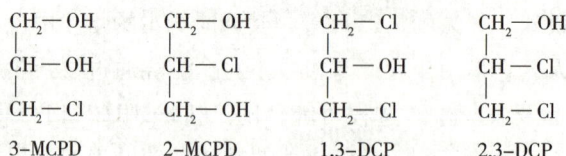

图4-1　四种氯丙醇化合物

（二）代谢动力学

3-MCPD可以通过血-睾丸屏障和血-脑屏障广泛分布在体液中。其原型化合物通过与谷胱甘肽结合而部分脱毒。大约体内30%的3-MCPD可以分解并通过CO_2呼出体外。经口摄入的1,3-DCP约有5%以β-氯乳酸盐形式从尿中排出，1%是以2-丙醇-1,3-二巯基丙酸形式排出。另一项试验显示，大鼠尿中含原型化合物、3-MCPD以及1,2-丙醇分别达到摄入剂量的2.4%、0.35%和0.43%。Koga等提出在大鼠的代谢途径中，2,3-DCP产生3-MCPD和2-MCPD，1,3-DCP仅仅产生3-MCPD，他们的代谢途径不同可能引起对于器官毒性的不同。Nakamura等报道在某些细菌和大鼠中，在1,3-DCP代谢为3-MCPD的转变过程中形成表氯醇（ECH），而表氯醇可引起雄性生殖系统损伤。

（三）食品中氯丙醇来源

食品加工贮藏过程中均会受到氯丙醇污染，其中酱油、蚝油等调味品加工过程中产生氯丙醇是其污染食品的主要途径，已成为国际性食品安全问题。目前，已有研究表明：传统方法生产天然酿造酱油中并没有发现产生氯丙醇，某些酱油等调味品之所以被检出有氯丙醇，是添加有不合卫生条件酸水解蛋白质液缘故。由于酸水解蛋白液成本低，且具有氨基酸系列物质和呈味性成分，能增加食品中营养成分，因而成为近年来蓬勃发展起来的新型调味品原料。酸水解蛋白质液是指在酸或酶作用下，水解富含蛋白质组织所得到产物。其中以动物性原料水解，就是水解动物蛋白（HAP），如果以植物性原料水解，就是水解植物蛋白（HVP），两者总和简称HP。传统工艺水解HP是将HP用浓盐酸在109℃下回流酸解，在这过程中，为了提高氨基酸得率，需加入过量盐酸。此时若原料中还留存油脂，则其中三酰甘油就同时水解成丙三醇，并进一步与盐酸中氯离子发生亲核取代作用，生成一系列氯丙醇类化合物。在实际生活中，大量产生的是 3 - MCPD，少量产生的是 1, 3 - DCP 和 2, 3 - DCP 及 2 - MCPD（3）除以酸水解蛋白为原料食品外，3 - MCPD 也在饮用水中少量检出。其来源是自来水厂和某些食品厂用阴离子交换树脂进行水处理时，所采用交换树脂含有 1, 2 - 环氧 - 3 - 氯丙烷（ECH）成分。在水处理过程中，从树脂中溶出 ECH 单体，与水中氯离子发生化学反应形成了 3 - MCPD。用 ECH 作交联剂强化树脂生产的食品包装材料（如茶袋、咖啡滤纸和纤维肠衣等）也是食品中 3 - MCPD 来源之一。此外，某些发酵香肠如腊肠中也被发现含有 3 - MCPD，其来源目前认为可能是脂肪与食盐反应产物或肠衣中使用强化树脂的 ECH 溶出。经高温加工谷物制品及麦芽提取物等也发现含有少量 3 - MCPD（含量低于 0.1mg/kg），但其形成机制尚不清楚。

较易受氯丙醇污染食品还包括饼干、面包、经烧煮鱼和肉制品。张明霞等在对 7 种膨化食品检测中发现，所测膨化食品中均含有氯丙醇类化合物，危害人体健康，且这类食品主要消费人群是儿童，应引起人们重视。

（四）氯丙醇的毒性

1. 一般毒性 Omura 等曾报道 1, 3 - DCP 和 2, 3 - DCP 都会引起小鼠肾脏损伤，且 2, 3 - DCP 比 1, 3 - DCP 引起损伤严重得多。一些亚急性大鼠毒性试验中，1, 3 - DCP 摄入剂量达到每天 10mg/（kg·bw）以上时会出现显著肝毒性，这与其氧化代谢相关，因为氧化代谢中间产物消耗大量谷胱甘肽。

2 - 氯 - 1 - 丙醇大鼠经口 LD_{50} 为每天 218mg/（kg·bw），兔子经皮 LD_{50} 为每天 529mg/（kg·bw），豚鼠经口 LD_{50} 为每天 720mg/（kg·bw）。小鼠连续 15 次吸入浓度为 250mg/kg 的 2 - 氯 - 1 - 丙醇，每次 6 小时后，表现为嗜睡、体重异常增加、肺部充血、血管周围水肿，100mg/kg 时仅见肺部充盈、血管周围水肿，浓度为 30mg/kg 时则没有影响。连续 21 天经口服 7.6、25.4、76mg/（kg·bw）剂量，未见系统性毒性。

2. 生殖毒性 早在 20 世纪 70 年代，人们发现 3 - MCPD 具有使精子数减少、精子活性降低，并干扰体内性激素平衡而使雄性动物生殖能力减弱作用。许多研究表明，每天重复给小鼠口服剂量 ≥1mg/（kg·bw）的 3 - MCPD，会出现精子活力降低，雄性生育能力损伤。当小鼠口服剂量每天 ≥20mg/（kg·bw）时，精子发生形态学改变和附睾损伤。对于其他哺乳类动物引起损伤剂量略高于小鼠类。

Omura 等每天给予 Wistar 雄性大鼠 0.34mg/（kg·bw）剂量，6 周后将其睾丸和附睾取出，处理组较对照组无明显病理变化。2, 3 - DCP 和 1, 3 - DCP 对大鼠睾丸毒性没有明显不同，但睾丸重量都下降，此外 2, 3 - DCP 可使附睾重量明显降低，2, 3 - DC 和 1, 3 - DCP 处理组精子数量分别由 177.4×10^6 个下降为 138.9×10^6 个和 153.8×10^6 个，表明 2, 3 - DCP 和 1, 3 - DCP 是大鼠睾丸毒物，对生殖系统有一定潜在影响。

3. 致癌性 小鼠口服 3 - MCPD 会引发部分器官产生良性肿瘤，引起肿瘤剂量高于引起肾小管增生的量。研究表明：只有每天在 19mg/（kg·bw）高剂量下 1, 3 - DCP 才具有明显致癌性，肿瘤发生在肝脏、肾脏、口腔、上皮细胞和甲状腺。在每天低于 2.1mg/（kg·bw）剂量下未发现肿瘤。

美国 FDA/WTO 第 837 号技术报告中报道 1, 3 - DCP 致癌性问题，指出 1, 3 - DCP 会引起肝脏、肾脏、甲状腺等癌变。另有报道，氯丙醇还有一定的神经毒性作用。

（五）控制措施

1. 原料控制，严格原料管理 如果使用纯净的蛋白质作原料，加入适量的盐酸，在较低的温度下，经过适当长的时间进行水解，不会产生氯丙醇。

2. 改进生产工艺，加强技术革新 我国已制订酱油中氯丙醇推荐限量并研究防止其污染酱油生产工艺。李祥等研究酸水解蛋白质调味液安全生产工艺，采用酸水解与传统酿造工艺相结合，最佳工艺为以豆粕为原料，采用 5% 盐酸溶液，水解 18 小时，中和至 pH 为 6，然后添加适量炒麸皮、豆粕，接种沪酿 3.042 米曲霉制曲、发酵此工艺生产产品中氯丙醇含量低于各国标准，且酱香浓郁、味道鲜美。美国 CPC 国际有限公司有一称为酸酶法加工工艺专利，就是先采用中性蛋白酶进行水解蛋白，然后在缓和条件（40~45℃，pH 6.5~7.0）下进行酸水解，这样制得 HVP 产品检测不到氯丙醇。

3. 加强对焦糖色素生产企业的监管等措施。

4. 根据国家最新的食品安全卫生标准，严格控制氯丙醇 我国《食品安全国家标准 食品中污染物限量》（GB 2762—2022）规定，食品中 3-氯-1,2-丙二醇限量见表 4-5。

表 4-5 食品中 3-氯-1,2-丙二醇限量指标

食品类别（名称）[a]	限量（mg/kg）
调味品（固态调味品除外）	0.4
固态调味品	1.0

[a] 仅限于添加酸水解植物蛋白的产品。

第二节　农兽药残留

一、农药残留

全世界每年被病虫害夺去的谷物收成为 20%~40%，由此造成的经济损失达 1200 亿美元。农药作为农业生产的重要投入物质，对农业发展和人类粮食供给作出了巨大的贡献。

（一）农药及农药残留

农药是指用于预防、消灭或者控制危害农业、林业的病、虫、草和其他有害生物以及有目的地调节植物、昆虫生长的化学合成物质。目前，我国生产的农药有几千种。每年用量达 50 万~60 万吨，其中约 80% 的农药直接进入环境。农药按化学结构可分为有机氯类、有机磷类、有机氮类、氨基酸酯、有机硫、拟除虫菊酯、有机砷、有机汞等多种类型。如按用途可分为杀（昆）虫剂、杀（真）菌剂、除草剂、杀线虫剂、杀螨剂、杀鼠剂、落叶剂和植物生长调节剂等类型。使用较多的是杀虫剂、杀菌剂和除草剂三大类。

农药使用不当，就会对环境和食品造成污染。施用农药后，在食品表面及食品内残存的农药及其代谢产物、降解物或衍生物，统称为农药残留。食用含有残留农药的食品，大剂量可能引起急性中毒或慢性中毒；低剂量长期摄入可能有慢性中毒作用，以及致畸、致癌、致突变的作用。

（二）农药污染途径

1. 直接污染 因喷洒农药可造成农作物表面黏附污染，被吸收后转运至各个部分而造成农药残留。污染的程度与农药的性质、剂型、施用方法及浓度和时间有关。内吸性农药（如内吸磷、对硫磷）残留多，而渗透性农药（如杀螟松）和触杀性农药（如拟除虫菊酯类）残留少；易降解的品种如有机磷残留时间短，不易降解的品种如有机氯、重金属制剂则残留时间长；油剂比粉剂更易残留，喷洒比拌土施撒残留高；施药浓度高、次数频、距收获间隔期短则残留高。其他与气象因素、农作物的品种等也有一定关系。

2. 间接污染 由于大量施用农药以及工业"三废"的污染，大量农药进入空气、水体和土壤，成为环境污染物。农作物长期从污染的环境中吸收农药，可引起食品二次污染。

3. 生物富集作用与食物链　生物富集作用是指生物将环境中低浓度的化学物质，通过食物链的转运和蓄积达到高浓度的能力。食物链是指在动物生态系统中，由低级到高级依次作为食物而连接起来的一个生态链条。化学物质在沿着食物链转移的过程中产生生物富集作用，即每经过一种生物体，其浓度就有一次明显的提高。所以，位于食物链顶端的人，接触的污染物最多，对其危害也最大。某些理化性质较稳定的农药，如有机氯、有机汞和有机砷制剂等，脂溶性强，与酶和蛋白质有较大的亲和力，不易排出体外，在食物链中逐级在生物体内浓缩，使残留量增高。

生物富集作用以水生生物最为明显，如表 4 – 5 所示 DDT 最终在水鸟体内含量可为原水含量的 833 万倍。陆地生物也有类似现象，但富集程度较小。

表 4 – 6　DDT 在食物链中的富集与浓缩

食物链	DDT 含量/10^{-6}	浓缩倍数
水	3×10^{-5}	1 万
浮游生物	0.04	1.3 万
小鱼体内	0.5	17 万
大鱼体内	2.0	66.7 万
水鸟体内	25.0	833 万

（三）食品中农药残留及其毒性

1. 有机氯农药　有机氯农药主要有六六六及 DDT 等，在环境中稳定性强，不易降解，在环境和食品中残留期长，如 DDT 在土壤中消失 95% 的时间需 3～30 年（平均 10 年），均系脂溶性物质，通过食物链进入体内后，主要蓄积于脂肪组织中。食品中农药残留及其毒性：属中等毒或低毒；急性中毒主要为神经毒；慢性毒主要损害肝肾和神经系统；能诱发细胞染色体畸变，因可通过胎盘屏障进入胎儿体内；部分品种及其代谢产物具有一定致癌作用。人在慢性中毒时，初期有知觉异常，进而出现共济失调，精神异常，肌肉痉挛，肝、肾损害，如肝大、蛋白尿等。有机氯农药能诱发细胞染色体畸变，因有机氯可通过胎盘屏障进入胎儿体内，部分品种及其代谢产物具有一定致癌作用。人群流行病学调查资料表明，使用有机氯农药较多的地区畸胎发生率和死亡率比使用较少的地区高 10 倍左右。

由于有机氯农药化学性质稳定，不易降解，在环境和食品上长期残留，并通过食物链逐级浓缩，具有一定的潜在危害和"三致"作用，因此，许多国家已停止生产和使用，我国已于 1983 年停止生产，1984 年禁止使用。

2. 有机磷农药　有机磷农药是目前使用量最大的一种杀虫剂，常用产品是美曲膦酯、敌敌侵、乐果、马拉硫磷等。大多数有机磷农药的性质不稳定，易迅速分解，残留时间短，在生物体内也较易分解，故在一般情况下少有慢性中毒，有机磷农药对人的危害主要是引起急性中毒。有机磷属于神经性毒剂，可通过消化道、呼吸道和皮肤进入体内，经血液和淋巴转运至全身。其毒性作用主要是与生物体内胆碱酯酶结合，形成稳定的磷酰化乙酰胆碱酯酶，使胆碱酯酶失去活性，从而导致乙酰胆碱在体内大量堆积，引起胆碱能神经纤维高度兴奋。

3. 拟除虫菊酯类　人工合成的除虫菊酯，用作杀虫剂和杀螨剂，具有高效、低毒、低残留、用量少的特点。大量使用的产品有数十个品种，如溴氰菊酯（敌杀死）、丙炔菊酯、苯氰菊酯、氯氰菊酯等。此类农药由于施用量小，残留低，一般慢性中毒少见，急性中毒多由于误服或生产性接触所致。

4. 氨基甲酸酯类　该农药药效快，选择性高，可逆性胆碱酯酶抑制剂；急性中毒主要表现为胆碱能神经兴奋症状，慢性中毒和三致（致癌、致畸、致突变）无定论。

（四）预防措施

1. 发展高效、低毒、低残留农药　所谓高效就是用量少，杀虫效果好。而低毒是指对人畜不致癌、不致畸、不产生特异病变。低残留是农药在施用后降解速度快，在食品中残留量少。

2. 合理使用农药　《食品安全法》第四十九条规定，禁止将剧毒、高毒农药用于蔬菜、瓜果、茶叶和中草药材等国家规定的农作物；第一百二十三条规定，违法使用剧毒、高毒农药的，除依照有关法律法规规定给予处罚外，可以由公安机关依照规定给予拘留。

（1）禁止生产销售和使用的农药名单（45 种）　分别是六六六、滴滴涕、毒杀芬、二溴氯丙烷、杀虫脒、二溴乙烷、除草醚、艾氏剂、狄氏剂、汞制剂、砷类、铅类、敌枯双、氟乙酰胺、甘氟、毒鼠强、氟乙酸钠、毒鼠硅、甲胺磷、甲基对硫磷、对硫磷、久效磷、磷胺、苯线磷、地虫硫磷、甲基硫环磷、磷化钙、磷化镁、磷化锌、硫酸磷、蝇毒磷、治螟磷、特丁硫磷、氯磺隆、福美胂、福美甲胂、胺苯磺隆、甲磺隆、百草枯水剂、三氯杀螨醇、硫丹、磷化铝、溴甲烷、氟虫胺、2,4 - 滴丁酯。

（2）限制使用的 22 种农药　分别是甲拌磷、甲基异柳磷、内吸磷、克百威、涕灭威、灭线磷、硫环磷、氯唑磷、水胺硫磷、灭多威、氧乐果、氰戊菊酯、杀扑磷、丁酰肼（比久）、氟虫腈、氯化苦、毒死蜱、三唑磷、氟苯虫酰胺、乙酰甲胺磷、丁硫克百威、乐果。

《农药安全使用标准》对主要作物和常用农药规定了最高用药量或最低稀释倍数，最高使用次数和安全间隔期（最后一次施药到距收获期的天数）。

3. 加强对农药生产经营的管理　许多国家都有严格的农药管理和登记制度。我国《农药管理条例》中规定由国务院农业主管部门负责全国的农药监督管理工作。同时还规定了我国实行农药生产许可制度。未取得农药登记和农药生产许可证的农药不得生产、销售和使用。

4. 限制农药在食品中的残留　《食品安全国家标准　食品中农药最大残留限量》（GB 2763—2019），规定了 2,4 - 滴二甲胺盐等 483 种农药在 356 种（类）食品中 7107 项残留限量标准，残留限量标准接受了世界贸易组织成员对标准科学性的评议，既保障我国农产品质量安全，又符合我国农业生产实际，也将有力促进农产品国际贸易。

二、兽药残留

随着人们对动物性食品由需求型向质量型的转变，动物性食品全部可食用的动物组织以及蛋和奶中的兽药残留已逐渐成为全世界关注的一个焦点。近年来兽药残留引起食物中毒和影响畜禽产品出口的报道越来越多。残留的兽药不仅可以直接对人体产生急、慢性毒性作用，引起细菌耐药性的增加；还可以通过环境和食物链的作用间接对人体健康造成潜在危害，而且兽药残留还影响我国养殖业的发展和走向国际市场。因此，必须采取有效措施，减少和控制兽药残留的发生。

（一）兽药残留定义及其种类

兽药是指用于预防、治疗、诊断畜禽等动物疾病，有目的地调节其生理功能，并规定作用、用途、用法、用量的物质（含饲料药物添加剂）（《兽药管理条例》）。

兽药具体包括：①血清、菌（疫）苗、诊断液等生物制品；②兽用的中药材、中成药、化学原料药及其制剂；③抗菌药物、生化药品、放射性药品。

兽药残留是指动物产品的任何可食部分所含兽药的母体化合物或其代谢物，以及与兽药有关的杂质［联合国粮农组织和世界卫生组织（FAO/WHO）食品中兽药残留联合立法委员会］。

目前，兽药可分为 7 类：①抗菌药物类；②驱肠虫药类；③生长促进剂类；④抗原虫药类；⑤灭锥虫药类；⑥镇静剂类；⑦β - 肾上腺素能受体阻断剂。

（二）易残留的主要兽药

在动物源食品中较容易引起兽药残留量超标的兽药主要有抗生素类、磺胺类、激素类、β - 兴奋剂类等药物。

1. 抗生素类 大量、频繁地使用抗生素，可使动物机体中的耐药致病菌很容易感染人类；而且抗生素药物残留可使人体中细菌产生耐药性，扰乱人体微生态而产生各种毒副作用。目前，畜产品中容易造成残留量超标的抗生素主要有氯霉素、四环素、土霉素、金霉素等。

2. 磺胺类 磺胺类兽药主要通过输液、口服、创伤外用等用药方式或作为饲料添加剂而残留在动物源食品中。在近 15 ~ 20 年，动物源食品中磺胺类药物残留量超标现象十分严重，多在猪、禽、牛等动物中发生。

3. 激素和 β - 兴奋剂类 在养殖业中常见使用的激素和 β - 兴奋剂类兽药主要有性激素类、皮质激素类和盐酸克仑特罗（瘦肉精）等。许多研究已经表明，盐酸克仑特罗和己烯雌酚在动物源食品中的残留超标可极大地危害人类健康。其中，盐酸克仑特罗很容易在动物食品中造成残留，健康人摄入盐酸克仑特罗超过 $20\mu g$ 就有药效，5 ~ 10 倍的摄入量则会导致中毒。

4. 其他兽药 呋喃唑酮和硝呋烯腙常被添加于猪或鸡的饲料中用来预防疾病，它们在动物源食品中应为零残留，即不得检出，是我国食品动物禁用兽药。苯并咪唑类能在机体组织器官中蓄积，在投药期，肉、蛋、奶中有较高残留。

（三）兽药残留的原因

产生兽药残留的主要原因大致有以下几个方面。

1. 兽药质量问题 我国畜牧业的快速发展，也带动了兽药业的发展。但小规模兽药企业过多，其产品质量难以达到标准。近几年虽然兽药质量明显提高，根据 2021 年全国兽药监察所抽检结果，兽药合格率为 98%，兽药残留合格率为 99.7%。从检测结果发现，仍少数存在非法添加、含量不合格、性状不合格等问题。

2. 非法使用违禁或淘汰药物 《兽药管理条例》（2020 年修订）明确规定，禁止使用假、劣兽药以及国务院兽医行政管理部门规定禁止使用的药品和其他化合物，禁止在饲料和动物饮用水中添加激素类药品和国务院兽医行政管理部门规定的其他禁用药品，不得使用进口国明令禁用的兽药，肉禽产品中不得检出禁用药物。但在畜牧业生产中，违规使用兽药现象仍然存在。最受关注的违禁药物是 β - 兴奋剂（盐酸克仑特罗），近几年来其中毒事件时有发生。在饲料中添加性激素和氯丙嗪等镇静药等现象仍然屡禁不止。

3. 不遵守休药期规定 休药期的长短与药物在动物体内的清除率和残留量有关，而且与动物种类、用药剂量和给药途径有关。国家对有些兽药特别是药物饲料添加剂都规定了休药期，但是大部分养殖场（户）使用含药物添加剂的饲料时很少按规定施行休药期。如抗菌促生长的喹乙醇预混剂，休药期是 35 天，而在生产中不少蛋鸡场不遵守休药期规定，致使鸡蛋中药物残留超标。欧盟已禁止使用该药。

4. 超剂量、超范围用药 在预防和治疗动物疫病时，加大用药剂量和增加用药次数，尤其是饲料中添加药物时，超量添加或超长时间添加，其结果势必造成药物残留超标，甚至引起动物中毒死亡。

5. 屠宰前用药 屠宰前使用兽药来掩饰有病畜禽临床症状，以逃避宰前检验，会造成肉畜产品中的兽药残留。此外，在休药期结束前屠宰动物同样能造成兽药残留量超标。

（四）兽药残留对人体的危害

1. 急、慢性中毒 若一次摄入残留兽药的量过大，会出现急性中毒反应。国内外已有多起有关人食用盐酸克仑特罗超标的猪肺脏而发生急性中毒事件的报道。此外，人体对氯霉素反应比动物更敏感，特别是婴幼儿的药物代谢功能尚不完善，氯霉素的超标可引起致命的"灰婴综合征"，严重时还会造成人的再生障碍性贫血。四环素类药物能够与骨骼和牙齿中的钙结合，抑制骨骼和牙齿的发育。红霉素等大环内酯类可致急性肝毒性。氨基糖苷类的庆大霉素、卡那霉素能损害前庭和耳蜗神经，导致眩晕和听力减退。磺胺类药物能够破坏人体造血功能等。

2. "三致"作用   研究发现许多药物具有致癌、致畸、致突变作用。如丁苯咪唑、阿苯达唑和苯硫苯氨酯具有致畸作用；雌激素、克球酚、砷制剂、硝基呋喃类等已被证明具有致癌作用；喹诺酮类药物的个别品种已在真核细胞内发现有致突变作用；磺胺二甲嘧啶等磺胺类药物在连续给药中能够诱发啮齿动物甲状腺增生，并具有致肿瘤倾向；链霉素具有致畸作用。这些药物的残留量超标无疑会对人类产生潜在的危害。

3. 耐药菌株的产生   近些年来，由于抗菌药物的广泛使用，细菌耐药性不断加强，而且很多细菌已由单药耐药发展到多重耐药。饲料中添加抗菌药物，实际上等于持续低剂量用药。动物机体长期与药物接触，造成耐药菌不断增多，耐药性也不断增强。抗菌药物残留于动物性食品中，同样使人体长期与药物接触，导致人体内耐药菌的增加。如今，不管是在动物体内，还是在人体内，细菌的耐药性已经达到了较严重的程度。

4. 变态反应   一些抗菌药物如青霉素、磺胺类药物、四环素及某些氨基糖苷类抗生素能使部分人群发生变态反应（过敏反应）。严重时可出现过敏性休克，甚至危及生命。当这些抗菌药物残留于肉食品中进入人体后，就使部分敏感人群致敏，产生抗体。当这些被致敏的个体再接触这些抗生素或用这些抗生素治疗时，这些抗生素就会与抗体结合生成抗原抗体复合物，发生变态反应。英国一名对青霉素高度敏感的患者，食用约含 10IU/ml 青霉素的商品牛奶后，发生了变态反应。1984 年，美国一名 45 岁的妇女产生变态反应，是由于食用了含青霉素的冷冻正餐。

5. 肠道菌群失调   近年来国外许多研究表明，有抗菌药物残留的动物源食品可对人类胃肠的正常菌群产生不良的影响。如果长期与动物性食品中残留的低剂量抗菌药物接触，就会抑制或杀灭敏感菌，而耐药菌或条件性致病菌大量繁殖，造成人体内菌群的平衡失调，使机体易发感染性疾病，并且由于耐药而难以治疗。

（五）控制兽药残留的措施

1. 加大宣传力度，提高人民群众的动物产品质量安全意识   通过各种新闻媒体及多种措施进行广泛宣传，使养殖场（户）、兽药生产和经营单位（个人）、饲料与饲料添加剂的生产和经营单位（个人）以及广大消费者了解、掌握科学使用兽药和饲料安全的重要性，提高全民对畜产品安全问题的认识，降低兽药残留危害。

2. 完善法律法规体系   加快立法进度，加大执法力度，建立和完善各项法律法规、饲料安全标准、动物产品有害有毒物质及兽药残留标准；使对兽药残留的监控、对违规用药造成残留超标事件的查处等活动能够依法进行。

3. 加大兽药、饲料和饲料添加剂的监督管理力度   畜牧兽医行政部门要严格执行《兽药管理条例》《饲料和饲料添加剂管理条例》及其配套规章、规定，规范企业生产、经营行为；加大执法检查力度，严厉查处在饲料中使用兽药的行为。

4. 提高执法能力和检测水平   健全机构，加快兽药残留管理和监测机构的建立和完善，使之形成从中央到地方完整的兽药残留管理和检测网络。兽药饲料监察机构应加强畜产品的安全控制意识，主动承担检测、监测和科研任务，对养殖场（户）、屠宰场和食品加工厂开展兽药残留的实际检测工作，为兽药残留的控制提供科学依据。

第三节　食品加工过程中产生的污染物

情境　3月8日，意大利某知名薯片品牌被查出丙烯酰胺含量超标。丙烯酰胺是一种有机化合物，1994年，世界卫生组织国际癌症研究机构（IARC）将丙烯酰胺定义为可能的致癌物，如果长期服用，丙烯酰胺还可能损害神经纤维并因此增加患癌的风险。

问题　1. 丙烯酰胺在食品加工过程中如何产生？怎样防治？

　　　　2. 食品加工过程中还会产生哪些污染物？

一、N-亚硝基化合物污染物

凡是具有＝N—N＝O这种基本结构的化合物统称为N-亚硝基化合物。迄今已研究300多种，90%以上有不同程度致癌性。

环境和食品中的N-亚硝基化合物系由亚硝酸盐和胺类在一定的条件下合成，其前体物为硝酸盐、亚硝酸盐和胺类、酰胺类等物质，这些物质广泛存在于环境中。

（一）理化性质

1. N-亚硝胺稳定不易水解，在中性和碱性环境中稳定，酸性和紫外线照射下可缓慢裂解。

2. 亚硝酰胺化学性质活泼，在酸碱下均不稳定。

（二）体内代谢和毒性代谢

亚硝胺类主要经由微粒体细胞色素P_{450}的代谢，生成烷基偶氮羟基化合物。亚硝酰胺类为直接致癌物和致突变物质。

1. 急性毒性　较少报道。主要症状为头晕、乏力、肝脏肿大、腹腔积液、黄疸及肝实质病变。碳链越长，急性毒性越低。

2. 致癌作用　多种途径摄入均可诱发肿瘤，一次大量给药或长期少量接触均有致癌作用，可通过胎盘对子代产生致癌作用。

3. 致畸作用　亚硝酰胺对动物有一定的致畸作用，存在一定剂量－效应关系，但亚硝胺的致畸作用很弱。

4. 致突变作用　亚硝酰胺能引起细菌、真菌、果蝇和哺乳动物细胞发生突变，亚硝胺需经哺乳动物微粒体混合功能氧化酶系代谢后能致癌，致癌性强弱与致突变性强弱无明显相关性。

（三）食物来源

1. N-亚硝基化合物的前体物　硝酸盐、亚硝酸盐、胺类、酰胺类等。

（1）蔬菜中的硝酸盐和亚硝酸盐　硝酸盐和亚硝酸盐广泛存在于人类生存的环境中，是自然界最普遍的含氮化合物。土壤和肥料中的氮光合作用不充分时，植物体内可蓄积较多的硝酸盐，新鲜蔬菜亚硝酸盐含量与作物种类、栽培条件及环境因素有关，腌菜中亚硝酸盐含量1周开始上升，2～3周达高峰，1月后下降。

（2）动物性食物中的硝酸盐和亚硝酸盐　作为防腐剂和护色剂等食品添加剂添加到肉鱼类制品中。

（3）环境和食品中的胺类　有机胺类化合物广泛存在于环境和食物中仲胺（二级胺）合成N-亚

硝基化合物的能力最强，鱼和某些蔬菜中的胺类和二级胺类物质含量较高。

2. 食品中的 N – 亚硝基化合物 ①鱼、肉制品 腌制、烘烤、油煎、油炸等烹调过程产生较多胺类化合物，腐烂变质的鱼肉类，也可产生大量的胺类，鱼肉制品中的亚硝胺主要是吡咯亚硝胺和二甲基亚硝胺。②乳制品 如奶酪、奶粉、奶酒等中含有微量的挥发性亚硝胺。③蔬菜水果含有的硝酸盐、亚硝酸盐和胺类在长期贮藏加工过程中生成微量亚硝胺。④啤酒生产过程中大麦芽在窑内加热干燥时，大麦芽碱和仲胺等与空气中的氮氧化物发生反应生成二甲基亚硝胺。

3. 亚硝胺的体内合成 人体能合成一定量的 N – 亚硝基化合物，pH < 3 的酸性环境中合成亚硝胺的反应最强，胃可能是人体合成亚硝胺的主要场所，唾液和膀胱内也能合成一定量亚硝胺。

（四）预防措施

1. 防止食物霉变或被其他微生物污染。

2. 控制食品加工中硝酸盐或亚硝酸盐用量。

3. 施用钼肥，降低硝酸盐的含量。

4. 增加维生素 C 等亚硝基化反应阻断剂的摄入量。

5. 制定标准并加强监督。

根据国家食品安全卫生标准，严格控制亚硝酸盐、硝酸盐含量。制定各类食品中亚硝酸盐、硝酸盐的最高允许限量标准，加强食品卫生质量检测和监督工作。

《食品安全国家标准　食品中污染物限量》（GB 2762—2022）规定，食品中亚硝酸盐、硝酸盐限量指标见表 4 – 7。

表 4 – 7　食品中亚硝酸盐、硝酸盐限量指标

食品类别（名称）	限量（mg/kg）	
	亚硝酸盐（以 $NaNO_2$ 计）	硝酸盐（以 $NaNO_3$ 计）
蔬菜及其制品		
酱腌菜	20	—
乳及乳制品		
生乳	0.4	—
乳粉和调制乳粉	2.0	—
饮料类		
包装饮用水（饮用天然矿泉水除外）	0.005mg/L（以 NO_2^- 计）	—
天然矿泉水	0.1mg/L（以 NO_2^- 计）	45mg/L（以 NO_3^- 计）
特殊膳食用食品		
婴幼儿配方食品[a]		
婴儿配方食品、较大婴儿配方食品、幼儿配方食品	2.0[b]（以固态产品计）	100[c]（以固态产品计）
特殊医学用途婴儿配方食品	2.0（以固态产品计）	100（以固态产品计）
婴幼儿辅助食品		
婴幼儿谷类辅助食品	2.0[d]	100[e]
婴幼儿罐装辅助食品	4.0[d]	200[e]
特殊医学用途婴儿配方食品（特殊医学用途婴儿配方食品涉及的品质除外）	2.0[e]（以固态产品计）	100[e]（以固态产品计）
辅助营养补充品	2.0[b]	100[c]
妊娠期妇女及哺乳期妇女营养补充食品	2.0[d]	100[c]

注：划"—"者指无相应限量要求。
　[a] 液态婴幼儿配方食品根据 8：1 的比例折算其限量。[b] 仅适用于乳基产品。[c] 不适用于添加蔬菜和水果的产品。[d] 不适用于添加豆类的产品。[e] 仅适用于乳基产品（不含豆类成分）。

二、多环芳烃污染物

多环芳烃（PAHs）是煤、石油、木材、烟草、有机高分子化合物等有机物不完全燃烧时产生的挥发性碳氢化合物，是重要的环境和食品污染物。迄今已发现有 200 多种 PAHs，其中大部分具有致癌性，如苯并［α］芘即 B（α）p，是多环芳烃中毒性最大的一种强烈致癌物。多环芳烃广泛分布于环境中，任何有有机物加工、废弃、燃烧或使用的地方都有可能产生多环芳烃。

（一）对人体危害

多环芳烃是一种高致癌的物质，对人体危害的主要部位是呼吸道和皮肤。人们长期处于多环芳烃污染的环境中，可引起急性或慢性伤害。常见症状有日光性皮炎、痤疮性皮炎、毛囊炎及疣状生物等。

（二）来源

食品中的多环芳烃来自大气、土壤和地面水。如果多环芳烃吸附于某些颗粒上，进入地面水中，这些颗粒悬浮在水中，最终转移至淡水和海洋沉积物中，多环芳烃释放出来，形成大面积的水源污染。另外，滤食性蚌类如贻贝和牡蛎也会积聚被多环芳烃污染的颗粒。

谷物中多环芳烃的污染主要来自地域和附近环境的排放源。一些食品加工过程如烟熏、烘干、烧烤、煎炸也会产生多环芳烃。植物油中的多环芳烃是由于植物种子在干燥过程中与烟气接触，导致污染。在食物的加工历程中，在烟熏、烧烤或烘烤历程中食物与汽油燃烧释放的 PAH 直接接触而被污染，在烧烤历程中滴在火上的脂肪也能热聚产生 BP。存储历程中器皿或包装材料中的 PAH 向食物中转移，如用带油墨的包装纸，含有不纯液状石蜡的包装和纸杯。用不纯的油脂浸出溶剂提取油脂中含有一定量的 PAH。柏油污染，主要是在柏油路上晾晒粮食。

（三）预防措施

基于对多环芳烃的深入研究和丰富测试经验，专家建议可以采用以下方法减少食品中多环芳烃。

1. 控制食品污染源　对于蔬菜生产，应加强地膜覆盖率和温室生产；调整以煤为主的能源结构，减少煤的不完全燃烧，同时建议在大气污染物的排放标准中增加 BaP 等多环芳烃化合物指标，加强大气中致癌性多环芳烃化合物的治理；对于土壤，应控制使用城市污水灌溉，减少污泥、垃圾的不合理堆放，合理喷施农药、化肥；应充分利用和提高土壤生物活性，增加微生物分解 PAHs 的速率。

2. 合理布局农作物蔬菜水果生产　谷类食物、蔬菜、水果是人体摄入 PAHs 的主要来源。因此，对这些食物的生产，应加强规划、合理布局。在离污染源近的地段，应选择吸收 PAHs 能力低的根茎类作物种植，叶菜类和吸收 PAHs 能力强的作物应安排在远离工业污染源的地方种植。

3. 改变饮食结构和烹饪方法　从国内和国外的研究结果来看，蔬菜、水果中 PAHs 的浓度相对较低，而肉类、奶类、油脂类食品中 PAHs 浓度较高，所以多食蔬菜和水果对身体健康相对更有利（而蔬菜和水果，在食用前应至少清洗三遍）。烘、烧烤、烟熏等加工或烹煮食物的方法会产生 PAHs，增加食物的 PAHs 含量。以某些方法（例如蒸）烹煮的食物，会减少食物中 PAHs 的含量。

三、杂环胺污染物

杂环胺类化合物包括氨基咪唑氮杂芳烃和氨基咔啉两类。AIAs 包括喹啉类（IQ）、喹噁啉类（IQx）和吡啶类。AIAs 咪唑环仅氨基在体内可转化为 N-羟基化合物而具有致癌和致突变活性。AIAs 亦称为 IQ 型杂环胺，其胍基上的氨基不易被亚硝酸钠处理而脱去。氨基咔啉类包括 α 咔啉、丫 咔啉和 δ 咔啉，其吡啶环上的氨基易被亚硝酸钠脱去而丧失活性。

（一）杂环胺的生成

食品中的杂环胺类化合物主要产生于高温烹调加工过程，尤其是蛋白质丰富的鱼、肉类食品在高温烹调过程中更易产生。影响食品中杂环胺形成的因素主要有以下两方面。

1. 烹调方式　杂环胺的前体物是水溶性的，加热反应主要产生 AIAs 类杂环氨。加热温度主要产生 AIAs 类杂环氨。加热温度是杂环胺形成的重要影响因素，当温度从 200℃升至 300℃时，杂环胺的生成量可增至 5 倍。烹调时间对杂环胺的生成亦有一定影响，在 200℃油炸温度时，杂环胺主要在前 5 分钟形成，在 5～10 分钟形成较慢，进一步延长烹调时间，则杂环胺的生成量不再明显增加。而食品中的水分是杂环胺形成的抑制因素。

加热温度越高，时间越长，水分含量越少，产生的杂环氨越多。如烧、烤、煎、炸等直接与火接触或与灼热的金属表面接触的烹调方法，由于可使水分很快丧失且温度较高，产生杂环胺的数量远大于炖、焖、微波炉烹调等温度较低、水分较多的烹调方法。

2. 食物成分　在烹调温度、时间和水分相同的情况下，营养成分不同的食物产生的杂环胺种类和数量有很大差异。一般而言，蛋白质含量较高，产生杂环胺较多，而蛋白质的氨基酸构成则直接影响所产生胺类。肌酸或肌酐是杂环胺中 α – 氨基 – 3 – 甲基咪唑局部的主要来源，故含有肌肉组织的食品可大量产生 AIAs 类（IQ 型）杂环胺。

美拉德反应与杂环胺的产生有很大关系，该反应可产生大量杂环物达 160 余种，其中一些可进一步反应生成杂环胺。

（二）杂环胺对人体的危害

危害性胺类化合物主要引起致突变和致癌。但杂环胺在哺乳动物细胞杂环胺对啮齿动物均具不同程度的致癌性，主要靶器官为肝脏，有些可诱导小鼠肩胛间及腹腔中褐色脂肪组织的血管内皮肉瘤及大鼠结肠癌。最近发现 IQ 对灵长类也具有致癌性。

（三）防治措施

1. 改变不良烹调方式和饮食习惯　注意不要使烹调温度过高，不要烧焦食物，并应避免过多食用烧、烤、煎、炸的食物。

2. 增加蔬菜水果的摄入量　膳食纤维有吸附杂环胺并降低其活性的作用，蔬菜、水果中的某些成分有抑制杂环胺的致突变性和致癌性的作用。因此，增加蔬菜水果的摄入量对于防止杂环胺的危害有积极作用。

3. 灭活处理　次氯酸、过氧化酶等处理可使杂环胺氧化失活；亚油酸可降低其诱变性。

4. 加强监测　建立和完善杂环胺的检测方法，加强食物中含量监测。

四、丙烯酰胺污染物

丙烯酰胺（简称 AA）是食品加工过程中产生的化学性污染物，淀粉类食物在高温油炸、焙烤等过程中，容易产生丙烯酰胺。

（一）丙烯酰胺的结构及性质

丙烯酰胺的分子式为 C_3H_5NO，结构简式为 $CH_2{=}CH{-}\overset{\displaystyle O}{\overset{\|}{C}}$，是一种不饱和酰胺。丙烯酰胺主要的物理性质有：在常温下是一种无色片状晶体，熔点 84.5℃，易溶于水，还易溶于甲醇、乙醇、丙酮、乙酸乙酯，微溶于三氯甲烷，不溶于苯和庚烷；见光（紫外线）聚合，在熔融时见光更易聚合，在室温、

黑暗处稳定。

丙烯酰胺主要的化学性质如下。

1. 丙烯酰胺具有弱碱性，能与强碱反应生成不稳定的盐。

2. 丙烯酰胺在一定条件下能发生水解反应，如在碱性条件下水解生成丙烯酸盐和氨。在酸性条件下水解生成丙烯酸和铵盐。

3. 在一定条件下可以发生 H_2SO_4 脱水反应，如在 P_2O_5 存在时，发生脱水反应生成丙烯腈。

4. 丙烯酰胺在次氯酸钠的碱溶液作用下，还可以脱去羧基而生成胺。

5. 丙烯酰胺在紫外线作用下会发生聚合反应，生成聚丙烯酰胺。

（二）丙烯酰胺的来源

1. 油炸食品中含有大量的丙烯酰胺，淀粉类食品在高温（＞120℃）烹调下容易产生丙烯酰胺。由中国疾病预防控制中心营养与食品安全研究所提供的资料显示，在监测的 100 余份样品中，丙烯酰胺含量较多的食品依次为薯类油炸食品、谷物类油炸食品、谷物类烘烤食品，其中炸薯条含丙烯酰胺 16%~30%、炸薯片含 6%~46%、咖啡含 13%~39%、饼干含 10%~20%、面包含 10%~30%，其余均小于 10%。另外，速溶咖啡、大麦茶、玉米茶也含有丙烯酰胺。这些是目前我国丙烯酰胺最主要的来源。

2. 吸烟产生丙烯酰胺。

3. 饮水是其中一条重要摄入途径。

4. 职业接触主要是指从事有机化工工作人员、装饰行业从业人员、化学科研人员等。

（三）丙烯酰胺对人体的危害

丙烯酰胺进入人体后又通过多种途径被人体吸收，其中经消化道吸收最快。进入人体内的丙烯酰胺约90%被代谢，仅少量以原形经尿液排出。丙烯酰胺进入人体后，会在体内与DNA上的鸟嘌呤结合形成加合物，导致遗传物质损伤和基因突变。丙烯酰胺具有神经毒性作用，职业接触人群的流行病学观察表明，长期低剂量接触丙烯酰胺会出现嗜睡、情绪和记忆改变、幻觉和震颤等症状，伴随末梢神经病（手套样感觉、出汗和肌肉无力）。国际癌症研究机构1994年对其致癌性进行了评价，将其列为2类致癌物，其主要依据为丙烯酰胺在动物和人体内可转化为致癌活性代谢产物环氧丙酰胺。

（四）控制食品中丙烯酰胺的方法

1. 减少食品中丙烯酰胺的产生 减少或消除形成丙烯酰胺的前体物质，控制原料中游离氨基酸和还原糖含量。美拉德反应是食品中丙烯酰胺产生的重要途径，控制原料中游离氨基酸（尤其是天冬酰胺）和还原糖的含量对减少食品中丙烯酰胺含量显得尤为重要，且其对食物的色泽和风味的影响较小。天门冬酰胺和还原糖的含量因作物的种类、种植及储藏条件不同而不同，谷类食品中的决定因素是天冬酰胺，而马铃薯中还原糖对丙烯酰胺形成的影响更大，玉米中天冬酰胺含量少，控制玉米中天冬酰胺的含量比控制还原糖的效果更好。Kuilman 等对食物中添加天冬酰胺酶安全性进行了探讨，实验动物病理和毒理学测试显示，天冬酰胺酶是减少食物中丙烯酰胺的安全方式。对于面制品，加工前采用酵母发酵也是降低丙烯酰胺产生的有效途径之一，热水浸泡可显著降低土豆中的天冬酰胺和还原糖含量，而且相比浸泡时间，浸泡温度对减少食品中还原糖含量、降低丙烯酰胺最终生成量的影响更大。

2. 改变加工条件和加工方式

（1）温度 是影响丙烯酰胺产生的最主要因素之一。加工过程中，在一定温度范围内，随着加热温度的升高，产品中丙烯酰胺含量急剧上升，超过一定值反而生成减少，适当降低油炸温度可减少食品中丙烯酰胺的产生。

（2）**加热时间**　是影响丙烯酰胺产生的另一个主要因素，随着高温处理持续时间的延长，丙烯酰胺的生成增加，在保证食品做熟的前提下，适当减少加热时间可减少丙烯酰胺最终生成量。

（3）**控制食品含水量**　水在美拉德反应中既是反应物，又充当着反应物的溶剂及其迁移载体，过于干燥和过于潮湿均不利于反应的进行。含水量较低，则不利于反应物和产物的流动，也会缩短油炸至熟的时间，减少丙烯酰胺的含量。含水量较高，则会妨碍热量在食物中的传导和渗透，较高水分含量可明显降低丙烯酰胺最终生成量。因此，干燥和浸泡处理有助于降低食品中丙烯酰胺含量。

（4）**调整合适 pH**　如果降低马铃薯的 pH，则可减少丙烯酰胺的含量，目前大都使用枸橼酸，也可采用富马酸、苹果酸、琥珀酸、乳酸等。

3. 减少或消除食品中已生成的丙烯酰胺　可通过对食品进行真空、真空 - 光辐射、真空 - 臭氧等处理的研究表明，在真空条件下加热食品可生成的丙烯酰胺挥发，从而降低食品中丙烯酰胺含量；光辐射，如红外线、可见光、紫外线、X 线、γ 线等可使丙烯酰胺发生聚合反应，从而减少其在食品中的含量；臭氧可使丙烯酰胺发生分解反应，生成小分子物质，也可减少其在食品中的含量。添加半胱氨酸、同型半胱氨酸、谷胱甘肽等含巯基物质，与丙烯酰胺反应，有清除丙烯酰胺的作用，欧仕益等用 0.3% 的半胱氨酸在油炸前浸泡土豆片，发现油炸薯片中几乎检测不到丙烯酰胺。

> **知识链接**
>
> **预防化学性污染的饮食习惯**
>
> 在日常生活中，预防化学性污染要养成以下饮食习惯：保证日常饮食营养均衡，注意饮食调节，多吃富含果胶的水果，如柑、橘和苹果等，以及木耳、海带、大白菜等食物，增加维生素供给量；多喝茶、多吃豆类。茶多酚是茶叶的主要成分，因具有多酚结构对重金属有较强富集作用，能与重金属形成络合物而产生沉淀，有利于减轻重金属对人体产生的危害。常饮茶，特别是绿茶对人体健康具有保护作用。除茶叶外，多吃新鲜的蔬果对于减少食物中化学污染物的摄入非常重要。蔬果中的纤维素可以帮助清除肠道中的有害物质。此外，蔬果还富含丰富的维生素和矿物质，对身体健康起着积极的促进作用。

练习题

答案解析

一、单选题

1. 水俣病是由于长期摄入被（　　）污染的食品引起的中毒。

　A. 镉　　　　　　　B. 砷　　　　　　　C. 铅　　　　　　　D. 甲级汞

2. 骨痛病是由于环境（　　）污染通过食物链而引起的人体慢性中毒。

　A. 镉　　　　　　　B. 砷　　　　　　　C. 铅　　　　　　　D. 汞

3. 有机磷农药的主要急性毒性为（　　）。

　A. 抑制胆碱酯酶活性　　　　　　　　B. 致癌性

　C. 血液系统障碍　　　　　　　　　　D. 肝脏损害

4. 镉在消化道的吸收率为（　　）。

　A. 5%　　　　　　　B. 10%　　　　　　C. 15%　　　　　　D. 20%

二、多选题

1. 下列属于重金属污染的是（　　）。

    A. 镉　　　　　　　　B. 砷　　　　　　　C. 亚硝基化合物　　　D. 甲基汞

2. 多氯联苯的毒性主要表现在（　　）。

    A. 致癌性　　　　　　B. 生殖毒性　　　　C. 神经毒性　　　　　D. 内分泌系统干扰毒性

3. N–亚硝基化合物的前体物有（　　）。

    A. 硝酸盐　　　　　　B. 亚硝酸盐　　　　C. 胺类　　　　　　　D. 硫化氢

三、简答题

1. 简述重金属污染的防治措施。

2. 简述农药残留的定义、种类及污染途径。

3. 简述 N–亚硝基化合物的预防措施。

书网融合……

本章小结　　　　题库

第五章

食品添加剂与非法添加物

PPT

学习目标

知识目标

1. **掌握** 出现食品添加剂与非法添加物安全事件的原因和控制措施。
2. **熟悉** 食品添加剂与非法添加物的定义与分类。
3. **了解** 易滥用食品添加剂及非法添加物的检测方法。

能力目标

1. 能运用所学知识解决实际问题。
2. 具有辨别超限量、超范围使用食品添加剂的能力。

素质目标

通过本章学习，树立辩证思维能力，能够使用唯物辩证法看待问题、思考问题、解决问题；培养食品安全与食品法治意识，能够将所学的食品安全知识熟练地运用到实际生活和未来工作当中。

食品添加剂（food additive）是食品工业发展的重要影响因素之一。人民生活水平的提高、生活节奏的加快、食品消费结构的变化等促进了我国食品工业的快速发展。食品添加剂的使用使食品方便化、多样化、营养化、风味化和高级化，使现代食品能满足人们的要求。

国际上，对食品添加剂的定义各不相同。联合国粮农组织（FAO）和世界卫生组织（WHO）共同创建的食品法典委员会（CAC）颁布的《食品添加剂通用法典标准》（2019 修订版）规定："食品添加剂指其本身通常不作为食品消费，不用作食品中常见的配料物质，无论其是否具有营养价值。在食品中添加该物质的原因是出于生产加工、制备、处理、包装、装箱、运输或储藏等食品的工艺需求（包括感官），或者期望它或其副产品（直接或间接地）成为食品的一个成分，或影响食品的特性。该术语不包括污染物，或为了保持或提高营养质量而添加的物质。"我国《食品安全国家标准 食品添加剂使用标准》（GB 2760—2024）将食品添加剂定义为："为了改善食品品质和色、香、味，以及为防腐和加工工艺的需要而加入食品中的化学合成或者天然物质。营养强化剂、食品用香料、胶基糖果中基础剂物质、食品工业用加工助剂也包括在内。"

食品非法添加物又称为违法添加非食用物质，是指为了改变食物的色、香、味、质量或体积，人为加入的国家食品安全标准未经允许使用的物质。将非法添加物添加到食品中，是阻碍我国食品行业健康发展、破坏社会主义市场经济秩序的违法犯罪行为。为帮助食品生产企业、各相关监管部门和全社会更加有针对性地及时发现和整治违法添加行为，国家卫生监管部门先后发布了六批《食品中可能违法添加的非食用物质和易滥用的食品添加剂品种名单》。打击违法添加非食用物质和滥用食品添加剂的行为，要认真贯彻《国务院办公厅关于严厉打击食品非法添加行为切实加强食品添加剂监管的通知》的精神，加强各个环节的监管：一是要强化企业的主体责任意识；二是要规范食品生产经营行为，指导企业正确使用食品添加剂；三是有针对性地实施相应的监管措施。

第一节　食品添加剂

一、食品添加剂的分类

（一）按来源分类

按来源食品添加剂可以分为天然食品添加剂与化学合成添加剂两大类。天然食品添加剂是以动植物或微生物代谢产物等为原料，经提取分离、纯化或不纯化所得的天然物质。

化学合成食品添加剂是通过化学手段，使单质或化合物发生包括氧化、还原、缩合、聚合、成盐等合成反应所得的物质。目前使用最多的是化学合成食品添加剂。从安全性、成本和方便性等方面考虑，天然食品添加剂具有高安全性，高成本，不方便运输、保藏等特点，而化学合成食品添加剂具有价格低廉，使用、运输、保藏方便等优点。

（二）按安全性评价分类

食品添加剂联合专家委员会（JECFA）建议将食品添加剂分为四大类。

第一类：GRAS 物质，即一般认为是安全的物质，可以按正常需要使用，不需建立 ADI 值。

第二类：为 A 类，又分为 A_1、A_2 类。A_1 类：经 JECFA 进行安全性评价，认为毒理学性质已经清楚，可以使用并已制订出了正式的 ADI 值。A_2 类：毒理学资料不够完善，但已制定了暂定 ADI 值并允许暂时使用于食品。

第三类：为 B 类，JECFA 对其进行评价但毒理学资料不足，未建立 ADI 值者。

第四类：为 C 类，为原则上禁止使用的食品添加剂，其中 C_1 类为根据毒理学资料认为在食品中使用是不安全的。C_2 类为应严格限制在某些食品中作特殊使用者。

（三）按功能分类

目前全世界批准使用的食品添加剂有 25000 种以上，《食品安全国家标准　食品添加剂使用标准》（GB 2760—2024）中允许使用的食品添加剂，按功能分类主要分为 23 类，包括酸度调节剂、抗结剂、消泡剂、抗氧化剂、漂白剂、膨松剂、胶基糖基础剂、着色剂、护色剂、乳化剂、酶制剂、鲜味剂、面粉处理剂、被膜剂、水分保持剂、营养强化剂、防腐剂、稳定和凝固剂、甜味剂、增稠剂、香料、加工助剂及其他。此外，每种食品添加剂通常具有一种或多种功能。

1. 酸度调节剂　又称为 pH 调节剂，是用以维持或改变食品酸碱度的物质。酸度调节剂又可以分为酸化剂、碱剂以及具有缓冲作用的盐类。我国规定允许使用的酸度调节剂主要有枸橼酸、枸橼酸钾、乳酸、酒石酸等，其中枸橼酸为应用最广泛的酸度调节剂。

2. 抗结剂　抗结剂用于防止颗粒或粉尘食品聚集结块，是保持其松散或自由流动的物质。我国允许使用的拮抗剂有亚铁氰化钾、磷酸三钙、二氧化硅和微晶纤维素等。

3. 消泡剂　是指在食品加工过程中降低表面张力，消除泡沫的物质。由于食品中不同程度的存在一定的表面活性剂以及蛋白质、明胶等能够稳定泡沫的物质，因此在食品发酵、搅拌、煮沸、浓缩等加工过程中可产生大量气泡，影响正常操作，因此需要及时消泡或避免泡沫的产生。如丙二醇作为消泡剂能用于生湿面制品（如面条、饺子皮、馄饨皮、烧麦皮）以及糕点制作中。聚氧乙烯木糖醇酐单硬脂酸酯作为消泡剂及乳化剂能用于调制乳、稀奶油等产品中。

4. 抗氧化剂　是指能延缓食品成分氧化变质的一类物质，以防止或延缓油脂或富含脂质的食品的氧化酸败。抗氧化剂按来源可以分为天然抗氧化剂和人工合成抗氧化剂。其中常见的天然抗氧化剂，如茶多酚、植酸、维生素 E、L‑抗坏血酸等；常见的人工合成抗氧化剂，如丁基羟基茴香醚（BHA）、叔丁基对苯二酚（TBHQ）、二丁基羟基甲苯（BHT）、没食子酸丙酯（PG）等。

5. 漂白剂　是指能够破坏或者抑制食品色泽形成，使其褪色或使食品免于褐变的一类添加剂。根据漂白机制不同，应用于食品中的漂白剂可分为氧化型漂白剂、还原型漂白剂。氧化型漂白剂是通过自身的氧化作用破坏着色物质或发色基团，如过氧化氢，主要用于面粉；还原型漂白剂主要是通过其中的二氧化硫成分的还原作用使色素成分褪色或分解，包括二氧化硫、焦亚硫酸钾、亚硫酸氢钠、低亚硫酸钠、硫黄、亚硫酸钠等，一般用于处理蜜饯、干果、保藏水果原料及其半成品等。

6. 膨松剂　是指在颗粒或粉末状食品加工过程中加入的，能产生气体，形成多孔状态从而使制品具有酥脆、蓬松或柔软等特征的食品添加剂。主要用于膨化食品、油条、馒头、包子、蛋糕等面制品。膨松剂可以分为化学膨松剂和生物膨松剂。其中化学膨松剂主要有碳酸氢铵、碳酸氢钠、泡打粉等，生物膨松剂主要有鲜酵母、压榨酵母及活性干酵母等。

7. 胶基糖基础剂　主要是赋予胶基糖果起泡、增塑、耐咀嚼等作用的物质，按来源可以分为天然与合成两大类。天然的胶基糖基础剂主要为各种树胶，如糖胶树胶、马来树胶等；合成的胶基糖基础剂有丁苯树胶、氢化松香酯、香甘油酯等。

8. 着色剂　又称为食品色素，是以食品着色为主要目的，赋予和改善食品色泽的物质。按来源可以分为天然着色剂和人工合成着色剂两大类。天然着色剂主要从动物、植物和微生物中提取，如叶绿素、辣椒红、红曲红、焦糖色等。人工合成色素是使用人工合成方法制备得到的有机着色剂，如苋菜红、胭脂红、赤藓红等。与天然着色剂相比，合成着色剂色彩鲜艳、性质稳定、着色力强、可调配任意色调、成本低廉、使用方便，受到广大食品生产者青睐。但由于合成着色剂的安全性问题，在食品中应用逐渐减少。

9. 护色剂　是指能够使食品产生颜色或者使颜色发生改善的添加剂。主要分为护色剂（用于肉类）和护色助剂（用于蔬菜）两种。目前允许使用的护色剂主要为亚硝酸盐（主要为亚硝酸钠、亚硝酸钾）以及硝酸盐（主要为硝酸钠、硝酸钾）为主。护色助剂主要为抗坏血酸、异抗坏血酸及其钠盐、烟酰胺等。护色剂本身不具有颜色，主要与食品中的成分发生化学反应，从而使食品保持原本的颜色。

10. 乳化剂　是能够改善乳化体中各种构成相中的表面张力，形成均匀分散体或乳化体的物质。主要包括亲水性的乳化剂和亲油性的乳化剂。其中亲水性的乳化剂易形成水包油（O/W）型乳浊液，亲油性的乳化剂易形成油包水（W/O）型乳浊液。一般可用亲水亲油平衡值（HLB）来表示乳化剂乳化能力的差别。若 HLB 值越大，则亲水作用越强；反之，HLB 值越小，则亲油作用越强。常用的乳化剂，如磷脂可用于稀奶油、氢化植物油及婴幼儿食品中；可溶性大豆多糖可用于饮料类及焙烤食品中；木糖醇酐单硬脂酸酯作为乳化剂可用于糖果、面包及糕点等食品中。

11. 酶制剂　主要指从动物、植物或微生物中提取的具有生物催化能力的物质，能够加速食品加工过程、提高食品的产品质量。常用于食品加工中的酶制剂有木瓜蛋白酶、果胶酶、糖化酶、α‑淀粉酶等。不同酶制剂用途不同，如淀粉酶类主要用于酿酒；葡萄糖异构酶用于生产果葡糖浆；果胶酶类用于果汁澄清；蛋白酶主要应用于嫩肉粉中。

12. 增味剂　是补充、增进和改善食品中原有的口味或滋味，并提高食品风味的物质，且不影响酸、甜、苦、咸等 4 种基本味道。增味剂具有以下特点：①不同增味剂呈现的鲜味有所不同；②不同鲜味之间存在协同作用；③增味剂的鲜味受食品加工工艺的影响。增味剂按化学性质分可以分为氨基酸类、核苷酸类以及有机酸类。氨基酸类主要为谷氨酸钠盐；核苷酸类主要包括 5′‑鸟苷酸二钠、5′‑呈味核苷酸二钠和 5′‑肌苷酸二钠等；有机酸类主要有琥珀酸二钠。

13. 面粉处理剂 是指促进面粉的熟化和提高面粉制品质量的物质。主要包括面粉漂白剂、面粉增筋剂、面粉还原剂以及面粉填充剂。面粉处理剂中偶氮甲酰胺、碳酸镁常用于小麦粉的处理；L – 半胱氨酸盐酸盐可用于生湿面制品、发酵面制品、冷冻米面制品中。

14. 被膜剂 是一种覆盖在食品表面后能形成薄膜的物质，具有防止微生物入侵，抑制水分蒸发或吸收以及调节食物呼吸的作用。现允许使用的被膜剂有紫胶、白油、蜂蜡等，主要应用于水果、蔬菜、鸡蛋、糖果、巧克力制品等食品的保鲜或包衣。被膜剂可以与相应的防腐剂、抗氧化剂联合使用，起相应的复合作用。被膜剂广泛应用于水果，可防止水分蒸发，隔绝微生物、昆虫等外来物的侵袭，从而达到防腐保鲜，延长货架期的目的。

15. 水分保持剂 是指在食品加工过程中，加入后可以提高产品的稳定性，保持食品内部持水性，改善食品的形态、风味、色泽等的一类物质。我国允许使用的水分保持剂主要为磷酸盐类，包括焦磷酸二氢二钠、焦磷酸钠、磷酸二氢钙、磷酸二氢钾、磷酸氢二钾等。

16. 营养强化剂 是指为了增强营养成分（价值）而加入食品中的天然的或人工合成的营养素和其他营养成分。营养素指食物中具有特定生理作用，能维持机体生长、发育、活动、繁殖以及正常代谢所需的物质，包括蛋白质、脂肪、糖类、矿物质、维生素等。其他营养成分指除营养素以外的具有营养和（或）生理功能的其他食物成分。常用的营养强化剂有维生素类、矿物质类、氨基酸及含氮化合物类、脂肪酸类等。

17. 防腐剂 是抑制微生物活动，使食品在生产、运输、储藏和销售过程中减少因腐败而造成经济损失的添加剂。防腐剂可分为酸型防腐剂、酯型防腐剂和生物防腐剂。常见的食品防腐剂有苯甲酸及其钠盐、山梨酸及其钾盐、丙酸盐、对羟基苯甲酸酯类、乳酸链球菌素等。

18. 稳定剂和凝固剂 是使食品结构稳定，或使食品组织结构不变，增强黏性固形物的一类食品添加剂。常用的稳定剂和凝固剂有硫酸钙、氯化钙、氯化镁等。在豆腐制作中可加入氯化钙或硫酸钙等凝固剂；在干酪制作中加入氯化钙使蛋白质变性，从而促进干酪的生成。

19. 甜味剂 是指能赋予软饮料甜味的食品添加剂。甜味剂种类较多，按其来源可分为天然甜味剂和人工甜味剂；按其营养价值可分为营养性甜味剂和非营养性甜味剂；按其化学结构和性质可分为糖类和非糖类甜味剂。常见的甜味剂有糖精钠、安赛蜜、甜蜜素、阿斯巴甜、甜菊糖苷、甘草、木糖醇、山梨糖醇、麦芽糖醇等。

20. 增稠剂 主要用于改善和增加食品的黏稠度，保持流态食品、胶冻食品的色、香、味和稳定性，改善食品物理性状，并能使食品有滑润的口感以及兼有乳化、稳定或使其呈现悬浮状态的作用。增稠剂大多属于亲水性高分子化合物。食品中常用的增稠剂有淀粉、果胶、琼脂、明胶、环糊精、甲基纤维素、羧甲基纤维素钠、聚丙烯酸钠等。

21. 香料 食品用香料是指能赋予食品以香气或同时赋予特殊滋味的食品添加剂，可分为天然香料、天然等同香料和人工合成香料。天然香料指从芳香原料中用单纯的物理方法，从无毒的动植物原料制得的香料；天然等同香料是指从芳香原料中用化学方法分离制得的，或是用化学方法制取并且在化学结构上与存在于供人类消费的天然制品中的物质相同的物质；人工合成香料则是人工合成，至今在供人类消费的天然制品中尚未发现的香料。常见的食品香料有柠檬油、香兰素、乙基麦芽酚等。

22. 食品工业用加工助剂 指有助于食品加工顺利进行的各种物质。如助滤、澄清、吸附、润滑、脱色、提取溶剂、发酵用营养物质等。食品加工助剂与食品本身无关或不一定相关，在食品中应除去或不应成为最终的食品成分，或仅有残留。食品加工助剂不可食用，但在食品加工过程中有重要作用。常见食品加工助剂有月桂酸、硬脂酸、滑石粉等。

23. 其他　除以上类别食品添加剂外的其他添加剂。如异构化乳糖液、咖啡因、氯化钾、高锰酸钾等。

二、食品添加剂管理规范

食品添加剂种类繁多，应用广泛。一方面，食品添加剂为食品工业作出巨大贡献令人欣喜，另一方面食品添加剂应用中因超范围、超剂量使用而引发的食品安全问题同样值得关注。食品添加剂是食品中添加量远低于1%甚至含量更少的物质，对其进行检验与分析的技术要求较高。因此，要贯彻以预防为主的方针，依法依规办事，加强对食品添加剂的管理，防止其滥用，以保证食品质量安全，保障人民身体健康。

（一）我国食品添加剂监管及法规

我国在食品添加剂、食品新原料及相关产品的安全性审查（包括食品添加剂及包装材料新品种、安全标准及风险监测等）由卫生部门管理，生产和成品流通销售由市场监管部门管理。食品安全检验条件及规范拟订的参与技术机构主要为国家食品安全风险评估中心、中国疾病预防控制中心营养与健康所。

《食品安全法》是规定食品添加剂的基础法律。另外，依据原国家卫生部制定的《食品安全地方标准管理办法》（卫监督发〔2011〕17号）和《卫生部关于食品安全企业标准备案范围的批复》（卫监督函〔2010〕18号），食品添加剂的食品安全标准制定级别属于国家级，且地方与企业标准范围未包含食品添加剂。我国食品标准在添加剂方面分为使用规范、质量规格及标识。其中使用标准主要有《食品安全国家标准　食品添加剂使用标准》（GB 2760—2024）、《食品营养强化剂使用标准》（GB 14880—2012），质量规格标准按添加剂种类分为单一品种，如《食品安全国家标准　食品添加剂　山梨酸钾》（GB 1886.39—2015）以及多种食品添加剂使用标准，如《食品安全国家标准　食品添加剂　食品工业用酶制剂》（GB 1886.174—2024），标识标准主要为《食品安全国家标准　食品添加剂标识通则》（GB 29924—2013）。此外《食品安全国家标准　食品添加剂生产通用卫生规范》（GB 31647—2018）规定了食品添加剂生产过程原料采购、加工、包装、标识、贮存和运输等环节以及生产场所、设施、人员的基本要求和管理准则。

食品添加剂产品要求小包装，并注明品名、标准、规格、使用范围、使用量、生产厂名、批号、日期，并注明有"食品添加剂"字样。经营和使用食品添加剂的部门，必须遵守食品添加剂使用标准和产品规格标准的规定，不得经营、使用不合格产品。

（二）美国食品添加剂监管及法规

美国是分散型食品安全监管典型之一，其食品市场繁荣，种类甚多，主要按食品品种模式监管。涉及食品添加剂的法规主要有《食品法典》、《美国联邦法规汇编》（CFR）、《美国食品化学品法典》（FCC）、《联邦食品、药品和化妆品法案》（FFDCA）、《食品质量保护法》（FQPA），并陆续有分类食品安全法律文件出台：《食品添加剂补充法案》《联邦肉检验法》《蛋产品检疫法》《家禽产品检疫法》《茶进口法》，以品种划分，专属性和可操作性极强，最大程度降低食品安全风险。此外，美国对食品添加剂采用严格的审批秩序，部分重点领域由美国食品药品管理局（FDA）和美国农业部（USDA）双重审批。

（三）欧盟食品添加剂监管及法规

欧盟对食品添加剂采取审批制度，只有通过审批并列入食品添加剂清单中的添加剂才允许流入市场，并且在其使用中应严格遵照使用标准，任何人不得将含有未经允许使用的添加剂的食品投放到市场。审批流程如下：对现有的食品添加剂申请新的用途以及申请使用新的食品添加剂，申请者需向欧盟委员会提交正式申请，其中应载明使用目的以及科学安全数据，如申请被受理，委员会将会正式要求食品安全局（EFSA）对其进行安全评估。新的食品添加剂通过安全评估后，最终由欧盟委员会通过法律规定将其列入食品添加剂清单，允许其使用，同时应当在清单中明确添加剂使用的具体条件和标准。当出现新的证据或技术信息会影响添加剂的安全评估时，生产者或使用者应当立即告知欧盟委员会，由欧盟委员会采取必要的措施。

此外，欧盟将食品添加剂、食品用香料、食品用酶、食品加工助剂采取独立立法管理，包括框架性法规和独立法规。需要根据食品添加剂的类型选择不同的食品添加剂法规来判定食品添加剂使用的合规性。

三、食品添加剂使用原则

作为保障食品添加剂安全的责任主体，食品添加剂生产和使用者必须正确了解我国关于食品添加剂的生产和使用要求，严格区分食品添加剂和食品非法添加物，并将食品添加剂使用原则落到实处，从源头上保障食品安全。

（一）基本要求

不应对人体产生任何健康危害；不应掩盖食品腐败变质；不应掩盖食品本身或加工过程中的质量缺陷或以掺杂、掺假、伪造为目的而使用食品添加剂；不应降低食品本身的营养价值；在达到预期效果的前提下尽可能降低在食品中的使用量。

（二）适用情形

保持或提高食品本身的营养价值；作为某些特殊膳食用食品的必要配料或成分；提高食品的质量和稳定性，改进其感官特性；便于食品的生产、加工、包装、运输或者贮藏。

（三）带入原则

在下列情况下食品添加剂可以通过食品配料（含食品添加剂）带入食品中：①根据国家相关标准，食品配料中允许使用该食品添加剂；②食品配料中该添加剂的用量不应超过允许的最大使用量；③应在正常生产工艺条件下使用这些配料，并且食品中该添加剂的含量不应超过由配料带入的；④由配料带入食品中的该添加剂的含量应明显低于直接将其添加到该食品中通常所需要的。

当某食品配料作为特定终产品的原料时，批准用于上述特定终产品的添加剂允许添加到这些食品配料中，同时该添加剂在终产品中的量应符合本标准的要求。在所述特定食品配料的标签上应明确标示该食品配料用于上述特定食品的生产。

四、易滥用的食品添加剂

食品添加剂的超限量超范围使用是引发食品安全问题的重要原因之一。食品企业在使用食品添加剂的过程中需严格按照《食品安全国家标准　食品添加剂使用标准》（GB 2760—2024）中的要求进行使用和添加。表5-1列举了食品中可能滥用的食品添加剂品种和名单供读者参考。

表5-1　食品中可能滥用的食品添加剂品种名单

序号	食品品种	可能易滥用的添加剂品种	检测方法
1	渍菜（泡菜等）、葡萄酒	着色剂（胭脂红、柠檬黄、诱惑红、日落黄）等	T/YNBX 074—2023《食品中柠檬黄，苋菜红，胭脂红，日落黄，诱惑红，亮蓝，酸性红，赤藓红，酸性橙2的测定》

序号	食品品种	可能易滥用的添加剂品种	检测方法
2	水果冻、蛋白冻类	着色剂、防腐剂、酸度调节剂（己二酸等）	SN/T 3545—2013《出口食品中多种防腐剂的测定方法》；SN/T 3540—2013《出口食品中多种禁用着色剂的测定》
3	腌菜	着色剂、防腐剂、甜味剂（糖精钠、甜蜜素等）	GB 5009.28—2016《食品安全国家标准　食品中苯甲酸、山梨酸和糖精钠的测定》
4	面点、月饼	乳化剂（蔗糖脂肪酸酯等、乙酰化单甘脂肪酸酯等）、防腐剂、着色剂、甜味剂	GB 5009.28—2016《食品安全国家标准　食品中苯甲酸、山梨酸和糖精钠的测定》
5	面条、饺子皮	面粉处理剂	BJS 202002《小麦粉及其面粉处理剂中苯甲羟肟酸的测定》
6	糕点	膨松剂（硫酸铝钾、硫酸铝铵等）、水分保持剂磷酸盐类（磷酸钙、焦磷酸二氢二钠等）、增稠剂（黄原胶、黄蜀葵胶等）、甜味剂（糖精钠、甜蜜素等）	SN/T 3538—2013《出口食品中六种合成甜味剂的检测方法》
7	馒头	漂白剂（硫黄）	无
8	油条	膨松剂（硫酸铝钾、硫酸铝铵）	无
9	肉制品和卤制熟食、腌肉料和嫩肉粉类产品	护色剂（硝酸盐、亚硝酸盐）	GB 5009.33—2016《食品安全国家标准　食品中亚硝酸盐与硝酸盐的测定》
10	小麦粉	二氧化钛、硫酸铝钾	GB 5009.246—2016《食品安全国家标准　食品中二氧化钛的测定》
11	小麦粉	滑石粉	GB 5009.269—2016《食品安全国家标准　食品中滑石粉的测定》
12	臭豆腐	硫酸亚铁	无
13	乳制品（除干酪外）	山梨酸	SN/T 4262—2015《出口乳及乳制品中苯甲酸、山梨酸、对羟基苯甲酸酯类防腐剂的测定》
14	乳制品（除干酪外）	纳他霉素	GB 5009.286—2022《食品安全国家标准　食品中纳他霉素的测定》
15	蔬菜干制品	硫酸铜	无
16	"酒类"（配制酒除外）	甜蜜素	SN/T 3538—2013《出口食品中六种合成甜味剂的检测方法》
17	"酒类"	安赛蜜	SN/T 3538—2013《出口食品中六种合成甜味剂的检测方法》
18	面制品和膨化食品	硫酸铝钾、硫酸铝铵	无
19	鲜瘦肉	胭脂红	T/YNBX 074—2023《食品中柠檬黄，苋菜红，胭脂红，日落黄，诱惑红，亮蓝，酸性红，赤藓红，酸性橙2的测定》
20	大黄鱼、小黄鱼	柠檬黄	T/YNBX 074—2023《食品中柠檬黄，苋菜红，胭脂红，日落黄，诱惑红，亮蓝，酸性红，赤藓红，酸性橙2的测定》
21	陈粮、米粉等	焦亚硫酸钠	GB 5009.34—2022《食品安全国家标准　食品中二氧化硫的测定》
22	烤鱼片、冷冻虾、烤虾、鱼干、鱿鱼丝、蟹肉、鱼糜等	亚硫酸钠	GB 5009.34—2022《食品安全国家标准　食品中二氧化硫的测定》

注：滥用食品添加剂的行为包括超量使用或超范围使用食品添加剂的行为。

五、常见的食品添加剂

（一）苯甲酸及其钠盐

苯甲酸及其钠盐是最常用的防腐剂之一。苯甲酸，别名安息香酸，分子式为 $C_7H_6O_2$，相对分子质量为122.12；苯甲酸钠，又名安息香酸钠，分子式为 $C_7H_5O_2Na$，相对分子质量为144.11。苯甲酸为白色有荧光的鳞片状结晶或针状结晶，或单斜棱晶，质轻无味或微有安息香或苯甲醛的气味。化学性质稳定，在常温下难溶于水，微溶于热水，溶于乙醇、丙酮、乙醚等有机溶剂中。苯甲酸钠为白色颗粒或结晶性粉末，无臭或微带安息香气味，味微甜，有收敛性，在空气中稳定，极易溶于水。

苯甲酸及其钠盐对酵母和细菌最有效，抗霉菌的活性较差，常与山梨酸或对羟基苯甲酸酯一起使用，具有抗菌增效作用。由于苯甲酸难溶于水，因而在食品加工多使用苯甲酸钠。

苯甲酸及其钠盐因有蓄积中毒现象的报道，国际上对其使用仍存在争议。欧共体儿童保护集团认为它不宜用于儿童食品中，日本也对其使用作出了严格限制。但由于苯甲酸及其钠盐作为防腐剂价格低廉，在国内仍被食品厂家广泛食用。一些不法商家将苯甲酸及其钠盐滥用于食品和药品中，导致人体摄入过量的苯甲酸及苯甲酸钠，对人体健康造成危害。目前，苯甲酸和苯甲酸钠残留量的检测方法主要有光谱分析法、毛细管电泳法、电位滴定法、色谱法、免疫分析法等。

（二）亚硝酸盐 🔲 微课1

亚硝酸盐是一种常见的食品护色剂，主要指亚硝酸钠。亚硝酸钠主要用于肉制品中，能与肉及肉制品中的呈色物质发生作用，使之在食品加工、保藏等过程中不分解、破坏，呈现良好色泽。亚硝酸钠本身无着色能力，但当其应用于肉制品作为发色剂后，会使肌红蛋白生成亚硝基肌红蛋白和亚硝基血红蛋白，使肉具有鲜艳的玫瑰红色，从而使肉制品保持稳定的鲜红色。亚硝酸钠应用于肉制品中除了有护色作用外，还具有防腐作用，比如能抑制肉毒梭状芽孢杆菌的生长。一些商贩在制作肉制品的过程中，常常过量使用亚硝酸盐，以达到使外观更好和延长保质期的目的。

亚硝酸盐虽然能作为护色剂用于肉制品中，但具有一定的毒性，过量摄入会对人体存在间接致癌、致畸、致突变等风险，单次摄入0.3g以上亚硝酸盐即可引起中毒甚至死亡。此外，亚硝酸盐还能与体内的胺类物质结合生成具有致癌作用的亚硝胺。因此，合理使用亚硝酸盐显得尤为重要。目前，国内外亚硝酸盐的检测方法主要分为光度法、色谱法、化学发光法、电化学法、滴定法等几大类，其中光度法和色谱法为应用最广泛的方法。

（三）柠檬黄

柠檬黄又称为酒石黄、酸性淡黄、肼黄等，为水溶性偶氮类着色剂，分子式为 $C_{16}H_9N_4Na_3O_9S_2$，相对分子质量为534.36。柠檬黄为黄至橙色均匀粉末或颗粒，无臭，易溶于水、甘油、乙二醇，微溶于乙醇，不溶于油脂。耐热性、耐酸性和耐盐性强，但耐氧化性较差，在枸橼酸、酒石酸中稳定，遇碱微变红，还原时褪色。柠檬黄性质稳定，着色性好，主要用于食品、饮料、药品及化妆品的着色。由于柠檬黄易溶于水，广泛用于冷冻饮品、果冻、风味发酵乳、饮料、罐头、糖果包衣等食品的着色。

随着毒理学研究的深入，发现柠檬黄可以被肠道菌群代谢产生的偶氮还原酶还原产生芳香胺（磺胺酸），产生的芳香胺再被 P_{450} 酶氧化为 N-羟基衍生物。过量摄入添加了柠檬黄的食品容易使儿童生长发育迟缓、睡眠障碍和神经系统受损，进而引起儿童多动症、智力下降。此外，研究发现过量摄入柠檬黄还会导致过敏、腹泻、湿疹、哮喘、头痛、肾脏功能异常、生殖毒性、先天免疫障碍、神经焦虑、肠道微生物群失衡等症状，甚至存在致畸、致癌的风险。高剂量的柠檬黄还会与其他着色剂、防腐剂等食品添加剂发挥协同作用，从而表现联合毒性，如DNA断裂损伤、抑制细胞增殖、神经系统发育迟缓等，严重危害人体健康。我国已将柠檬黄列入《食品中可能违法添加的非食用物质和易滥用的食品添加剂名单（第一批）》。但一些不法商贩仍超范围超量使用柠檬黄，将其用于大小黄鱼浸泡染色，从而改善外观，以次充好。还有不法商贩用柠檬黄加工馒头、窝窝头，冒充玉米成分，改善外观，从而导致食品安全事件的发生。

传统的柠檬黄检测方法包括紫外－可见分光光度法、薄层色谱法、高效液相色谱法、高效液相色谱－质谱联用法等。柠檬黄的快速检测方法包括电化学法、荧光探针法、表面增强拉曼法、毛细管电泳法、免疫学法等。

（四）食用明胶

食用明胶是动物的皮、骨、韧带等含的胶原蛋白，经过部分水解后得到的大分子多肽的高聚物，是一种动物来源的增稠剂。作为食品添加剂使用的明胶，必须符合《食品安全国家标准　食品添加剂　明胶》（GB 6783—2013）规定的质量规格要求。明胶为白色或淡黄色、半透明、微带光泽的薄片或细粒，有特殊的臭味。明胶不溶于冷水，但遇水后会缓慢地吸水膨胀软化。溶解在热水中，溶液冷却后即凝结成胶状。

食用明胶的化学组成中，蛋白质占82%以上，除缺乏色氨酸外，含有组成蛋白质的全部氨基酸。因此，明胶在食品工业中除了用作增稠剂外，还能提高食品的营养价值。食用明胶可以用于各类食品，按生产需要适量使用。在冷饮制品中明胶可用作稳定剂和凝固剂；在冰淇淋生产中，明胶形成凝胶可以阻止冰晶增大，保持冰淇淋柔软、疏松和细腻的质地。此外，明胶用于生产奶糖、棉花糖、果汁软糖、橡皮糖等软糖，具有吸水和支撑骨架的作用，使软糖能保持稳定的形态。

食用明胶主要为蛋白质，本身无毒，ADI 不需要规定，但需要注意防止污染。此外，需注意工业明胶不属于食品添加剂范畴，在食品中使用工业明胶属于违法行为，可能带来重金属污染等问题，危害人体健康。

（五）L－谷氨酸钠

L－谷氨酸钠（monosodium glutamate，MSG），商品名称味精，是氨基酸类增味剂的代表。谷氨酸钠分子式为 $C_5H_8NO_4Na \cdot H_2O$，相对分子质量为 187.13，为白色棱状结晶或结晶粉，口感有甜、咸和特异性的肉类鲜味，与食盐共存可增味。

谷氨酸钠水溶液呈现明显的鲜味，用水稀释 3000 倍仍能感受到这种特殊的口味，鲜味在 pH3.2 以下时最弱，在 pH6～7 时呈味最强。谷氨酸钠可用于各种食品，一般常用量为 0.2%～0.5%，与肌苷酸钠、鸟苷酸钠复合使用时，效果更好。过量食用谷氨酸钠会导致血液中谷氨酸增加，从而抑制人体对钙、镁的吸收利用。

美国食品药品管理局（FDA）、世界卫生组织（WHO）、联合国粮农组织（FAO）等就谷氨酸钠的安全性，进行了很多实验研究，并曾于 1973 年发布谷氨酸钠的日允许摄入量（ADI）为 153mg/kg。1987 年，FAO 和 WHO 宣布取消对谷氨酸钠的食用限量，不再需要评价其 ADI。目前专家认为：1 岁以下的婴幼儿不宜食用谷氨酸钠，儿童不宜进食大量的谷氨酸钠，如需母乳喂养，母体也不宜进食。有一些研究提示过量摄取谷氨酸钠可能具有毒性作用，这些毒性作用包括肥胖、高胰岛素血症、中枢神经系统和生殖系统异常及肾损伤等。因此，控制谷氨酸钠的摄入，加强对公众的宣传教育和引导是十分必要的。

（六）枸橼酸

枸橼酸又名柠檬酸，分子式为 $C_6H_8O_7 \cdot H_2O$，相对分子质量为 210.14，为无色半透明结晶，或白色晶体颗粒或粉末，无臭，有强酸味。

枸橼酸是柠檬、柚子、柑橘等存在的天然酸味的主要成分，酸味柔和爽快、圆润滋美，入口即达最高酸感，酸味延续时间较短。与枸橼酸钠复配使用时，酸味更为柔美。枸橼酸除作为酸味剂外，还有良好的防腐性能，以及增强抗氧化剂的抗氧化作用，延缓油脂酸败。此外，枸橼酸含有三个羧基，具有强的螯合金属离子的能力，可用作金属螯合剂。

枸橼酸可以用作各类食品，按生产需要适量添加，ADI不作特殊规定。但需注意，枸橼酸不应与防腐剂山梨酸钾、苯甲酸钠等溶液同时添加。必要时可分别先后添加，以防止形成难溶于水的山梨酸及苯甲酸结晶，影响食品的防腐效果。

（七）甜蜜素

甜蜜素别名为环己基氨基磺酸钠，分子式为 $C_6H_{12}NNaSO_3S$，相对分子质量为201.22. 甜蜜素为白色结晶或结晶性粉末、无臭、味甜，易溶于水。

甜蜜素无苦味，甜而不腻，风味极似蔗糖，甜度为蔗糖的30～50倍，可作为糖尿病患者、肥胖症患者的代糖甜味剂。甜蜜素可能添加的食品包括冷冻饮品、水果罐头、腌渍蔬菜、腐乳类、面包、糕点、饼干、饮料类、配制酒、果冻、果酱、蜜饯凉果等。

甜蜜素是一种无营养的食品添加剂，摄入过多可能会致畸、致癌，伤害肾脏、肝脏及神经系统等。在一些国家已经禁止使用甜蜜素作为甜味剂，如美国已在1970年8月发出全面禁令。我国也对甜味剂的使用规定了使用范围和最大使用量，并将甜蜜素列入《食品中可能违法添加的非食用物质和易滥用的食品添加剂名单（第一批）》。目前甜蜜素在食品中的过量使用情况比较普遍，且对人体和环境都存在一定的潜在毒性。因此需要进一步限制甜蜜素的最大使用量，并寻求新的低毒性的人工非营养甜味剂。目前，甜蜜素的检测方法主要包括气相色谱法、液相色谱法、离子色谱法、分光光度法、浊度法等。

六、食品安全问题及预防控制措施

（一）食品安全问题

食品添加剂具有改善食品的口感与色泽，延长食品保质期等作用，为食品工业发展作出巨大贡献。但在食品添加剂的使用过程中滥用食品添加剂、超范围超限量使用食品添加剂、工业添加剂代替食品添加剂等现象频发，使食品添加剂的安全问题备受关注。食品添加剂的不当使用会引发诸多食品安全问题，如过量食用含亚硝酸盐的食品会造成亚硝酸盐中毒以及增加患癌风险。2023年7月，世界卫生组织的国际癌症研究机构（IARC）公布将阿斯巴甜列为"可能对人类致癌的物质"。在使用阿斯巴甜等食品添加剂时需要严格遵守相关标准，不能超量超范围使用。

（二）防控措施

造成食品添加剂安全问题的原因主要有以下几点：①食品添加剂管理制度不完善；②企业生产管理混乱；③食品检测工作不到位。

为了减少食品添加剂食品安全问题的出现，需要不断完善我国食品添加剂安全标准体系，使食品添加剂的生产与使用均有标准依据。如在食品添加剂的生产阶段需要严格遵守《食品安全国家标准　食品添加剂生产通用卫生规范》（GB 31647—2018）。对食品添加剂的生产与使用进行全过程的监管。①从源头出发，加强对食品添加剂生产环节的监督和管理工作。食品添加剂生产企业必须按照相关标准规定进行食品添加剂的生产制造。所生产的食品添加剂需要经过检测合格才能流入市场；②加强对食品添加剂使用环节的监管，严禁超范围与超限量使用食品添加剂。这个环节需要相关部门加强对各类食品的检测与监管，对违规违法使用添加剂的食品生产企业实施严厉的惩罚措施。不断提高食品添加剂检测技术和手段，提升食品安全检测的准确性与时效性。引进先进的检测技术，创新开展检测工作，满足市场对于检测工作的实际需求，加强检测人员培训，提升检测技能。强化食品生产厂家的诚信意识，营造良好的社会氛围。积极引导食品生产厂家坚持诚信经营的理念，积极开展食品安全与卫生知识的普及工作，采取有效措施预防食品生产中食品添加剂的不当使用。积极开展技术创新，寻找更加健康安全的食品添加剂。研发新型食品添加剂，逐渐替代那些原本存在问题的化学合成食品添加剂，提升食品的安全与质量。

第二节 非法添加物

一、非法添加物的种类

食品非法添加物是未经批准而加入食品中的物质。非法添加物由于未经安全性评估，常造成食品安全事件的发生。加大对食品中非法物质添加的打击力度有利于保障食品安全，净化食品加工环境，同时也有利于提升消费者对食品添加剂和不法添加物的科学认识，从而促进食品工业良性发展。

食品中可能非法添加的物质主要有染料类，如苏丹红、王金黄、玫瑰红 B、碱性黄、美术绿、孔雀石绿及结晶紫等；富含氮化合物类，如蛋白精；邻苯二甲酸酯类物质，如邻苯二甲酸二异壬酯；工业用或其他非食品级物质，如工业火碱、工业硫黄等；杀虫剂，如有机磷农药；抗菌药物类，如氯霉素、四环素；其他类，如罂粟壳、溴酸钾等。国家卫生监管部门 2008—2011 年公布的食品中可能违法添加的非食用物质名单详见表 5－2。

表 5－2 食品中可能违法添加的非食用物质名单

序号	名称	可能添加的食品品种	检测方法
1	吊白块	腐竹、粉丝、面粉、竹笋	GB/T 21126—2007《小麦粉与大米粉及其制品中甲醛次硫酸氢钠含量的测定》；《关于印发面粉、油脂中过氧化苯甲酰测定等检验方法的通知》（卫监发〔2001〕159 号）附件 2 食品中甲醛次硫酸氢钠的测定方法
2	苏丹红	辣椒粉、含辣椒类的食品（辣椒酱、辣味调味品）	GB/T 19681—2005《食品中苏丹红染料的检测方法 高效液相色谱法》
3	王金黄、块黄	腐皮	无
4	蛋白精、三聚氰胺	乳及乳制品	GB/T 22388—2008《原料乳与乳制品中三聚氰胺检测方法》GB/T 22400—2008《原料乳中三聚氰胺快速检测 液相色谱法》
5	硼酸与硼砂	腐竹、肉丸、凉粉、凉皮、面条、饺子皮	GB 5009.275—2016《食品安全国家标准 食品中硼酸的测定》
6	硫氰酸钠	乳及乳制品	SN/T 3927—2014《出口乳制品中硫氰酸钠含量的测定》
7	玫瑰红 B	调味品	无
8	美术绿	茶叶	BJS 201910《茶叶中美术绿（铅铬绿）的测定》
9	碱性嫩黄	豆制品	BJS 202204《豆制品中碱性嫩黄等 11 种工业染料的测定》
10	工业用甲醛	海参、鱿鱼等干水产品、血豆腐	SC/T 3025—2006《水产品中甲醛的测定》
11	工业用火碱	海参、鱿鱼等干水产品、生鲜乳	无
12	一氧化碳	金枪鱼、三文鱼	SN/T 2052—2008《进出口水产品中一氧化碳残留量的检验方法 气相色谱法》
13	硫化钠	味精	SN/T 3936—2014《出口味精中硫化钠含量的测定》

序号	名称	可能添加的食品品种	检测方法
14	工业硫黄	白砂糖、辣椒、蜜饯、银耳、龙眼、胡萝卜、姜、豆制品等	BJS 202204《豆制品中碱性嫩黄等 11 种工业染料的测定》（仅适用于豆制品）
15	工业染料	小米、玉米粉、熟肉制品等	无
16	罂粟壳	火锅底料及小吃类	无
17	革皮水解物	乳与乳制品 含乳饮料	DB61/T 1242—2019《生鲜乳中革皮水解物（L－羟脯氨酸）的快速筛查方法》
18	溴酸钾	小麦粉	GB/T 20188—2006《小麦粉中溴酸盐的测定 离子色谱法》
19	β－内酰胺酶（金玉兰酶制剂）	乳与乳制品	液相色谱法（检测方法由中国检验检疫科学院食品安全所提供）
20	富马酸二甲酯	糕点	气相色谱法（检测方法由中国疾病预防控制中心营养与食品安全所提供）
21	废弃食用油脂	食用油脂	无
22	工业用矿物油	陈化大米	无
23	工业明胶	冰淇淋、肉皮冻等	无
24	工业酒精	勾兑假酒	无
25	敌敌畏	火腿、鱼干、咸鱼等制品	GB 23200.93—2016《食品中有机磷农药残留的测定 气相色谱－质谱法》
26	毛发水	酱油等	无
27	工业用乙酸	勾兑食醋	GB 2719—2018《食品安全国家标准 食醋》
28	肾上腺素受体激动剂类药物（盐酸克伦特罗，莱克多巴胺等）	猪肉、牛羊肉及肝脏等	NY/T 468—2006《动物组织中盐酸克伦特罗的测定 气相色谱/质谱法》
29	硝基呋喃类药物	猪肉、禽肉、动物性水产品	GB/T 21311—2007《动物源性食品中硝基呋喃类药物代谢物残留量检测方法 高效液相色谱/串联质谱法》
30	玉米赤霉醇	牛羊肉及肝脏、牛奶	GB 5009.209—2016《食品安全国家标准 食品中玉米赤霉烯酮的测定》
31	抗生素残渣	猪肉	无，需要研制动物性食品中测定万古霉素的液相色谱－串联质谱法
32	镇静剂	猪肉、水产品	GB/T 20763—2006《猪肾和肌肉组织中乙酰丙嗪、氯丙嗪、氟哌啶醇、丙酰二甲氨基丙吩噻嗪、甲苯噻嗪、阿扎哌垄阿扎哌醇、咔唑心安残留量的测定 液相色谱－串联质谱法》 T/ZACA 024—2020《水产品中镇静剂类药物残留量的测定 液相色谱－串联质谱法》
33	荧光增白物质	双孢蘑菇、金针菇、白灵菇、面粉	BJS 201903《食品中二苯乙烯类阴离子型荧光增白剂的测定》；SN/T 4396—2015《出口食品中荧光增白剂 85、荧光增白剂 71 和荧光增白剂 113 的测定》
34	工业氯化镁	木耳	无
35	磷化铝	木耳	无
36	馅料原料漂白剂	焙烤食品	无，需要研制馅料原料中二氧化硫脲的测定方法
37	酸性橙Ⅱ	黄鱼、鲍汁、腌卤肉制品、红壳瓜子、辣椒面和豆瓣酱	SN/T 3536—2013《出口食品中酸性橙Ⅱ号的检测方法》；T/ZNZ 188—2023《肉制品中胭脂红、刚果红、酸性橙Ⅱ的测定》
38	氯霉素	生食水产品、肉制品、猪肠衣、蜂蜜	GB/T 22338—2008《动物源性食品中氯霉素类药物残留量测定》

序号	名称	可能添加的食品品种	检测方法
39	喹诺酮类	麻辣烫类食品、牛奶、蜂产品、动物性食品	GB 29692—2013《食品安全国家标准　牛奶中喹诺酮类药物多残留的测定　高效液相色谱法》；GB 31657.2—2021《食品安全国家标准　蜂产品中喹诺酮类药物多残留的测定　液相色谱－串联质谱法》；GB 31658.17—2021《食品安全国家标准　动物性食品中四环素类、磺胺类和喹诺酮类药物残留量的测定　液相色谱－串联质谱法》
40	水玻璃	面制品	无
41	孔雀石绿	鱼类	GB 20361—2006《水产品中孔雀石绿和结晶紫残留量的测定　高效液相色谱荧光检测法》（建议研制水产品中孔雀石绿和结晶紫残留量测定的液相色谱－串联质谱法）
42	乌洛托品	腐竹、米线等	SN/T 2226—2008《进出口动物源性食品中乌洛托品残留量的检测方法　液相色谱－质谱/质谱》
43	五氯酚钠	河蟹	SC/T 3030—2006《水产品中五氯苯酚及其钠盐残留量的测定　气相色谱法》
44	喹乙醇	水产养殖饲料	《水产品中喹乙醇代谢物残留量的测定　高效液相色谱法》（农业部1077号公告－5－2008）；SC/T 3019—2004《水产品中喹乙醇残留量的测定　液相色谱法》
45	碱性黄	大黄鱼	无
46	磺胺二甲嘧啶	叉烧肉类	GB 20759—2006《畜禽肉中十六种磺胺类药物残留量的测定　液相色谱－串联质谱法》
47	美曲膦酯	腌制食品	GB/T 5009.20—2003《食品中有机磷农药残留量的测定》
48	邻苯二甲酸酯类物质	乳化剂类食品添加剂、使用乳化剂的其他类食品添加剂或食品等	GB/T 28599—2020《化妆品中邻苯二甲酸酯类物质的测定》

二、判定原则

2008年12月12日"全国打击违法添加非食用物质和滥用食品添加剂专项整治领导小组"关于印发《食品中可能违法添加的非食用物质和易滥用的食品添加剂品种名单（第一批）》的通知中，明确了判定某种物质是否为非法添加物的参考原则如下：①不属于传统上认为是食品原料的；②不属于批准使用的新资源食品的；③不属于国家卫生监管部门公布的食药两用或作为普通食品管理物质的；④未列入《食品安全国家标准　食品添加剂使用卫生标准》（GB 2760—2024）及原国家卫生部有关食品添加剂公告的名单、《食品安全国家标准　食品营养强化剂使用卫生标准》（GB 14880—2012）的；⑤其他我国法律法规允许使用物质之外的物质。

三、常见的非法添加物

（一）孔雀石绿

孔雀石绿是一种三苯甲烷类有机物，在皮革、纺织、制陶等领域可作为工业染料。在水产养殖中，曾用于预防和治疗水产动物的水霉病、鳃霉病和寄生虫病，在运输和存放中也作为灭菌剂大量使用。孔雀石绿进入水产动物体内会大量聚集，通过代谢可转化为隐性孔雀石绿，两种物质通过食物链进入人体，存在致癌、致畸、致突变的严重危害。我国农业行业标准《无公害食品　渔用药物使用准则》（NY 5071—2002）将孔雀石绿列为禁用药物。但由于其价格低廉，疾病防治效果好，违法使用的情况仍长期存在。此外，工业废水、废渣的违法排放，水体污染和土壤污染也会造成野生水产动物中孔雀石绿的残留超标。

有研究者对不同地区市售水产品中孔雀石绿污染情况的调查研究发现，虽然从膳食暴露水平评估风险较低，但是水产品的污染情况不容乐观，污染率偏高。相关部门要从源头加大监测力度，打击违法使用孔雀石绿的行为，不断提升对检测技术的要求，确保人民群众舌尖上的安全。

水产品中孔雀石绿及其代谢产物残留对人类产生了不可忽视的危害，生活中严重威胁广大消费者的身体健康，经济上对我国水产品的进出口贸易也会造成一定的损失。对孔雀石绿的检测主要有液质联用法、高效液相色谱荧光检测法、酶联免疫吸附法、酶联免疫吸附法等。其中，液质联用和高效液相色谱荧光检测法都属于色谱法，离不开大型仪器的平台，需要专业技术人员进行操作。酶联免疫法是一种免疫学检测方法，该方法特异性好和敏感性高，同时具有结果准确和重现性好等特点，适合于样品的定量初筛。而胶体金免疫层析法具有成本低、不需要大型仪器、短时间内出检测结果等优点，适合于现场快速定性检测。

(二) 苏丹红

苏丹红，又名"苏丹"，黄色粉末。主要有苏丹红Ⅰ号、苏丹红Ⅱ号、苏丹红Ⅲ号、苏丹红Ⅳ号四种类型。苏丹红为亲脂性偶氮化合物，不溶于水，微溶于乙醇，易溶于油脂、矿物油、丙酮和苯。

苏丹红是一种人工合成的红色染料，常作为一种工业染料被广泛用于溶剂、油、蜡、汽油的增色以及地板、鞋等增光方面。苏丹红在人体内会代谢生成苯胺类和萘胺类物质，具有致癌和致突变性，故被国际癌症研究中心列为3类致癌物，禁止在食品中添加。在食品加工中，违法者通常将苏丹红加入辣椒制品中，①苏丹红染色不容易褪色，这样可以弥补辣椒长时间放置变色的现象，保持辣椒鲜亮的色泽；②一些企业将苏丹红染色玉米等植物粉末，再混在辣椒粉中，以降低成本牟取利益。苏丹红作为非法添加物添加在食品中，通常不会快速致病，但会缓慢影响食用者的健康，具有隐蔽性强的特点。

苏丹红的检测方法中，高效液相色谱法是比较成熟的检测方法，已得到广泛的应用，但是前处理方法和检测条件可以进一步优化；液质联用法可以使检测结果更加灵敏、准确，可用于阳性样品的进一步确证；电化学方法检测更加快捷，具有很好的发展潜力；免疫学方法如免疫胶体金技术不需要任何设备，检测非常快速，且可能实现多种物质同时检测，可以很好地用于现场快速筛选大批样品。

(三) 三聚氰胺 微课2

三聚氰胺俗称蜜胺、蛋白精，分子式为$C_3H_6N_6$，是一种三嗪类含氮杂环有机化合物，是重要的有机化工原料。三聚氰胺可以作为阻燃剂、防水剂、甲醛清洁剂等，广泛用于木材、塑料、涂料、造纸、纺织、皮革、电气、医药等行业。

三聚氰胺不是食品原料，也不是食品添加剂，禁止人为添加到任何食品中。动物长期摄入会造成生殖、泌尿系统的损害，膀胱、肾部结石，并可进一步诱发膀胱癌。同时，三聚氰胺对人体有害。三聚氰胺进入人体后，发生取代反应，生成三聚氰酸，三聚氰酸易与三聚氰胺形成大的网状结构，从而引发结石。违法者通常将三聚氰胺添加在乳及乳制品中以提高乳及乳制品的氮含量。饮用含有三聚氰胺的牛乳或乳粉等乳制品，易造成肾结石以及引发肾功能衰竭。

用于三聚氰胺的检测方法主要有色谱法、免疫学法、光谱法、电化学法等，当前，以色谱法和免疫学法较为常用。但色谱法中常用的高效液相色谱存在灵敏度偏低的问题，免疫学法受限于抗体本身的特异性以及样品中的干扰成分，存在产品检测结果不稳定等问题。因此，仍需加大检测方法的开发力度。

(四) 吊白块

吊白块，俗称雕白块，主要成分为甲醛次硫酸氢钠，为白色块状或结晶性粉末，溶于水，是纺织和橡胶工业的原料，可用作印染拨染剂、有机物的脱色和漂白等。

违法者通常将吊白块用于米粉、粉丝、面粉、年糕等米面制品以及豆制品、盐渍品、白糖等食品中，从而漂白食品或掩盖食品腐败变质等。国家严禁将吊白块作为食品添加物在食品中使用，任何食品生产、加工企业及个人不得在生产加工食品过程中使用吊白块。食用含有吊白块的食品会对人体健康造成严重危害。吊白块加热后会分解出剧毒的致癌物质，消费者食用后会引起胃痛、呕吐和呼吸困难，并对肝脏、肾脏、中枢神经造成损害，严重的还会导致癌变和畸形病变。

检测食品被吊白块污染的情况，主要通过测定其分解产物甲醛和二氧化硫的含量，再根据其比例关系进行间接判定。其中，甲醛含量的测定可以采用分光光度法、气相色谱法、液相色谱法、离子色谱法和极谱法等，其中以分光光度法使用最多。检测亚硫酸盐主要采用盐酸副玫瑰苯胺法和蒸馏法，也可以采用色谱法和电化学法等。

（五）瘦肉精

瘦肉精是一种将几种或多种物质经人工处理而合成的化学物品，属于激动剂类化合物。传统瘦肉精主要有盐酸克伦特罗、莱克多巴胺及沙丁胺醇等；新型瘦肉精主要包括苯乙醇胺 A、巴氯芬、可乐定等。瘦肉精最初是用于治疗动物支气管哮喘、慢性支气管炎和肺炎等呼吸系统疾病，后期发现加大剂量使用可实现动物体营养再分配的效果。有研究表明，瘦肉精能通过刺激肌肉细胞表面的肾上腺素受体，提高生长速度，促进脂肪组织的脂解和重新引导，进而达到降低脂肪含量，促进蛋白质合成，提高肌肉质量，改善胴体成分的作用。这一发现导致瘦肉精在畜牧业中的滥用，也增大了人类患病风险。

盐酸克伦特罗是普遍使用的瘦肉精物质，同时也是副作用最大的物质，它是一种拟肾上腺素类药物，对支气管炎、哮喘、支气管痉挛有很好的抑制作用，可加快体内的脂肪分解，快速合成蛋白质，同时可有效地抑制蛋白质分解，因此它可有效地提高动物的瘦肉率。但盐酸克伦特罗具有较强的毒性，对心脏、神经系统、新陈代谢系统等有着较明显的刺激作用。

中国和欧盟普遍禁止所有用作生长促进剂的化合物，并颁布了大量的条例。如盐酸克伦特罗在中国、美国、欧盟等国家和地区均被禁止用作生长促进剂，莱克多巴胺在美国、加拿大、巴西等国被批准使用，但在中国、日本和欧盟等大多数国家和地区被禁用。目前瘦肉精主要的检测方法分为酶联免疫法、胶体金试纸法、气相色谱－质谱联用法、液相色谱－串联质谱法等。酶联免疫法是当前用来检测家畜饲料、尿液中的瘦肉精最为普遍、快速的方法。气相色谱－质谱联用法简单、灵敏、具有可重复性，但是常常需要复杂的步骤增加目标物的挥发性，分析物不稳定且分析耗时较长。液相色谱－质谱联用法具有专一性强、灵敏度高，但是仪器昂贵，检测人员专业性强，成本高，一般农贸市场很难普及。猪肉的基质较为复杂，在分析前需要对分析物进行额外的预处理净化除脂。常用的预处理方法有固相萃取技术、分散液相微萃取技术、液－液萃取技术、固相微萃取技术等。虽然瘦肉精的预处理和检测技术日渐完善，但仍然存在一定缺陷，使用单一的检测技术不能解决问题，相关的部门工作人员应根据不同方法的优缺点，发挥这些技术的长处，保障动物食品安全。

（六）硼酸与硼砂

硼酸和硼砂是两种重要的无机化工原料。硼酸用于玻璃工业当中，可以改善玻璃制品的耐热性能和透明性能，同时也可以作为防腐剂和消毒剂。硼砂也称十水四硼酸钠（$Na_2B_4O_7 \cdot 10H_2O$），白色粉末状物质，易溶于水，广泛用于制作陶瓷、玻璃、清洁剂、杀虫剂等。

硼酸和硼砂都具有防腐作用，曾作为防腐剂添加到各种食品中，尤其是硼砂曾广泛应用于牛肉丸、成品湿面、粽子等食品中，从而起到防腐及改善口感的作用。将硼砂加入腐竹、肉丸、凉粉、凉皮、面条、饺子皮等食品中后，使食品的韧性、脆性、弹性都有所提升。硼砂具有毒性，研究表明，硼砂在实验动物急性毒性时为低毒到微毒，但在人类中却显示出极大的毒性。成年人硼砂中毒的剂量为 1～3g，15g 即可造成成人硼砂中毒死亡，2～3g 即可造成婴儿硼砂中毒死亡。硼砂在胃酸作用下可转变为硼酸，一次摄入过多会导致急性中毒，长期过量摄入会产生慢性中毒。其中毒的临床表现为食欲减退、消化不良，严重者会造成呕吐、腹泻甚至休克昏迷。

全球各国因硼砂的毒性而禁止将其在食品中作食品添加剂。我国相关法律法规中也明文规定了禁止将其作为食品添加剂使用。《食品中可能违法添加的非食用物质和易滥用的食品添加剂品种名单（第一批）中》就指出，禁止使用硼砂作为食品添加剂。硼砂的检测方法主要有定性法和定量法。其中定性法包括姜黄试纸法、显微结晶分析法，定量法主要有乙基己二醇 – 三氯甲烷萃取姜黄比色法、次甲基蓝法、甲亚胺 – H 酸法、原子吸收分光光度法、电感耦合等离子体原子放射光谱法、电感耦合等离子体质谱法等。

（七）甲醛

甲醛为无色透明的液体或气体，主要应用于塑料、合成纤维、皮革造纸、油漆、医药等领域，是一种用途广泛的化工原料。甲醛毒性较强，可以破坏生物细胞蛋白，进入人体后，对人的神经系统和内脏均具有较大危害，可引起人体过敏、肠道刺激反应、食物中毒等。我国明令禁止甲醛在食品加工与贮存中使用。食品在生产、加工及运输环节，一般不容易被甲醛污染。某些食物，如香菇，本身存在有微量的甲醛但不足以对人体造成危害。甲醛引发的食品安全问题主要为不法商家人为添加而引发。

由于甲醛具有使蛋白质变性的特点，浸泡过甲醛的食品表面会显得颜色鲜艳，不易腐烂，使得一些不法商家将其添加到食品中，以此掩盖食品的腐败变质。易被不法商家添加甲醛的食品主要有水发水产品（如水发海参、水发鱿鱼、水发墨鱼、水发干贝、鱼皮等）、解冻水产品、新鲜水产品等。

甲醛含量的测定主要有分光光度法和色谱法两大类。其中分光光度法依据显色剂的不同又分为乙酰丙酮法、酚试剂法、品红 – 亚硫酸法、变色酸法、间苯三酚法、盐酸苯肼法等。色谱法主要包括液相色谱法、气相色谱法、荧光法等。

四、食品安全问题及预防控制措施

（一）食品安全问题

非法添加物不属于食品添加剂，是不允许添加到食品中的物质。由于一些非法添加物具有改善食品色泽、口感或者具有防腐保鲜等效果而被不法商家非法添加至食品中。非法添加物的使用大大增加了食品安全的风险。红心鸭蛋事件、三鹿奶粉事件均为不法商家为了牟取商业利益，违法将苏丹红、三聚氰胺等非法物质添加至食品中。非法物质添加至食品中，给消费者的生命健康造成巨大伤害，属于违法犯罪行为，必须严厉打击。

（二）防控措施

非法物质添加至食品中主要原因有以下几点：①不法商家为了追求经济利益，铤而走险将其加入食品中，属于知法犯法；②一些食品生产者对食品添加剂缺乏认识，将不法添加物误认为是食品添加剂而添加至食品中。③在食品生产操作中操作流程不规范、操作环境混乱，食品加工原料和工业用品存储混乱，误将工业添加剂添加到食品中。

因此，为了减少非法添加物添加至食品中，首先需要加大违法添加的打击力度。加大对食品中非法添加物的检测，一旦发现违法物质添加至食品中，需要依据相关法律法规进行严厉打击。其次，加大对食品添加剂及非法添加物的科普宣传。尤其对中小企业及小作坊生产者进行宣传科普，让其学会如何辨别食品添加剂及非法添加物，认识非法物质添加到食品中的危害。最后，需要提升食品生产者及消费者的食品安全意识及食品法治意识。食品生产者需要严格遵守食品相关法律法规，依据食品相关标准进行食品生产。消费者在日常购买食品时可进行简单的辨别，若发现问题食品可送检相关检测单位，用法律武器捍卫自身权益，保障食品安全、生命健康。

知识链接

食品添加剂的认知误区

食品添加剂的使用由来已久。食品添加剂是现代食品工业的灵魂，对食品工业的发展贡献巨大。但对于食品添加剂，普通消费者仍存在一些认识误区，主要表现为以下几方面。

误区一：长期大量摄入有害健康

经调查，62%的消费者认为，长期大量摄入食品添加剂有害健康。专家表示，"长期大量"其实是外行话。比如在评估食品添加剂安全性时，要充分考虑"终生、每天、大量摄入"的极端情况，因此网络上所谓的"长期大量摄入有害健康"几乎不可能出现。

实际上，我国对各类食品添加剂的使用范围和剂量都制定了严格、详细的标准，按规定允许使用的食品添加剂都经过了全方位科学、严格的安全性测试和评估。所以，只要严格按照国家规定的品种和剂量使用食品添加剂，安全性是有保障的，不必将其视为洪水猛兽。

误区二：天然来源比人工合成的更安全

调查显示，70%的消费者认为，天然来源比人工合成的食品添加剂更安全。"天然"优于"人工"的传统观念很容易被移植到对食品添加剂的认知中。事实上，所有食品添加剂的大规模使用都依赖于人工生产，纯粹从天然动植物或微生物中提取难以满足日常需求。

专家表示，这种想法可能与人们普遍存在的"化学恐惧症"有关，但不论是天然来源，还是人工合成的食品添加剂，在管理上是一视同仁的，两者适用同样的安全评估方法和准则。因此，经国家批准使用的食品添加剂无论何种来源都是同样安全的。

误区三：三聚氰胺、瘦肉精是食品添加剂

三聚氰胺、瘦肉精是两种典型的违法添加物，但仍有不少消费者将其误认为是食品添加剂。

专家指出，只有国家批准使用的才是食品添加剂，未经批准而使用的是违法添加物。食品添加剂被妖魔化，一定程度上是由于消费者混淆了食品添加剂与违法添加物。

练习题

答案解析

一、单选题

1. 以下不是常用营养强化剂的是（　　）。
   A. 维生素　　　B. 矿物质　　　C. 氨基酸　　　D. 色素
2. 以下不属于食品添加剂的是（　　）。
   A. 亚硝酸钠　　B. 吊白块　　　C. 亚硫酸钠　　D. 柠檬黄

二、简答题

1. 食品添加剂使用的基本要求是什么？

2. 预防非法添加物加入食品中的措施有哪些？

3. 常见的食品非法添加物有哪些？

书网融合……

本章小结	微课 1	微课 2	题库

第六章

食品包装材料和容器的安全性

PPT

学习目标

知识目标

1. 掌握 食品常用包装材料的特性和安全性要求。

2. 熟悉 常用的食品包装材料的组成、分类及性能指标；各类食品包装材料的危害源、有害物质种类、迁移和控制措施。

3. 了解 塑料包装制品及其容器。

能力目标

1. 具备识别食品包装材料有害物质的来源及其迁移方式和途径的能力。

2. 能运用所学理论知识实施各类食品包装材料有害物的控制措施。

素质目标

通过本章学习，建立大健康思维，具备主动思考、寻根问底的思维能力。

食品包装最早源于原始社会，人类用于盛放、储藏和运输食物所烧制的陶器和各种金属器皿。随着人类社会的发展，食品生产、交换和消费的频繁发生，食品包装逐渐成为食品不可分割的重要组成部分，又被称为"特殊的食品添加剂"，它是现代食品工业的最后一道工序。

食品包装最初的目的就是为了方便食物的贮运，保证食品的品质和卫生，从而确保食品的原有状态和价值。食品包装作为食品产品的附加物在市场竞争策略中占据重要的地位，甚至有时作为市场竞争的主要手段。随着生活水平的不断提高，人们对于食品包装的要求也出现了新的变化。从以往注重食品包装的"包裹"功能，逐步发展到以"绿色、环保、便捷、安全、时尚"为理念的新型食品包装技术。好的食品包装能提高商品本身的附加值，有资料显示，70%以上的消费者不仅要求商品质优价廉，还要求包装美观、方便实用和安全卫生等。目前市场上的商品众多，大多数同类商品在质量和价格上的差距并不是很大，企业要想让其产品在市场竞争中脱颖而出，首先就要树立独一无二的产品形象，而产品形象的核心之一就是包装。

现代包装技术无疑可大大延长食品的保存期，保持食品的新鲜度，提高食品的美观和商品价值。但是，由于使用了种类繁多的包装材料，如塑料、橡胶、纸、金属、玻璃、陶瓷和搪瓷等，在一定程度上也增加了食品的不安全因素。目前，人们越来越注重食品的安全和卫生问题，而食品包装作为保证食品安全卫生的重要手段得到了更广泛的重视。各个国家制定并完善了食品包装的相关法规，可降解包装和电子扫描条码大范围推广，都极大促进食品包装的发展。我国自 20 世纪 70 年代开始，就对食品包装材料和容器进行了大量的研究，并逐步制定各种卫生标准和卫生管理办法。在消除食品包装材料和容器对食品的污染，保障人民健康中起了积极作用。

第一节　概　述

情境　×年×月×日，威海市检验检疫局工作人员在对韩国生产的多功能搅拌机、迷你果汁机等食品接触小家电实施检验时，发现其重金属镍的溶出量超标。依据《中华人民共和国进出口商品检验法实施条例》的相关规定，检验检疫部门对该批不合格货物进行销毁。

问题　哪些食品包装材料会引发食品安全事件？

一、食品包装的定义

根据《包装术语　第1部分：基础》（GB/T 4122.1—2008）中指出：包装是指为在流通过程中保护产品，方便储运、促进销售，按一定技术方法而采用的容器、材料及辅助物等的总体名称。也指为了达到上述目的而采用容器、材料和辅助物的过程中施加一定方法等的操作活动。对其概念可从包装物和技术活动两个方面来理解：一是盛装商品的容器、材料及辅助物，即包装物；二是实施盛装和封缄、包扎等的技术活动。食品包装是指采用适当的包装材料、容器和包装技术，把食品包裹起来，以使食品在运输、贮藏和销售等流通过程中保持其价值和原有形态。《食品包装容器及材料　术语》（GB/T 23508—2009）定义"食品包装"是指包装、盛放食品或食品添加剂用的制品，如塑料袋、玻璃瓶、金属罐、纸盒、瓷器等。

二、食品包装的作用

现代商品社会中，包装对商品流通起着极其重要的作用。食品包装既有利于食品商品的贮存，也可以提高食品商品价值。食品包装的功能从保证食品质量与卫生、方便贮运、延长货架期等过渡到提高商品竞争力和促进销售，进而提升商品价值。其功能主要包括以下四个方面。

（一）保护商品

食品包装最重要的作用就是要保护食品。食品在贮存、运输、销售和消费等流通过程中常会受到各种不利因素的破坏和影响，采用合理的包装可使食品免受或减少这些破坏和影响，以达到保护食品的目的。

对食品产生影响和破坏的不利因素有两大类：一是自然因素，包括微生物、温度、湿度、氧气、光线、昆虫及尘埃等，引起食品腐败变质、变色、变味和食品污染等；二是人为因素，包括贮运过程中受到的冲击、振动、跌落、承压载荷、人为盗窃、污染等，引起食品变形、破损甚至变质等。

（二）延长保质期和方便贮运

合理的包装可有效地削弱不利因素对食品的影响，使食品尽可能长时间保持其原有品质，延长保质期；同时能为食品的生产、流通及消费各个环节提供方便，诸如方便搬运装卸、存贮及陈列销售等，也方便消费者携带、取用和消费；除此之外，现代包装还注重包装形态的展示、自动售货、消费开启及定量取用的方便。

（三）促进销售

食品包装是提高商品竞争力和促进销售的重要手段，市场上食品商品琳琅满目，竞争激烈，食品产品之间的竞争不仅是质量与价格的竞争，更是以产品文化为特征的品牌竞争。企业竞争的最终目的是使自己的产品为广大消费者所接受，而产品的包装包含了企业名称、企业标志、商标、品牌特色以及产品性能、成分容量等商品说明信息，因此包装形象相比较于其他广告宣传媒体，可更直接、更生动、更广泛地面对消费者。精美的包装能在心理上征服购买者，增加其购买欲望。在超市内，包装更是充当着无声推销员的角色。因此，包装是提高商品竞争力、促进销售的重要手段。

（四）提高商品价值

食品在经过科学包装后，不但可以很好地保持其原有价值，而且还能给食品增加价值，包括直接增值和塑造品牌价值两部分：满意的包装是消费者购买的推动力，包装上的投入能在食品出售时得到补偿，甚至高于原有价值；塑造品牌价值包装的另一重要增值作用，是一种无形的增值方式。当代市场经济倡导名牌战略，同类商品是否名牌导致其差值很大。品牌本身不具有商品属性，但可以被拍卖，通过赋予它的价格而取得商品形式，而品牌转化为商品的过程可能会给企业带来巨大的直接或潜在的经济效益。食品包装的增值策略运用得当将会取得事半功倍的效果。

三、食品包装的类别

现代食品包装种类很多，因分类角度不同形成多种分类方法。常见的几种分类方法如下。

（一）按在流通过程中的作用分类

1. 运输包装　又称大包装，具有很好的保护作用，方便运输和易于装卸，其外表面对运输注意事项应有明显的文字说明或图示，如"不可倒置""易燃""防雨"等。木箱、金属大桶、集装箱等一般都属运输包装。

2. 销售包装　又称小包装或商业包装，不仅具有保护作用，而且注重包装的促销和增值功能，如瓶、罐、盒、袋及其组合包装等。

（二）按包装结构形式分类

1. 真空贴体包装　是将食品置于底板（纸板或塑料片材）上，在真空作用和加热条件下使得贴体薄膜紧贴产品表面，并与底板封合的一种包装形式。

2. 泡罩包装　是将产品封合在用透明塑料片材料制成的泡罩与盖材之间的一种包装形式。

3. 热收缩包装　是将产品用热收缩薄膜包裹或装袋，通过加热使薄膜收缩而形成产品包装的一种形式。

4. 可携带包装　是在包装容器上制有提手或类似装置，以便于携带的包装形式。

5. 托盘包装　是将产品或包装件堆码在托盘上，通过扎捆、包裹或黏结等方法固定而形成包装的一种包装形式。

6. 组合包装　是同类或不同类商品组合在一起进行适当包装，形成一个搬运或销售单元的包装形式，与可携带包装类似，此单元包括同类或不同类的食品。

此外，还有悬挂式包装、可拆卸包装、可折叠包装、捆扎包装和喷雾包装等。

（三）按包装材料和容器分类

这是一种传统的分类方法，将食品包装材料及容器分为七类，分别为纸、塑料、金属、玻璃陶瓷、复合材料、木材以及其他，表6-1列举了七类食品包装材料及其典型产品。

表 6-1　按包装材料和容器分类一览表

包装材料	典型产品
纸	羊皮纸、半透明纸、茶叶滤纸、纸盒、纸袋、纸罐、纸杯、纸质托盘、纸浆模塑制品等
塑料	塑料薄膜（袋）、复合膜（袋）、片材、编织袋、塑料容器（塑料瓶、桶、罐、盖等）、食品用工具（塑料盒、碗、杯、盘、碟、刀、叉、勺、吸管、托等）等
金属	马口铁、钢板、铝等制成的罐、桶、软管、金属炊具、金属餐具等
玻璃、陶瓷	瓶、罐、坛、缸等
复合材料	纸、塑料、铝箔等组合而成的复合软包装薄膜、袋、软管等
木材	木质餐具、木箱、木桶等
其他	麻袋、布袋、草或竹制品等

第二节　纸类包装材料及容器安全

情境导入

情境　×年×月，费列罗旗下健达巧克力倍多、瑞士莲巧克力牛轧糖、德国品牌 Rubezahl 巧克力三款产品被德国媒体曝光检测出矿物油，而这一可致癌的成分来源于再造纸包装，由此引发公众对食品包装安全的关注。

问题　哪些常用纸类可以作食品包装材料？

根据《纸、纸板、纸浆及相关术语》（GB/T 4687—2007）规定：纸是从悬浮液中将适当处理（如打浆）过的植物纤维、矿物纤维、动物纤维、化学纤维或这些纤维的混合物沉积到适当的成型设备上，经干燥制成的一页均匀的薄片（不包括纸板）。

纸是一种古老而传统的包装材料，在人类发展的历史上起着重要作用。现代包装工业体系中，纸和纸板在包装材料中占据了主导地位，全球使用的各种包装材料中，纸类材料使用所占比例最高，我国纸包装材料占包装材料的40%左右。纸质包装材料包括各种纸张、纸板、瓦楞纸板和加工纸类，作为食品包装材料，纸可用于制成纸盒、纸袋、纸箱、纸质等容器。目前，经过处理的复合纸、复合纸板和特种加工纸已经得到有效的开发和应用。随着白色污染所造成的环境问题日益严重，纸类材料在食品包装领域将有更广泛的应用和发展。

一、纸的包装性能

纸类包装材料因其材料来源广泛、成本低廉、无毒、可回收利用等优点，在包装领域的使用量越来越大。用作食品包装的纸类材料的包装性能主要体现在以下五个方面。

（一）机械力学性能

纸和纸板具有一定的强度、挺度，机械适应性较好；纸还具有弹性、折叠性及撕裂性等，适合制作成型包装容器或用于包裹；纸容器具有一定的强度、弹性、挺度和韧性，缓冲减振性能好，防护性能高，能有效地保护内装物；质量轻，可以折叠，可以降低运输成本。

（二）阻隔性能

纸和纸板主要由多孔性的纤维组成，对水分、气体、光线、油脂等具有一定程度的渗透性，而且其阻隔性受温、湿度的影响较大。单一的纸类包装材料一般不能用于包装水分、油脂含量较高的食品及阻隔性要求高的食品，但可以通过适当的表面加工来改善其阻隔性能。纸和纸板的阻隔性较差对某些商品的包装是有利的，可以根据实际的包装需要，趋利避害，进行合理选用，如茶叶袋滤纸、水果包装等。

（三）印刷性能

纸和纸板吸收和黏结油墨的能力较强，印刷性能好，因此包装上常用于提供印刷表面，便于印刷装潢、涂塑加工和黏合等。

（四）加工使用性能

纸和纸板具有良好的加工使用性能，易于实现机械化操作；生产工艺成熟，易于加工成具有各种性能的包装容器；易于设计各种功能性结构，如开窗、提手、间壁及设计展示台等，且可折叠处理，采用多种封合方式。纸和纸板表面还可以进行浸渍、涂布、复合等加工处理，以提供必要的防潮性、防虫性、阻隔性、热封性、强度及物理性能等，扩大其使用范围。

（五）卫生安全性能

单纯的纸卫生安全，无毒、无害，不污染内装物，且在自然条件下能够被微生物降解，对环境无污染，利于保护环境。但是，在纸的加工过程中，尤其是化学法制浆加工，纸和纸板通常会残留一定的化学物质，如硫酸盐法制浆过程残留的碱液及盐类，因此，必须根据包装内容物来正确合理选择各种纸和纸板。此外，纸的生产还存在资源消耗大，"三废"污染较严重等问题。

二、常用纸类包装材料

食品包装用纸的品种很多，因直接与食品接触，故不得采用废旧纸和社会回收废纸作原料，不得使用荧光增白剂或对人体有影响的化学助剂；纸张纤维组织应均匀，不许有明显的云彩花，纸面应平整，不许有褶子、皱纹、破损裂口等。食品包装必须选择适宜的包装用纸，使其质量指标符合保护包装食品质量完好的要求。常用食品包装用纸有以下几种。

（一）牛皮纸

牛皮纸是以硫酸盐为纸浆蒸煮剂抄成的高级包装用纸，具有高施胶度，因其坚韧结实似牛皮而得名，定量一般在 $30 \sim 100 g/m^2$，其中以 $40 \sim 80 g/m^2$ 居多。纸质柔韧结实，机械强度高，富有弹性，而且抗水性、防潮性和印刷性良好。大量用于食品的销售包装和运输包装。如包装点心、粉末等食品，多采用强度不太大、表面涂树脂等材料的牛皮纸。

（二）羊皮纸

羊皮纸是以纯植物纤维制成的原纸，经浓硫酸处理后制造成型的半透明食品包装纸，又称植物羊皮纸或硫酸纸，定量为 $45 g/m^2$ 和 $60 g/m^2$。纸质紧密、坚韧、呈半透明乳白色，具有良好的防潮性、气密性、耐油性和机械性能，适于用于乳制品、黄油、糖果点心、茶叶和肉制品等食品的包装，还可用作铁罐的内衬包装材料，但应注意羊皮纸为酸性，其对金属制品有腐蚀作用，此外还应注意严格控制铅、砷的含量。

（三）鸡皮纸

鸡皮纸以漂白硫酸盐木浆为主要原料，有的加有少量食品级染料而制造成型的一种颜色像鸡皮、单面光的薄型包装纸，故称"鸡皮纸"，定量为 $40 g/m^2$。纸质均匀，坚韧，有较高的耐破度、耐折度和耐水性，强韧度稍差于牛皮纸。有良好的光泽，可供包装食品、日用百货等，也可印制商标。鸡皮纸生产过程和单面光牛皮纸生产过程相似，要施胶、加填和染色。用于食品包装的鸡皮纸不得使用对人体有害的化学助剂，要求纸质均匀、纸面平整、正面光泽良好及无明显外观缺陷。

（四）半透明纸

半透明纸是以化学浆为主要原料经高度超级压光而制造成型，正反面均非常平滑并具有光泽的一种柔软的薄型纸，定量为 $31g/m^2$。其质地紧密，具有半透明、防油、防水、防潮等性能，且有一定的机械强度。半透明纸用于制作衬袋盒，可用于土豆片、糕点等脱水食品的包装，也可作为乳制品、糖果等油脂食品的包装。

（五）玻璃纸

玻璃纸又称赛璐玢，是一种天然再生纤维素透明薄膜，以精制纸浆为原料经烧碱、二硫化碳处理，形成胶黏状物质，再经脱气、陈化，从狭缝中喷出，经凝固浴凝固、水洗、漂白、干燥而制造成型的用于包装食品的一种透明薄膜，定量为 $30\sim60g/m^2$。质地柔软，厚薄均匀，有优良的光泽度（可见光透过率达100%）、印刷性、阻气性、耐油性、耐热性以及不带静电。多用于中、高档商品包装，主要用于糖果、糕点、快餐食品、化妆品、药品等商品美化包装，也可用于纸盒的开窗包装。但其防潮性差，撕裂强度较小，干燥后发脆，不能热封。玻璃纸与其他材料复合后可以改善其性能。如为了提供其防潮性，可在普通玻璃纸上涂一层或两层树脂（硝化纤维素、PVDC等）制成防潮玻璃纸；在玻璃纸上涂蜡可以制成蜡纸，与食品直接接触，有很好的保护性。

（六）茶叶袋滤纸

茶叶袋滤纸以植物纤维和热熔纤维等纤维原料制造成型的用于生产袋泡茶的具有自身热封性的纸张，是一种低定量专用包装纸。要求纤维组织均匀，无折痕皱纹，无异味。加工的茶叶袋滤纸应具有较大的湿强度和一定的过滤速度，且耐沸水冲泡，同时应有适应袋泡茶自动包装机包装的干强度和弹性的特点。

（七）复合纸

复合纸是另一类加工纸，是将纸与其他塑料、铝箔、布等复合而制成的一种高性能包装纸。常用的复合材料有塑料及塑料薄膜（如PE、PP、PET、PVDC等）、金属箔（如铝箔）等。复合方法有涂布、层合等方法。复合加工纸改善了纸的单一性能使其具有许多优异的综合包装性能，如改善纸和纸板的外观性能和强度，提高防水、防潮、耐油、气密保香等性能，同时还会获得热封性、阻光性、耐热性等，从而使纸基复合材料大量用于食品等包装场合。

三、常用纸类包装容器

纸类产品分纸和纸板两大类，其中纸的定量在 $225g/m^2$ 以下或者厚度小于0.1mm，定量在 $225g/m^2$ 以上或者厚度大于0.1mm 称为纸板。用作包装时，纸主要用来直接包装商品或制作纸袋等；纸板则主要用来生产纸盒、纸筒和纸箱等包装容器。常用纸类包装容器主要包括纸箱、纸盒、纸袋、纸杯、复合纸罐、纸托盘、纸浆模塑制品等。其中纸箱、纸盒是主要的纸制容器，两者形状相似，习惯上大的称箱、小的称盒。在纸类包装容器的使用中，纸箱一般作为运输包装，纸盒一般作为销售包装。

（一）包装纸箱

包装用纸箱按结构可分为瓦楞纸箱和硬纸板箱两类。其中瓦楞纸箱是最常用的，由瓦楞纸板经成箱机加工而成。由于瓦楞纸板的瓦楞波形使纸板结构中空 60%~70% 的体积，与相同定量的层合纸板相比，瓦楞纸板的厚度要大两倍，因而增强了纸板的横向耐压强度；同时瓦楞纸箱具有缓冲作用，故广泛用于运输包装。

（二）纸盒

纸盒一般由纸板裁切、折痕压线后经弯折成形、装订或黏接成型而制成，是直接和消费者见面的中小型包装。为保证食品安全，防止包装材料带来的污染，与食品的接触面应加衬里等，也有的涂覆 PE（聚乙烯）。用纸、塑料等材料复合制成可折叠纸盒，密封性能好，其材料由 PE/纸/PE/Al/PE 构成，常用的形状有屋顶长方形、平顶长方形、正四面体等，在食品市场上，常见的有固体食品盒，盛装牛乳、果汁等流体食品的纸盒等。此类纸盒的特点有：占用空间小、展销陈列方便、印刷装潢效果好，具有展示商品、推销商品、保护商品等作用；制造容易，成本低，可以实现机械化生产。

（三）纸袋

纸袋是用纸加工而成的一种袋式容器，主要用于盛装农产品、食品等。纸袋种类繁多，按其用途可分为大纸袋和小纸袋两种。大纸袋又称贮运袋，一般由多层纸或与其他材料复合而成，用于盛放砂糖、粮食等大宗粉粒状食品；小纸袋主要用于零售食品。

（四）纸杯

纸杯是一种纸质小型包装容器，纸杯通常口大底小，可以一只只套叠起来，便于取用、装填和贮存，并带有不同的封口形式。常用的纸杯为复合纸杯，是以纸为基材的复合材料经加工而成。

（五）纸桶

纸桶也称纸板桶或牛皮纸桶，容量一般在220L以下，最大装量100kg，常用于粉状食品、化工原料等的包装。纸桶比金属桶轻，虽然可在桶外壁进行防水处理，但仍不适于户外存放或长期置于自然环境中。

（六）纸复合罐

纸复合罐于20世纪50年代开始用于食品包装。由于选用了高性能的纸板、金属薄层衬里及树脂薄膜，使复合罐密封性能有所提高。复合罐抗压性比马口铁罐差，不能用于蒸汽杀菌及水杀菌，气密封性能不如金属罐。纸复合罐可用于盛装干性粉体、块体等固体食品，如可可粉、茶叶、麦片、咖啡及各类固体饮料；也适合于油性黏流体包装，如油料食品等；还适合于流体内容物包装，包括奶粉、调味品、酒、矿泉水、牛奶以及果汁饮料等。纸复合罐的主要难题是解决防渗问题。日本研制了一种盒装食用油的复合纸盒，非常成功。复合纸的结构为 PE（聚乙烯）/纸/PE（聚乙烯）/Al/PET（聚酯）/PE（聚乙烯），以纸为基材经铝塑层复合制成。

四、纸类包装材料的安全性

纸类包装原料主要有木浆、棉浆、草浆和废纸，使用的化学辅助原料有硫酸铝、碱亚硫酸钠、次氯酸钠、松香和滑石粉等。纯净的纸是无毒、无害的，但由于原材料受到污染，或经过加工处理，纸和纸板中通常会有一些杂质、细菌和某些化学残留物，如挥发性物质、农药残留、制浆用的化学残留物、重金属、荧光物质等，从而影响包装食品的安全性。用纸包装可使食品避免外来污染，增强食品感官效果和便于携带，但如使用不洁或含有害物质的纸包装食物，就会造成对食品的污染。因此，必须根据所包装的食品来正确选择各种纸或纸板，避免残留物溶入食品中影响食品安全。目前，食品包装用纸的安全问题主要包括以下几方面。

（一）纸类包装原材料的安全性

生产食品包装用纸的原材料有木浆、草浆等，存在一定的农药残留，有的使用一定比例的回收废纸用作生产食品包装材料，印刷油墨中的甲苯、二甲苯等有机溶剂不容易被彻底清除，总会有一部分残留在墨层中，如果被人体吸收，会损害人体的神经系统和破坏人体的造血功能，引起呕吐、失眠、厌食、乏力、白细胞降低、抵抗力下降等典型的永久性苯中毒症状。此外，油墨中含有苯胺或多环芳烃类等致癌物质；颜料、染料中存在重金属（铅、镉、汞、铬等），会阻碍儿童的身体发育和智力发育，对人体的神经、消化、内分泌系统和肾脏产生危害作用，损害人脑，造成骨骼损害，发生"痛痛病"，甚至导致死亡。

（二）纸类包装材料中添加物的安全性

造纸需在纸浆中加入化学品，如荧光增白剂、施胶剂、增塑剂、蜡以及表面活性剂等，这些化学物质会通过溶出而导致食品安全性问题。

1. 荧光增白剂　染料和荧光增白剂能够与纸张的纤维很好地结合，在水中的溶解度高，在油脂类食品中溶解度小。因此，此类添加物一般很难迁移到油脂高的食品中，而只有在温度比较高的情况下，会迁移到湿度比较大的食品中。有报道指出，荧光增白剂一旦进入人体就不容易被分解，毒性会累积在肝脏或其他重要器官中，成为潜在的致癌因素。

2. 施胶剂　与食品直接接触的纸质包装材料通常需要施胶，在酸性施胶中使用的松香和铝盐性能都比较稳定，溶解性差，一般不会迁移到食品中。但是，随着中－碱性造纸的发展，合成施胶剂如烷基烷酮二聚体和烯基琥珀酸酐以及丙烯酸酯类等得到了广泛应用。这类合成型的施胶剂是否会对包装食品有迁移行为还有待证实。

3. 增塑剂　常用的增塑剂有己二酸盐、枸橼酸盐、癸二酸盐、邻苯二甲酸酯等。但是纸和纸板的生产过程中不会添加增塑剂。废纸中的增塑剂是由纸张后续加工过程中使用的漆、胶黏物、胶以及油墨带来的。其中，邻苯二甲酸盐会对人体造成很大的危害，毒理学试验表明它具有潜在的致癌作用，还可能减弱人的生育能力。

4. 蜡　主要是蜡纸。在温度较低时蜡迁移到食品中的量可以忽略不计。但是，如果食品中的油脂较大，并且在温度逐渐升高的情况下，会有大量的石蜡从纸张迁移到食品中。也可能是由于食品与蜡纸之间的摩擦和黏附行为造成的，这与其他物质通过扩散行为进行迁移有所不同。但是，未见有研究者报道纸质包装材料中的蜡对人体的危害问题。

5. 表面活性剂　在造纸过程中，常用表面活性剂来清除树脂障碍，在废纸制浆的过程中，也用表面活性剂脱墨。常用的表面活性剂有烷基酚和烷基苯酚聚氧乙烯醚等。烷基酚特别是辛基酚和壬基酚会通过雌激素受体的干扰作用而对人体的内分泌系统产生干扰。烷基苯酚聚氧乙烯醚同样也会干扰雌激素的活性。而且，上述的这些表面活性剂是持久性物质，会一直残留在纸质包装中，从而有可能迁移到食品中。

（三）贮存、运输过程中的安全性

纸包装物在贮存、运输时表面受到灰尘、杂质及微生物污染，对食品安全造成影响。

五、纸类包装材料的管理

我国食品包装纸成品必须符合《食品安全国家标准　食品接触用纸和纸板材料及制品》（GB 4806.8—2016）中规定的各项卫生指标要求，包括感官指标、理化指标和微生物指标，并经检验合格后方可出厂。凡不符合卫生标准的产品不得用于包装食品生产、加工、经营和使用。单位要做好各环节的卫生工作，为防止包装用纸对食品污染，应采取如下措施。

（1）生产加工包装用纸的各种原料，必须是无毒无害，不得使用回收的废旧报纸、书本、垃圾纸等作为原料。

（2）不得使用荧光增白剂。

（3）制造蜡纸所用的石蜡应是食用级石蜡，以防多环芳烃等致癌物的污染。

（4）用于印刷各种食品包装材料的油墨、颜料均应符合卫生要求。

（5）生产食品包装用纸，应做到专厂或专机生产。

第三节　塑料包装材料及容器安全 e 微课

情境导入

情境　×年×月×日，台湾省台北市大卖场、连锁早餐店、糕饼店等抽验塑胶包装食物的塑化剂检出结果，34件食物样本中，有13件检出含有0.1～0.4mg/kg的微量塑化剂，比率达38%；其中包括7-11便利店售卖的盐烤猪肉夹心饭团、维格饼家凤梨酥、麦当劳吉士蛋汉堡、牛头牌沙茶酱等。

问题　哪些常用塑料可以做食品的包装材料？

《食品安全国家标准　食品接触用塑料材料及制品》（GB 4806.7—2016）将塑料定义为以一种或几种树脂或预聚物为主要结构组分，添加或不添加添加剂，在一定的温度和压力下加工制成的具有一定形状、介于树脂与塑料制品之间的高分子材料，包括塑料粒子（或切片）、母料、片材等。

塑料用作包装材料是现代包装技术发展的重要标志，因其原材料丰富、成本低廉、性能优良而成为近年来世界上发展最快、用量巨大的包装材料。广泛应用于食品包装，并逐步取代了纸类、金属、玻璃和陶瓷等传统包装材料。另外塑料有着质量轻、运输销售方便、化学稳定性好、易于加工、装饰效果好等优点，用于食品包装不仅对食品具有良好的保护作用，使食品的包装形式更丰富多样，流通和使用更方便。但与此同时，其用于食品包装还存在卫生安全及废弃物回收对环境污染等问题。

一、塑料的组成、分类和性能

（一）塑料的组成

塑料制品是以塑料树脂或塑料材料为原料，添加或不添加添加剂，成型加工成具有一定形状的成型品。其主要成分包括聚合物树脂和添加剂。

聚合物树脂在塑料中所占比例一般为40%～100%，其种类、性质和占比是决定塑料性能和用途的根本因素；目前常用树脂有两大类，一类为加聚树脂，如聚乙烯、聚丙烯、聚氯乙烯、聚乙烯醇、聚苯乙烯等，这是构成食品包装用树脂的主体；另一类是缩聚树脂，如酚醛树脂、环氧树脂、聚氨酯等，在食品包装上应用较少。

塑料所用各种添加剂应具有与树脂很好的相容性、稳定性、不相互影响等特性，对用于食品包装的塑料，特别要求添加剂具有无味、无臭、无毒、不溶出的特性，以免影响包装食品的品质、风味和卫生安全性。常用的添加剂有增塑剂、稳定剂、填充剂、着色剂等，其主要成分和功能见表6-2。

表6-2　常用塑料添加剂及其功能

种类	主要功能及类型
增塑剂	提高树脂可塑性和柔软性，增加塑料制品的可塑性 主要有磷苯二甲酸酯类（低毒）、磷酸酯类、己二酸二锌酯（耐低温）等
稳定剂	防止或延缓高分子材料的因氧、光和热导致的老化变质 常用类别有抗氧剂、光稳定剂、热稳定剂。如硬脂酸锌盐（规定用量1%～3%）、铅盐、钡盐、镉盐（危害大）等

种类	主要功能及类型
填充剂	弥补树脂的某些不足性能（如尺寸稳定性、耐热性、硬度、耐气候性等），改善塑料的使用性能，同时降低成本 常用有碳酸钙、陶土、滑石粉、石棉、硫酸钙等
着色剂	改变塑料制品颜色，使其更美观，价值更高，还可起屏蔽紫外线和保护内容物的作用 包括无机颜料、有机颜料和其他染料

（二）塑料的分类

通常按塑料在加热、冷却时呈现的性质不同，把塑料分为热塑性塑料和热固性塑料两类。

1. 热塑性塑料　主要以加成聚合树脂为基料，加入少量添加剂而制成。其优点为：成型加工简单，包装性能良好，废料可回收再利用。缺点为：刚硬性低、耐热性不高。用于食品包装及容器的热塑性塑料主要有聚乙烯、聚丙烯、聚苯乙烯、聚氯乙烯等。

2. 热固性塑料　主要以缩降树脂为基料，加入添加剂、固化剂及其他一些添加剂而制成。其优点是耐热性高、刚硬、不溶、不熔等；缺点为性脆、成型加工效率低，废弃物不能回收利用。热固性塑料主要有脲醛树脂及三聚氰胺等。

（三）塑料包装材料的性能

1. 物理性能优良　具有一定的强度和弹性，耐折、耐磨、抗震，并且具有一定阻隔性。

2. 化学稳定性好　耐酸、耐碱等。

3. 质量轻　方便运输、销售等。

4. 易加工成型　塑料容易加工成各种形状，可将塑料加工成薄膜、片材、中空容器、复合材料等包装制品。

5. 美观　塑料可进行印刷装潢，应用透明的塑料包装，可增加商品的美观效果。

二、常用塑料包装材料

（一）聚乙烯（PE）

聚乙烯塑料是由 PE 树脂加入少量的润滑剂和抗氧化剂等添加剂构成。聚乙烯树脂是由乙烯单体经加成聚合而成的高分子化合物，为无臭、无毒、乳白色的蜡状固体。聚乙烯的大分子为线性结构，其简单规整且无极性，柔顺性好，易结晶。聚乙烯包装的优点为：对水蒸气的透湿率低，有一定的拉伸强度和撕裂强度，柔韧性好，耐低温，化学性能稳定，热封性好，易成型加工等。其缺点为：对氧气、二氧化碳的透气率高，不耐高温，印刷性能和透明度较差。采用不同工艺方法聚合而成的聚乙烯因其分子量大小及分布不同，分子结构和聚集状态不同，形成不同聚乙烯品种，一般分为低密度聚乙烯（LDPE）、高密度聚乙烯（HDPE）和线性低密度聚乙烯（LLDPE）。

1. 低密度聚乙烯（LDPE）　具有分支较多的线形大分子结构，结晶度较低，密度也低，为 $0.91 \sim 0.94 \mathrm{g/cm^3}$，因此阻气、阻油性差，机械强度也低，但延伸性、抗撕裂性和耐冲击性好，透明度也较高，热封性和加工性能好。LDPE 在包装上主要制成薄膜，用于包装要求较低的食品，尤其是有防潮要求的干燥食品。利用其透气性好的特点，可用于果蔬的保鲜包装，也可用于冷冻食品包装，但不宜单独用于有隔氧要求的食品包装；经拉伸处理后可用于热收缩包装，由于其热封性、卫生安全性好以及价格便宜，常作复合材料的热封层，大量用于各类食品的包装中。

2. 高密度聚乙烯（HDPE）　大分子呈直链线形结构，分子结合紧密，结晶度高达 $85\% \sim 95\%$，密度为 $0.94 \sim 0.96 \mathrm{g/cm^3}$，故其阻隔性和强度均比 LDPE 高；耐热性也高，长期使用温度可达 $100℃$，但柔韧性、透明性、热成型加工性等性能有所下降。HDPE 也大量用于薄膜包装食品，与 LDPE 相比，相同包装强度条件下可节省大量原材料；由于其耐高温性较好，也可作为复合膜的热封层用于高温杀菌（110℃）食品的包装；HDPE 也可制成瓶、罐容器盛装食品。

3. 线性低密度聚乙烯（LLDPE） 大分子的支链长度和数量均介于 LDPE 和 HDPE 之间，具有比 LDPE 更优的强度性能，抗拉强度提高了 50%，且柔韧性比 HDPE 好，加工性能也较好，可不加增塑剂吹塑成型。LLDPE 主要制成薄膜，用于包装肉类、冷冻食品和奶制品，但其阻气性差，不能满足较长时间的保质要求。为改善这一性能，采用与丁基橡胶共混来提高阻隔性，这种改性的 PE 产品在食品包装上有较好的应用前景。

（二）聚丙烯（PP）

聚丙烯塑料的主要成分是聚丙烯树脂，其分子结构为线形的，它是目前最轻的食品包装用塑料材料之一。

1. 主要包装特性 其阻隔性优于 PE，水蒸气透过率和氧气透过率与高密度聚乙烯相似，但阻气性仍较差；机械性能较好，具有的强度、硬度、刚性都高于 PE，尤其是具有良好的抗弯强度；化学稳定性良好，在一定温度范围内，对酸碱盐及许多溶剂等有稳定性；耐高温性优良，可在 100~120℃ 范围内长期使用，无负荷时可在 150℃ 使用，耐低温性比 PE 差，−17℃ 时性能变脆；光泽度高，透明性好，印刷性差，印刷前表面需经一定处理，但表面装潢印刷效果好；成型加工性能良好但制品收缩率较大，热封性比 PE 差，但比其他塑料要好；卫生安全性高于 PE。

2. 包装应用 聚丙烯主要制成薄膜材料包装食品，薄膜经定向拉伸处理（BOPP、OPP）后的各种性能包括强度、透明光泽效果、阻隔性比普通薄膜（CPP）都有所提高，尤其是 BOPP，强度是 PE 的 8 倍，吸油率为 PE 的 1/5，故适宜包装含油食品。它在食品包装上可替代玻璃纸包装点心、面包等；其阻湿耐水性比玻璃纸好，透明度、光泽性及耐撕裂性不低于玻璃纸，印刷装潢效果不如玻璃纸，但成本可低 40% 左右，且可用作糖果、点心的扭结包装。聚丙烯可制成热收缩膜进行热收缩包装；也可制成透明的其他包装容器或制品；同时还可制成各种形式的捆扎绳、带，在食品包装上用途广泛。

（三）聚苯乙烯和 K–树脂

1. 聚苯乙烯（PS） 由苯乙烯单体加聚合成，是一种线性、无定型、弱极性的高分子化合物。

（1）性能特点 阻湿、阻气性能差，阻湿性能低于 PE；机械性能好，具有较高的刚硬性，但脆性大，耐冲击性能很差；能耐一般酸、碱、盐、有机酸、低级醇，其水溶液性能良好，但易受到有机溶剂如烃类、酯类等的侵蚀软化甚至溶解；透明度好，高达 88%~92%，有良好的光泽性；耐热性差，连续使用温度为 60~80℃，耐低温性良好；成型加工性好，易着色和表面印刷，制品装饰效果很好；无毒无味，卫生安全性好，但 PS 树脂中残留单体苯乙烯及其他一些挥发性物质有低毒，对人体最大无害剂量为 133mg/kg（以体重计），因此，塑料制品中单体残留量应限定在 1% 以下。

（2）包装应用 PS 塑料在包装上主要制成透明食品盒、水果盘、小餐具等，色泽艳丽，形状各异，包装效果很好。PS 薄膜和片材经拉伸处理后，冲击强度得到改善，可制成收缩薄膜，片材大量用于热成型包装容器。发泡聚苯乙烯（EPS）可用作保温及缓冲包装材料，目前大量使用的 EPS 低发泡薄片材可热成型为一次性使用的快餐盒、盘，使用方便卫生，价格便宜，但因包装废弃物难以处理而成为环境公害问题，因此逐渐被其他可降解材料所取代。PS 最主要的缺点是脆性，其改性品种 ABS 由丙烯腈、丁二烯和苯乙烯三元共聚而成，具有良好的柔韧性和热塑性，对某些酸、碱、油、脂肪和食品有良好的耐性，在食品工程上常用于制作管材。

2. K–树脂 是一种具有良好抗冲击性能的聚苯乙烯类透明树脂，由丁二烯和苯乙烯共聚而成，由于其高透明和耐冲击性，被用于制造各种包装容器，如盒、杯、罐等；K–树脂无毒卫生，可与食品直接接触，经辐照（2.6mGy γ线）后其物理性能不受影响，符合食品和药品的有关安全性规定，在食品包装尤其是辐照食品包装中应用前景看好。

（四）聚氯乙烯和偏二氯乙烯

1. 聚氯乙烯（PVC）　聚氯乙烯塑料以聚氯乙烯树脂为主体，加入增塑剂、稳定剂等混合组成。其柔顺性差且不易结晶。

（1）性能特点　PVC树脂热稳定性差，在空气中超过150℃会降解而放出HCL，长期处于100℃温度下也会降解，在成型加工时也会发生热分解，这些因素限制了PVC制品的使用温度，一般需在PVC树脂中加入2%~5%的稳定剂。

（2）包装特性　PVC的阻气、阻油性优于PE塑料，硬质PVC的阻气性优于软质PVC，阻湿性比PE差；化学稳定性优良，透明度、光泽性比PE优良；机械性能好，硬质PVC有很好的抗拉强度和刚性，软质PVC相对较差，但柔韧性和抗撕裂强度较PE高；耐高低温性差，一般使用温度为−15℃~55℃，有低温脆性；加工性能因加入增塑剂和稳定剂而得到改善，加工温度为140~180℃；着色性、印刷性和热封性较好。

（3）卫生安全性　PVC树脂本身无毒，但其中的残留单体氯乙烯（VC）有麻醉和致畸、致癌作用，对人体的安全限量为1mg/kg（以体重计），故PVC用作食品包装材料时应严格控制材料中单体氯乙烯的残留量，PVC树脂中单体氯乙烯残留量$\leq 3 \times 10^{-6}$（体积分数）、包装制品小于1×10^{-6}（体积分数）时，满足食品卫生安全要求。稳定剂是影响PVC塑料卫生安全性的另一个重要因素。用于食品包装的PVC包装材料不允许加入铅盐、镉盐、钡盐等较强毒性的稳定剂，应选用低毒且溶出量小的稳定剂。增塑剂是影响PVC卫生安全性的又一重要因素。用作食品包装的PVC应使用邻苯二甲酸二辛酯、二癸酯等低毒品种作增塑剂，使用剂量也应在安全范围内。

（4）包装应用　PVC存在的卫生安全问题决定其在食品包装上的使用范围，软质PVC增塑剂含量大，卫生安全性差，一般不用于直接接触食品的包装，可利用其柔软性、加工性好的特点制作弹性拉伸膜和热收缩膜，又因其价廉，透明性、光泽度优于PE且有一定透气性而常用于新鲜果蔬的包装。硬质PVC中不含或含微量增塑剂，安全性好，可直接用于食品包装。

（5）改性品种　PVC树脂中加入无毒小分子共混而起增塑作用，故改性塑料中不含增塑剂，在低温下仍保持良好韧性，具中等阻隔性，卫生安全，价格也便宜，其薄膜制品可用作食品的收缩包装，薄片热成型容器用于冰激凌、果冻等的热成型包装。

2. 聚偏二氯乙烯（PVDC）　是由PVDC树脂、少量增塑剂和稳定剂制成。

（1）性能特点　PVDC软化温度高，接近其分解温度，在热、紫外线灯作用下易分解，同时与一般增塑剂相容性差，加热成型困难而难以应用，实际工程中采用与氯乙烯单体共聚的办法来改善PVDC的使用性能，制成薄膜材料时一般需加入稳定剂和增塑剂。

（2）包装特性　PVDC树脂用于食品包装具有许多优异的包装性能：阻隔性很高，且受环境温度的影响较小，耐高低温性良好，适用于高温杀菌和低温冷藏；化学稳定性很好，不易受酸、碱和普通有机溶剂的侵蚀；透明性、光泽性良好，制成收缩薄膜后的收缩率可达30%~60%，适用于畜肉制品的灌肠包装。但因其热封性较差，膜封口强度低，一般需采用高频或脉冲热封合，也可采用铝丝结扎封口。

（3）适用场合　PVDC膜是一种高阻隔性包装材料，其成型加工困难，价格较高，目前除单独用于食品包装外，还大量用于与其他材料复合制成高性能复合包装材料。由于PVDC有良好的熔黏性，可作复合材料的黏合剂，或溶于溶剂成涂料，涂覆在其他薄膜材料或容器表面（称K涂），可显著提高阻隔性能，适用于长期保存的食品包装。

（五）聚酰胺和聚乙烯醇

1. 聚酰胺（PA） 聚酰胺通称尼龙（nylon，Ny），是分子主链上含大量酰胺基团结构的线形结晶型高聚物，按链节结构中的 C 原子数量可分为 Ny6 和 Ny12 等。PA 树脂大分子为极性分子，分子间结合力强，大分子易结晶。

（1）性能特点 在食品包装上使用的主要是 PA 薄膜类制品，具有的包装特性为阻气性优良、化学稳定性良好、抗拉强度较大、耐高低温性优良、成型加工性较好以及卫生安全性好。

（2）适用场合 PA 薄膜制品大量用于食品包装，为提高其包装性能，可使用拉伸 PA 薄膜，并与PE、PVDC 或 CPP 等复合，以提高防潮、阻湿和热封性能，可用于畜肉类制品的高温蒸煮包装和深度冷冻包装。

2. 聚乙烯醇（PVA） 是由聚醋酸乙烯酯经碱性醇液醇解而得，是一种分子极性较强且高度结晶的高分子化合物。

（1）性能特点 包装上 PVA 通常制成薄膜用于包装食品，具有如下特点：阻气性能很好，特别是对有机溶剂蒸气和惰性气体及芳香气体；但因其为亲水性物质，阻湿性差，透湿能力是 PE 的 5～10 倍，吸水性强，在水中吸水溶胀，且随吸湿量的增加而使其阻气性急剧降低；化学稳定性良好，透明度、光泽性及印刷性都很好；机械性能好，抗拉强度、韧性、延伸率均较高，但因承受吸湿量和增塑剂量的增加而使强度降低；耐高温性较好，耐低温性较差。

（2）适用场合 PVA 薄膜可直接用于包装含油食品和风味食品，吸湿性强使其不能用于防潮包装，但通过与其他材料复合可避免易吸潮的缺点，充分发挥其优良的阻气性能，广泛应用于肉类制品如香肠、烤肉、切片火腿等的包装，也可用于黄油、干酪及快餐食品包装。

（六）聚酯和聚碳酸酯

1. 聚酯（PET） 是聚对苯二甲酸乙二醇酯的简称，俗称涤纶。

（1）性能特点 PET 用于食品包装，与其他塑料相比具有许多优良的包装特性，即具有优良的阻气、阻湿、阻油等高阻隔性能，化学稳定性良好；具有其他塑料所不及的高强韧性能，抗拉强度是 PE 的 5～10 倍、是 PA 的 3 倍，抗冲击强度也很高，还具有良好的耐磨和耐折叠性；具有优良的耐高低温性能，可在 70～120℃温度下长期使用，短期使用可耐 150℃高温，且高低温对其机械性能影响很小；光亮透明，可见光透过率高达 90% 以上，并可阻挡紫外线；印刷性能较好；卫生安全性好，溶出物总量很小；由于熔点高，故成型加工、热封较困难。

（2）适用场合 PET 制作薄膜用于食品包装主要有四种形式。

1）无晶型未定向透明薄膜，抗油脂性很好，可用来包装含油及肉类制品，还可作食品桶、箱、盒等容器的衬袋。

2）将上述薄膜进行定向拉伸，制成无晶型定向拉伸收缩膜，表现出高强度和良好的收缩性，可用作畜肉食品的收缩包装。

3）结晶型塑料薄膜，即通过拉伸提高 PET 的结晶度，使薄膜的强度、阻隔性、透明度、光泽性得到提高，包装性能更优越，可大量用于食品包装。

4）与其他材料复合，如真空镀铝、K 涂等制成高阻隔包装材料，用于保质期较长的高温蒸煮杀菌食品包装和冷冻食品包装。

PET 也有较好的耐药性，经过拉伸，强度好又透明，许多清凉饮料都使用 PET 瓶包装。PET 不吸收橙汁的香气成分 d－柠檬烯，显示出良好的保香性，因此，作为原汁用保香性包装材料是很适合的。

（3）改性品种 新型"聚酯"包装材料聚萘二甲酸乙二醇酯（PEN）与 PET 结构相似，只是以萘环代替了苯环。PEN 比 PET 具有更优异的阻隔性，特别是阻气性、防紫外线性和耐热性比 PET 更好。

PEN 作为一种高性能、新型包装材料，具有一定的开发前景。

2. 聚碳酸酯（PC） 也是一种聚酯。

（1）性能特点 PC 大分子链节结构具有一定的规整性，可以结晶，但由于结晶速度缓慢，以至于熔体在通常的冷却速度下得不到可观的结晶，又难于熔融结晶，具有很好的透明性和机械性能，尤其是低温抗冲击性能优良。故 PC 是一种非常优良的包装材料，但因价格贵而限制了它的广泛应用。

（2）适用场合 在包装上 PC 可注塑成型为盆、盒，吹塑成型为瓶、罐等各种韧性高、透明性好、耐热又耐寒的产品，用途较广。在包装食品时因其透明所以可制成"透明"罐头，可耐120℃高温杀菌处理。其存在的不足之处是因刚性大而耐应力、开裂性差和耐药品性较差。应用共混改性技术，如用 PE、PP、PET、ABS 和 PA 等与之共混成塑料混合物可改善其应力和开裂性，但其共混改性产品一般都失去了光学透明性。

（七）乙烯−醋酸乙烯共聚物和乙烯−乙烯醇共聚物

1. 乙烯−醋酸乙烯共聚物（EVA） 由乙烯和醋酸乙烯酯（VA）共聚而得。

（1）性能特点 EVA 阻隔性比 LDPE 差，且随密度降低透气性增加；抗老化性能比 PE 好，强度也比 LDPE 高，增加 VA 含量能更好抵抗紫外线，耐臭氧作用比橡胶高；透明度高，光泽性好，易着色，装饰效果好；成型加工温度比 PE 低20~30℃，加工性好，可热封，也可黏合；具有良好抗霉菌生长的特性，卫生安全。

（2）适用场合 不同的 EVA 在食品包装上用途不同，VA 含量少的 EVA 薄膜可作呼吸膜包装生鲜果蔬以达到保鲜贮藏的目的，也可直接用于其他食品的包装；VA 含量为10%~30%的 EVA 薄膜可用作食品的弹性包裹或收缩包装，因其热封温度低、封合强度高、透明性好而常作复合膜的内封层。EVA 挤出涂布在 BOPP、PET 和玻璃纸上，可直接用来包装干酪等食品。VA 含量高的 EVA 可用作黏结剂和涂料。

2. 乙烯−乙烯醇共聚物（EVAL） 是乙烯和乙烯醇的共聚物，乙烯醇改善了乙烯的阻气性，而乙烯则改善了乙烯醇的可加工性和阻湿性，故 EVAL 既具有聚乙烯的易流动加工成型性和优良的阻湿性，又具有聚乙烯醇的极好阻气性。

（1）性能特点 EVAL 树脂是高度结晶型树脂，EVAL 最突出的优点是对 O_2、CO_2、N_2的高阻隔性及优异的保香阻异味性能。EVAL 的性能依赖于其共聚物中单体的相对浓度，一般地，当乙烯含量增加时，阻气性下降，阻湿性提高，加工性能也提高。由于 EVAL 主链上有羟基存在而具亲水性，吸收水分后会影响其高阻隔性，为此常采用共挤方法把 EVAL 夹在聚烯烃等防潮材料的中间，充分体现其高阻隔性能。EVAL 有良好的耐油和耐有机溶剂性，且有高抗静电性，薄膜有高的光泽度和透明度，并有低的雾度。

（2）适用场合 EVAL 作为高性能包装新材料，目前已开始用于有高阻隔性要求的包装上，如真空包装、充气包装或脱氧包装，可长效保持包装内环境气氛的稳定。EVAL 可制成单膜，也可共挤制成多层膜及片材，或者也可采用涂布方法复合，加工方法灵活多样。

三、塑料包装材料的安全性

塑料是目前使用最广泛的食品包装材料之一，大约有60%的食品包装都选用塑料作为包装材料。塑料包装材料对食品安全的影响主要包括树脂本身、添加剂等，主要表现为材料内部残留的有毒有害化学污染物的迁移与溶出而导致食品污染。塑料包装材料及其制品的安全性主要表现在以下几方面。

（一）残留的单体

塑料是山小分子单体合成的有机高分子材料，其分子量大，不易向食品中迁移，但单体分子量较小，或多或少具有一定的毒性，塑料中残留的单体或者低聚物容易透过包装向食品迁移而污染食品。此外，在使用过程中塑料会出现老化、裂解等现象进而产生有毒物质，对消费者的健康也构成危害。

1. 氯乙烯　单体毒性很强，它在常温时为气体，单体氯乙烯具有麻醉作用，可引起人体四肢血管收缩而产生疼痛感，同时也具有致癌和致畸作用。美国 FDA 指出残存于 PVC 中的氯乙烯在经口摄取后有致癌的可能，因而禁止 PVC 制品作为食品包装材料，我国目前也禁止将聚氯乙烯用于食品包装。

2. 苯乙烯苯乙烯　是无色液体，能自聚生成聚苯乙烯（PS）树脂，也很容易与其他含双键的不饱和化合物共聚。苯乙烯与丁二烯、丙烯腈共聚，其共聚物可用于生产 ABS 工程塑料，与丁二烯共聚可以生成乳胶（SBL）和合成橡胶（SBR），与丙烯腈共聚为 AS 树脂。苯乙烯单体具有一定的毒性，能抑制大鼠生育，使肝、肾等重量减轻，并且苯乙烯单体容易被氧化成一种能诱导有机体突变的化合物苯基环氧乙烷。许多国家对聚苯乙烯食品包装材料中的苯乙烯单体含量作了限量规定，如我国规定食品包装用聚苯乙烯树脂中苯乙烯含量不能超过 0.5%，美国规定接触脂肪食品的聚苯乙烯树脂中苯乙烯含量在 5.0mg/kg 以下，其他食品包装聚苯乙烯树脂中苯乙烯含量在 10.0mg/kg 以下。

3. 双酚 A（BPA）　是一种普遍应用在食品塑料包装及罐头、易拉罐内壁涂料中的化学物质。双酚 A 类型的化合物能导致各种生物生殖功能下降、生殖器肿瘤、免疫力降低，并引起各种生殖异常和扰乱人体正常内分泌功能。1993 年，Krishnan 等人在塑料保温杯中发现了 BPA 残留，J. Sajiki 对日本市场上 23 种塑料食品包装进行分析表明，只有 35% 不含 BPA，这些材料中 BPA 最高达 0.014μg/kg。之后关于塑料食品包装中 BPA 残留的研究越来越受关注，McNeal 在可循环水桶中发现 BPA；Viing gaard 在厨房塑料用品中检测到 BPA；Kangand Kondo 在红茶和咖啡包装盒中发现了 BPA；Brede 在婴儿奶瓶中也发现了 BPA。鉴于 BPA 的安全隐患，为保证食品安全，世界各国对食品包装材料的 BPA 溶出量作了严格限制，美国规定 BPA 最大剂量为 0.05mg/kg；日本规定聚碳酸酯食品容器中的 BPA 溶出限量为 2.5mg/kg；欧盟也发布法令，禁止 BPA 被用于婴儿奶瓶生产，同时要求所有塑料类食品接触材料中，BPA 允许迁移量不得高于 0.6mg/kg。

4. 丙烯腈　为无色易挥发的透明液体，味甜，微臭。以橡胶改性的丙烯腈 – 丁二烯 – 苯乙烯（ABS）和丙烯腈 – 苯乙烯（AS）最为常用。ABS、AS 在食品工业中主要用作食品包装材料。AS 还用作有耐热性和透明性要求的食品包装材料。丙烯腈属于高毒类，有形成高铁血红蛋白血症的作用，进入人体后可引起急性中毒和慢性中毒。

5. 异氰酸酯　在食品包装行业中，异氰酸酯被用于制作聚亚胺酯包装材料和黏合剂。异氰酸酯是无色清亮液体，有强刺激性，它遇水会水解生成芳香胺，而芳香胺是一类致癌物质。

6. 聚酯酰胺　为固态物质，是分子主链上含有酯链和酰胺键的聚合物，有线型聚酯酰胺和交联聚酯酰胺之分。交联聚酯酰胺主要用于塑料或作为增塑剂。聚酰胺即"尼龙"，在食品包装领域中常用作食品包装薄膜，也常用作食品烹饪过程中盛装食品的包装材料。有证据显示，在烹饪过程中，较大量的尼龙低聚体和残留的尼龙单体——己内酰胺能渗透到沸水中。虽然口服己内酰胺毒性不是特别大，但它能使食物产生不协调的苦味。中国规定己内酰胺在成型品中的含量不超过 15mg/kg。

7. 聚对苯二甲酸乙二醇酯（PET）　是由对苯二甲酸二甲酯与乙二醇酯交换或以对苯二甲酸与乙二醇酯化先合成对苯二甲酸双羟乙酯，然后再进行缩聚反应制得，可分为非工程塑料级和工程塑料级两大类。非工程塑料级主要用于瓶、薄膜、片材、耐烘烤食品容器。PET 含有二聚物到五聚物的少量低分子量低聚体，不同种类的 PET 含有 0.06% ~1.0% 不等的上述的环状化合物，常用于饮料和食用油的包装材料。

（二）添加剂的安全

为了改善塑料的加工性能和使用性能，在后期的加工过程中，需要添加增塑剂、稳定剂、润滑剂、着色剂和增白剂等其他化学添加剂，这些化学物质也存在不同程度向食品迁移、溶出的问题，威胁食品安全，特别是一些物质具有毒性甚至致癌作用。

1. 增塑剂 二己二酸酯（DEHA）对动物有致癌性，属于三类致癌物，DEHA可在常温下从保鲜膜中释放并渗入食物中，尤其是在包装脂肪含量较高的食物，如奶酪和熟肉时，在加热食品时，保鲜膜中的DEHA会加速释放；酞酸酯对动物和人均有毒性，是目前全球范围内广泛存在的化学污染物之一，其急性毒性较低，对肾脏、肝脏有慢性毒性；此外，邻苯二甲酸酯类增塑剂虽没有明显的急性毒性，但在体内长期累积会损害动物的内脏，干扰人体激素的分泌，减弱生育能力，也存在潜在的致癌作用。例如邻苯二甲酸二丁酯（DBP）对人上呼吸道黏膜细胞及淋巴细胞有遗传毒性；邻苯二甲酸二辛酯（DOP）能使啮齿类动物的肝脏致癌；邻苯二甲酸二异辛酯（DEHP）有致畸、致突变和致动物肝癌作用。影响巨大的中国台湾塑化剂风波事件，始于在乳酸菌饮料中检出了DEHP，这也是全球首例DEHP污染案例。自20世纪80年代，美国国家癌症研究所对塑化剂DEHP的致癌性进行了生物鉴定后，DEHP的毒性就引起了各国的注意。美国环境保护总局根据国家癌症研究所的研究结果，已停止了包括DEHP在内的6种邻苯二甲酸酯类工业的生产；瑞士政府已决定在儿童玩具中禁止使用DEHP；德国在与人体卫生、食品相关的所有塑料制品中禁止加入DEHP；日本则规定在医疗器械相关产品中禁止加入DEHP，仅限于在工业塑料制品中应用。我国出口到欧盟或者美国、日本的塑胶产品都必须通过一项国际检测——美国通用标准认证（SGS），SGS具备包括DEHP在内的16种邻苯二甲酸酯的残留测定能力。从各种制度上来看，我国对于DEHP使用也有着比较严格的规定。《食品安全国家标准 食品接触材料及制品用添加剂使用标准》（GB 9685—2016）中，明确规定DEHP在食品中的特定迁移量为1.5mg/kg，不允许使用于油脂食品、婴幼儿食品以及乙醇含量高于20%的食品包装材料中。

2. 稳定剂 铅盐中的铅是一种对人体有害的金属元素，主要损害神经系统、消化系统、造血系统和肾脏，还损害人体的免疫系统，降低身体的抵抗力，特别是婴幼儿和学龄前儿童，一旦出现蓄积，体内不易排出，就会引起血铅中毒。目前研究发现，与食品相接触的聚乙烯包装材料随着温度的增加，铅、铬、镉等重金属的迁移量明显增加。2,6 – 二叔丁基对甲苯酚（BHT）是一种常见的抗氧剂，如果BHT迁移到食品中，通过消化道吸收进入人体，能引发肝脏肥大、染色体异变等病变，也会对人体肾脏造成很严重的伤害。微波条件下，聚烯烃抗氧化剂可向脂肪食品迁移。相同加热功率下，抗氧化剂的迁移量随着微波加热时间的延长而增大；同一加热时间的迁移量随着微波加热功率的增大而增大。此外，使用溴系阻燃剂引发的二噁英问题，也引起了极大关注。

3. 润滑剂 氨基脂肪酸常作为润滑剂用于塑料食品包装材料中，它能够使材料表面光滑，不互相粘连，减少静电干扰等。目前主要研究它们从塑料制品向模拟脂肪食品的扩散问题，如测定油酰胺、硬脂酰胺、油烯基棕榈酸酰胺等氨基脂肪酸类物质含量。实验结果表明氨基脂肪酸向模拟食品中的迁移主要受模拟食品类型、包装材质和接触条件的影响，低密度聚乙烯包装材料中的氨基脂肪酸向脂肪食品模拟物中的迁移较大，含量为1.8~3.1mg/kg，而向水性食品模拟物中的迁移量小于0.05mg/kg。

4. 着色剂 生产企业违禁添加着色剂，长期食用此类产品将严重危害人体健康。在塑料食品包装袋上印刷的油墨，因苯等一些有毒物不易挥发，对食品安全的影响更大，而厂家往往考虑树脂对食品安全的影响，忽视颜料和溶剂的间接危害。有的油墨为提高附着牢度会添加一些促进剂，如硅氧烷类物质，此类物质会在一定的干燥温度下使基团发生键的断裂，生成甲醇等物质，而甲醇会对人的神经系统产生危害。

5. 增白剂 荧光增白剂主要用于白色塑料制品，可显著改善产品外观的白度和光亮度，给人感官上更白、更鲜艳的感觉，从而提高其商业价值。我国用于非食品塑料领域荧光增白剂的主要类型为双苯并噁唑类、三嗪苯基氧杂萘酮、双苯乙烯基联苯及苯并三唑与萘并三唑苯基香豆素等化学物质，尤其以前三种物质为主。2011年国际食品包装协会发布的调查信息显示，影院及超市爆米花桶、纸杯、餐馆里的食品桶均查出含有荧光增白剂类物质。

（三）残留的裂解物

残留在食品塑料包装材料中并会迁移进入食品的塑料裂解物主要来源于塑料的抗氧化剂。尤其是PE、PP等食品包装材料中的抗氧化剂裂解物残留于材料中，如亚磷酸酯类辅抗氧剂等。

（四）挥发性有毒物质

在真空条件下，PE、PA的主要挥发性产物为烃。在有空气的条件下，PP、PE的挥发性产物除了烃类外，还有醇、醛、酮和羧酸等，这些物质的存在严重影响人体的健康。

四、塑料包装材料的管理

塑料以及合成树脂都是由很多小分子单体聚合而成，小分子单体的分子数越多，聚合度越高，塑料的性质越稳定，当与食品接触时，向食品中迁移的可能性就越小。用到塑料中的低分子物质或添加剂很多，如防腐剂、抗氧化剂、杀虫剂、热稳定剂、增塑剂、着色剂、润滑剂等，它们易从塑料中迁移，应事先采取措施加以控制。

（一）加强相关标准建设

为了保护消费者利益，保证产品质量，加快塑料废弃物分类回收的速度，最终保护环境和人身健康安全，应当对所有使用的塑料制品，包括通用塑料、工程塑料、功能性塑料、降解塑料制品、抗菌塑料、回收再利用塑料等塑料制品进行标识，并加以标志。我国制定有《塑料制品的标志》（GB/T 16288—2008），并且一直在不断地更新和完善。

（二）加强食品塑料包装认证

国家应加强对食品包装的认证工作，对食品包装产品，特别是塑料制品实行强制性产品认证管理制度。国家已经实行3C认证，严格执行3C认证，方能达到预期效果。

（三）发展新型包装塑料

随着科技的不断发展，我们应当利用新兴技术发展新型的环保无害的塑料制品，如可降解型塑料等。

第四节 金属制品包装材料及容器安全

情境导入

情境 ×月×日，山东青岛市场监督管理局检出一批自韩国进口的不锈钢筷子可溶性镍超标。该批货物共计1000双，货值为618.29美元。经实验室检测，可溶性镍检测结果为4.7mg/dm^2，远超出国家相关规定标准0.1mg/dm^{2}的要求。该局依法对该批货物作退运处理。

问题 哪些用金属制品做包装材料的食品？

金属包装主要以铁和铝为原材料，将其加工成各种形式的容器来包装食品。由于金属包装材料及容器具有包装特性和包装效果优良、包装材料及容器的生产效率高、包装食品流通贮藏性能良好等特点，使其在食品包装上的应用越来越广泛，成为现代最重要的四大包装材料之一。

食品包装常用的金属材料按材质主要分为两类：一类为钢基包装材料，包括镀锡薄钢板（马口铁）、镀铬薄钢板、涂料板、镀锌板、不锈钢板等；另一类为铝质包装材料，包括铝合金薄板、铝箔、铝丝等。

（1）镀锡薄钢板　是低碳薄钢板表面镀锡而制成的产品，简称镀锡板，俗称马口铁板，广泛用于制造包装食品的各种容器、其他材料容器的盖或底。

（2）无锡薄钢板　锡为贵金属，故镀锡板成本较高。为降低产品包装成本，在满足使用要求前提下由无锡薄钢板替代马口铁用于食品包装，主要品种有镀铬薄钢板、镀锌板和低碳钢薄板。

（3）铝薄板　将工业纯铝或防锈铝合金制成厚度为 0.2mm 以上的板材称铝薄板。

（4）铝箔　是一种用工业纯铝薄板经多次冷轧、退火加工制成的金属箔材，食品包装用铝箔厚度一般为 0.05～0.07mm，与其他材料复合时所用铝箔厚度为 0.03～0.05mm，甚至更薄。

一、金属的包装性能

（一）优良性能

1. 优良的阻隔性能　金属包装可以有效地阻隔气体、水分、光线以及油污等，对包装的食品有极好的保护功能，使食品具有较长的货架寿命。

2. 优良的机械性能　金属材料具有良好的抗拉、抗压、抗弯强度，韧性及硬度，用作食品包装表面耐压、耐温湿度变化和耐虫害以及有害物质的侵蚀。这一特点使得用金属容器包装的商品便于运输与贮存，使商品的销售半径大为增加。同时适宜包装的机械化、自动化操作，密封可靠，效率高。

3. 使用方便　金属包装容器不易破损，携带方便，易开盖，增加了消费者使用的方便性。

4. 饰性效果好　金属具有表面光泽，可以通过表面印刷、装饰提供理想美观的商品形象，以吸引消费者，促进销售。

5. 废弃物易处理　金属容器一般可以回炉再生，循环使用，既能回收资源、节约能源，又可减少环境污染。

6. 良好的加工适用性　金属材料具有良好的耐高低温性、导热性、耐热冲击性，可适应食品冷热加工、高温杀菌以及杀菌后的快速冷却等加工需要。

（二）主要缺点

1. 化学稳定性差　主要表现为耐酸碱的能力差，金属包装高酸性内容物时容易腐蚀，金属离子易析出而影响食品风味，这在一定程度上限制了它的适用范围，但现在应用一些涂料，使这个缺点得以弥补。

2. 质量较大　价格较贵金属材料与纸和塑料相比，其质量较大，加工成本较高，但随着生产技术的进步和大规模生产而得以改善。

二、金属包装材料的安全性

金属包装材料是传统包装材料之一，具有高阻隔、耐高温、易回收等优点，用于食品包装有近200年的历史。金属类包装容器可分为两类，一类是非涂层金属类，一类是涂层金属类。非涂层类金属包装容器，其安全问题主要是有毒有害的重金属溶出；涂层类金属包装容器，其安全问题主要是其表面涂覆的涂料中游离酚、游离甲醛及有毒单体的溶出。

金属包装材料一般分为箔材和罐材两种，前者使用铝箔或铁箔（过去有用少量的锡箔）；后者多用于镀锡罐。使用铝箔时对材质的纯度要求非常高，必须达到99.99%，几乎没有杂质。但是因使用铝箔存在小气孔，很少单独使用，多与塑料薄膜黏合在一起使用。金属罐的表面大部分用塑胶涂覆。过去使用的镀锡罐，一般来说其溶出的锡会形成有机酸盐，毒性很大，此类中毒事例较多。如 1960 年日本发生的果汁罐头中毒事件中，250mL 的每盒罐头内，查出锡溶出量高达 1000 ~ 1500mg。造成食源性疾病的物质是枸橼酸或苹果酸的锡盐。按照规定，日本镀锡的果汁罐头锡的溶出限度为 150mg/L 以下。此外，焊锡也能造成铅中毒，不过现在大部分罐头盒的内壁均有涂层，因此几乎不存在由于镀锡而引起的中毒事件。金属类包装材料的危害源主要包括以下几点。

（一）金属元素

特别是用其包装高酸性食品时易被腐蚀，同时金属离子易析出，从而影响食品风味并且造成食品安全问题。

（二）内壁涂料中的有机污染物

如双酚 A（BPA）、双酚 A 二缩水甘油醚酯（BADGE）、双酚 F 二缩水甘油醚酯（BFDGE）、酚醛甘油醚酯（NOGE）及其衍生物作为金属罐内层涂料的初始原料、热稳定剂或增强剂，存在于金属罐内层涂料中。

第五节　玻璃包装材料及容器安全

玻璃是由硅酸盐、碱性成分（纯碱、石灰石、硼砂等）、金属氧化物等为原料，在 1000 ~ 1500℃ 高温下熔化而成的固体物质。约 4500 年以前，在美索不达米亚已经发明了玻璃制造技术，主要制作玻璃珠等装饰品。到 17 ~ 18 世纪，发明了以食盐为原料制造纯碱的技术，对玻璃工业的发展起了很大的促进作用。20 世纪以后，玻璃工业逐步达到了机械化和自动化的程度，玻璃包装工业进入了一个迅猛发展的时期。进入 21 世纪，计算机已广泛用于生产线的自动控制。

玻璃的种类很多，根据组成可分为元素玻璃、氧化物玻璃、卤化物玻璃、硫属玻璃等。工业生产的商品玻璃主要是氧化物玻璃，它们由各种氧化物组成。氧化物玻璃的组成主要有 SiO_2、B_2O_3、P_2O_5、Al_2O_3、Li_2O、Na_2O、K_2O、CaO、SrO、BaO、MgO、BeO、ZnO、PbO、TiO_2、ZrO 等。其中，SiO_2、B_2O_3 和 P_2O_5 等可以单独形成玻璃，叫作玻璃形成体氧化物；而碱金属和碱土金属氧化物本身不能单独形成玻璃，但可以改变玻璃的性质，叫作改变体氧化物；介于二者之间的氧化物，如 Al_2O_3 和 ZnO 等，在一定条件下可以成为玻璃形成体的氧化物，叫作中间体氧化物。

根据玻璃形成体氧化物的不同，可以把玻璃分为硅酸盐玻璃、硼酸盐玻璃、磷酸盐玻璃和铝酸盐玻璃等。由两种以上玻璃形成体氧化物组成的玻璃，则以其含量多少来命名。例如，由 SiO_2 和 B_2O_3 两种氧化物组成的玻璃，当 SiO_2 含量比 B_2O_3 多时，叫作硼硅酸盐玻璃。在 SiO_2、B_2O_3、Al_2O_3 作玻璃形成体构成的玻璃中，如果氧化物含量 $SiO_2 > B_2O_3 > Al_2O_3$，叫作铝硼硅酸盐玻璃；如果氧化物含量 $SiO_2 > Al_2O_3 > B_2O_3$，叫作硼铝硅酸盐玻璃。对于玻璃包装材料，食品级包装正在逐步推广使用硼硅玻璃，其主要成分除二氧化硅外，含硼量达 8% ~ 13%。这种材料主要特点是化学稳定性好，极少有溶出物，透明，保香性等方面也占优势。从安全角度出发，对该类产品应加强砷溶出量、重金属的控制。

一、玻璃的包装性能

（一）玻璃包装材料的优点

1. 无毒无味，化学稳定性好，卫生清洁，预包装食品无任何不良反应。

2. 温度耐受性好，可高温杀菌，也可低温贮藏。

3. 光亮，透明，美观，内装物清晰可见，特别适合透明销售包装。

4. 原材料来源丰富，价格便宜，成本低。

5. 成型性好，加工方便，可制作各种形状，以适应市场需要。

6. 可回收及重复使用，对环境污染少。

7. 刚性好，不易变形。

8. 阻隔性能好，不透气，能提供良好的保质条件，对食品的风味、香气保持良好。

（二）玻璃包装材料的不足之处

1. 质量大，运输费用高。

2. 脆性大，易破碎。

3. 加工耗能大。

4. 印刷性能差。

二、玻璃包装材料的安全性

玻璃具有无毒无味、高阻隔、光亮透明、化学稳定性好、易成型、卫生清洁和耐气候性好等特点，用量占包装材料总量的 10% 左右。玻璃根据其化学成分的不同，可分为钠钙玻璃、铅玻璃、硼硅酸盐玻璃等。使用玻璃存在以下安全隐患。

（一）有毒物质溶出

玻璃是硅酸盐、金属氧化物等的熔融物，烧成温度为 1000 ~ 1500℃，因此大部分都形成不溶性盐，是一种惰性材料，无毒无害。但是熔炼不好的玻璃制品可能发生来自玻璃原料的有毒物质溶出问题。所以，对玻璃制品应用水浸泡处理或加稀酸加热处理。对包装有严格要求的食品药品可改钠钙玻璃为硼硅酸盐玻璃，同时应注意玻璃熔炼和成型加工质量，以确保被包装食品的安全性。

（二）着色剂溶出

为了防止有害光线对内容物的损害，加色玻璃中着色剂溶出的迁移物是玻璃器皿中较突出的安全问题。如添加的铅化合物可能迁移到酒或饮料中，二氧化硅也可溶出。《食品安全国家标准 玻璃制品》（GB 4806.5—2016）规定，铅结晶玻璃的铅溶出量应限定在（$0.5 ~ 1.5 \times 10^{-6}$）。玻璃的着色需要用金属盐，如蓝色需要用氧化钴，竹青色、淡白色及深绿色需要用氧化铜和重铬酸钾等。

（三）高透明度不利保存

玻璃的高度透明性可能对某些内容食品是不利的，容易产生化学反应，进而产生有毒物质。

第六节 橡胶制品、搪瓷和陶瓷包装材料及容器安全

情境导入

情境 ×年底，广东省市场监管部门发布的一份食品相关产品监督抽查显示，8 批次问题食用陶瓷容器存在抗热震性、吸水率或荧光性物质等项目不合格情况。在颜料中添加铅和镉可以使陶瓷釉均匀、明亮，有些企业生产工艺对铅镉的控制不够，容易导致铅、镉等超标，对人体存在潜在危害。

问题 哪些是用陶瓷、橡胶等做包装材料的食品？

一、橡胶制品

橡胶制品是以天然橡胶或合成橡胶为主要原料加入适当添加剂制成。

（一）橡胶制品包装材料及其制品的分类和包装性能

橡胶制品可分为天然橡胶和合成橡胶两种。

1. 天然橡胶 是以聚异戊二烯为主要成分的天然高分子化合物，其成分中 91%～94% 是橡胶烃（聚异戊二烯），其余为蛋白质、脂肪酸、灰分、糖类等非橡胶物质，是由巴西橡胶树上采集的天然胶乳，经过凝固、干燥等加工工序而制成的弹性固状物。通常在人体中不会被细菌和酶分解吸收，所以一般认为天然橡胶无毒。但为了满足一些包装产品的特殊要求，会在制成包装材料时添加一些化学合成的添加剂，如填充剂、抗老化剂、硫化促进剂等，可能会向食品中迁移而导致食品污染。

2. 合成橡胶 采用不同原料人工合成的高弹性聚合物，也称合成弹性体。大部分合成橡胶和天然橡胶一样，主要用于制造汽车轮胎、胶带、胶管、胶鞋、电缆、密封制品、医用橡胶制品、胶黏剂和胶乳制品等。合成橡胶材料可节约成本、提高橡胶制品的特性，也具有优良的耐热性、耐寒性、防腐蚀性且受环境因素影响小，可在 60～250℃ 正常使用，但拉伸效果比较差，抗撕裂强度以及机械性能也比较差，但因其成本低廉成为很多企业生产中低档型产品的首选。常用于食品工业的有丁橡胶、硅橡胶、苯乙烯丁二烯橡胶及丁腈橡胶等，均为高分子聚合物，未完全聚合的单体也残留在橡胶制品中，单体和添加剂成为与食品接触时的最大污染源。

（二）橡胶制品安全性

目前，橡胶制品的主要卫生问题是加工过程中所使用各种添加剂和未能聚合的单体及裂解产物两个方面。橡胶单独作为食品包装材料使用的比较少，一般多用作直接接触食品的衬垫或密封材料，如奶嘴、瓶盖、垫片、高压锅垫圈等，以及非直接接触的管道和传送带等。目前，橡胶制品的主要卫生问题是加工过程中未能聚合的单体及裂解产物和所使用的各种添加剂两个方面。

1. 未能聚合的单体及裂解产物

（1）合成橡胶 氯丁二烯橡胶中氯丁二烯单体为无色、易挥发、具有辛辣气味的有毒液体，接触低浓度氯丁二烯，可引起强烈的刺激征，出现眼结膜充血、流泪、咳嗽、胸痛，以及头痛、头晕、嗜睡、恶心、呕吐等症状，吸入高浓度氯丁二烯，可引起严重呕吐、烦躁不安、兴奋、抽搐、血压下降、肺水肿、休克。严重者迅速陷入昏迷，长期接触可致毛发脱落，发生接触性皮炎、结膜炎、角膜周边性坏死以及贫血和肾脏损害。

（2）丁基橡胶 丁基橡胶制品耐油性和耐热性都很好，但其单体异丁烯可引起窒息、弱麻醉和弱刺激，出现黏膜刺激症状、嗜睡、血压稍升高，有时脉速，高浓度中毒可引起昏迷，长期接触异丁烯，会出现头痛、头晕、嗜睡或失眠、易兴奋、易疲倦、全身乏力、记忆力减退等症。

（3）丁腈橡胶 由丙烯腈和丁二烯聚合而成，以强耐油性著称，丙烯腈在体内析出氰根，抑制呼吸酶，对呼吸中枢有直接麻醉作用，急性中毒以中枢神经系统症状为主，伴有上呼吸道和眼部刺激症状，表现与氢氰酸相似。

2. 橡胶添加剂 包括防老剂、硫化促进剂、抗氧化剂、增塑剂、填充剂和色素等。这些都有可能迁移到食品中，对食品造成污染，故食品包装应慎选橡胶制品，尤其是合成橡胶制品。

（1）防老剂 是一种在橡胶生产过程中加入的能够延缓橡胶老化、延长橡胶使用寿命的化学药品，根据其主要作用可分为抗热氧老化剂、抗臭氧剂、有害金属离子抑制剂、抗疲劳剂、紫外线吸收剂、抗龟裂剂等，多为一种多效。常用的防老剂主要为酚类和芳香胺类化合物，尤其以萘胺类化合物中的 β 萘胺有明显的致癌性，可诱发膀胱癌。

（2）硫化促进剂 主要用硫黄来进行，但是硫黄与橡胶的反应非常慢，因此硫化促进剂应运而生。将促进剂加入胶料中能促使硫化剂活化，加快硫化剂与橡胶分子的交联反应，达到缩短硫化时间和降低硫化温度的效果。加工过程中使用的有机促进剂有醛胺类、胍类、硫脲类、噻唑类、次磺酰胺类和秋兰姆类等，其中次磺酰胺类综合性能最好。1,2 - 亚乙基硫脲（促进剂 NA - 22）有致癌性，二苯胍（促进剂 D）对肝脏及肾脏有毒性，因此禁止将这类促进剂用于食品包装的橡胶制品中。无机促进剂有氧化钙、氧化镁、氧化锌、氧化铅等，除含铅的促进剂外一般认为较安全。

（三）橡胶制品的管理

我国规定食品包装材料所用原料必须是无毒无害的，并符合国家卫生标准和卫生要求。《食品用橡胶制品卫生标准》适用于以天然橡胶或合成橡胶为主要原料，配以特定助剂制成接触食品的片、圈、管等橡胶制品。其中《橡胶奶嘴卫生标准》适用于以天然橡胶、硅橡胶为主要原料，配以特定助剂制成的奶嘴。橡胶制品中使用的助剂，按《食品容器、包装材料用助剂使用卫生标准》执行。

二、搪瓷和陶瓷

搪瓷是一种把无机玻璃质原料熔制后制成搪瓷釉浆（搪釉）再涂附在金属基体上（如铁皮），在高温（800～900℃）烧结而成，具有不生锈、易清洗、无毒、耐冷热骤变、耐酸等优良特性。陶瓷是以黏土为主要原料，加入长石、石英等物质经配料、粉碎、炼泥、成型、干燥、上釉、彩饰，再经高温烧结而成。与金属、塑料等包装材料制成的容器相比，陶瓷容器更能保持食品的风味，给人以纯净、天然的感觉，更能体现传统的民族特色。因此，主要用于装酒、咸菜、传统风味食品，在保护食品的风味上具有很好的作用。

搪瓷、陶瓷容器的主要危害是制作过程中在坯体上涂的彩釉、瓷釉、陶釉等引起。釉是一种玻璃态物质，釉料的化学成分和玻璃相似，主要是由某些金属氧化物硅酸盐和非金属氧化物的盐类的溶液组成，大多含有铅（Pb）、锌（Zn）、镉（Cd）、锑（Sb）、钡（Ba）、钛（Ti）等多种金属氧化物硅酸盐和金属盐类，它们多为有害物质；制釉过程中为降低熔融温度，会添加硼砂和氧化铅等物质；釉彩所用颜料为氧化铅、硫化镉等金属盐类；饰花过程中花版会有镉的残留。当使用搪瓷容器或陶瓷容器盛装酸性食品（如醋、果汁）和酒时，这些物质容易溶出而迁入食品，甚至引起中毒。

陶瓷器卫生标准是以 4% 乙酸浸泡后铅、镉的溶出量为标准，标准规定，镉的溶出量应小于 0.5mg/L。根据陶瓷彩饰工艺不同，分为釉上彩、釉下彩和粉彩，其中釉下彩最安全，金属迁移量最少，粉彩金属迁移量最多。搪瓷器卫生标准是以铅、镉、锑的溶出量为控制要求，标准规定铅小于 1.0mg/L，镉小于 0.5mg/L，锑小于 0.7mg/L。

第七节　功能性包装材料及容器安全

功能性包装材料是普通包装材料的延伸，在具有一般包装材料功能和特性的同时，还必须具备特殊的性能。这些特殊性可以满足所要包装的食品的特殊要求和特殊环境条件。功能性包装材料则是在复合材料或传统功能材料基础上包含化学、生物、环境等性能在内的满足某些物质特性的特殊材料。不同的物质需要不同的功能性包装材料，如可溶性包装材料、可食性包装材料、绿色包装材料、保鲜包装材料以及特种功能包装材料等。

一、可溶性包装材料

可溶性包装材料指的是在常温下自然溶解的包装材料。目前人们研究得较多或正在进行研究的水溶性包装材料、降解包装材料、自溶型包装材料均属于可溶性包装材料。

(一) 水溶性包装材料——水溶性薄膜

水溶性塑料包装薄膜作为一种新颖的绿色包装材料,在欧美、日本等国被广泛用于各种产品的包装,水溶性包装薄膜的最大优点是阻隔性(也称阻透性)和水溶性,它对水及湿气具有极度的敏感性,还具有降解彻底、使用安全方便、力学性能好且具有防伪功能。可作为食品内包装及其覆膜层(与纸复合)。其与纸复合后,既可使用纸做的内包装便于加热封口,还可使之在用后不污染环境(放入自然界雨水一淋便溶化)。另外还可以用于食品包装的防伪和质量鉴别。采用不同程度皂化的聚乙烯醇制取不同溶解温度和溶解时间的水溶性薄膜,用作非水性液体的包装(如乳状、油性物等),这类物质很容易被不法者掺假(加入水),而正宗厂家采用水溶性薄膜包装后,一旦被制假者加入一定量的水,包装便会溶化,这样就达到了防假打假的目的。

(二) 生物溶性包装材料——生物降解薄膜

生物降解薄膜的降解就是将用后的包装薄膜置于大气或土壤中,被微生物分解。主要特性是柔软性、耐破度、伸展性、透明度、降解率、脆性等。包括生物聚酯和植物合成两种类型。

1. 生物聚酯包装材料 是利用微生物产生的共聚聚酯,经过改变其共聚成分,制得的类似于晶体的坚硬的塑料类材料。它既可是结实的线材,也可是透明柔软的薄膜,是一种很有前途的生物降解材料。

2. 植物合成生物降解包装材料 通过操纵植物的遗传因子,部分控制淀粉高分子链的质化度,从而制造出以廉价的淀粉为主的生物降解包装材料。

(三) 光溶解包装材料——光降解薄膜

光降解包装材料是可溶性环保型包装材料之一。目前有关光降解塑料薄膜的光降解机制归纳起来主要有如下两大理论,即紫外线分解裂变和光降解氯化(即老化)降解。光降解薄膜的降解理论还有一些其他的假设,如能量理论、分子裂变理论等,但均属于探索阶段,而且很多理论缺乏系统的试验,因此还需要进一步研究探索。

(四) 乳酸降解材料

此项技术非常成熟,具有100%的降解效果。它主要是以乳酸为原料,生产出的一种具有特殊性质的聚合物,可用作胶囊包装。它不仅有完全的生物可降解性,还有环境安全性。但它的亲水性太强,在0.25秒即可完全降解。因此,在包装上的应用范围十分有限。

(五) 酪素降解材料

酪素降解材料是利用动物乳,通过酸化后得到的。在酪素中加入增塑剂、色料及填充剂,并加入适量水,搅拌均匀后,再用螺旋挤压方式成型,最后在甲醛溶液中硬化而得。

(六) 蛋白降解材料

利用植物蛋白质(如玉米、大豆等),加入一定量的水、甲醛、增塑剂及颜料进行搅拌,再经挤压或模压而得。它可单独用作包装或用作纸张的涂料(覆膜),是一种理想的食品包装材料。另外用动物甲壳制取包装材料的研究也在进行中。

二、可食性包装材料

可食性包装材料是一种新型的包装材料,按其名可解释为可以食用的包装材料。也就是当包装的功能实现后,即将变为"废弃物"时,它转变为一种食用原料,这种可实现包装材料功能转型的特殊包装材料,便称为可食性包装材料。无论是哪种类型的可食性包装材料,都只能是以某种主要原料或成分来加以界定，用完全纯粹单一的材料去分类很难办到。因此可食性包装材料是利用其主要原料（成分）来分类的，大体上分为五大类，即淀粉类可食性包装材料、蛋白质类可食性包装材料、多糖类可食性包装材料、脂肪类可食性包装材料及复合类可食性包装材料。

此外，还有一些其他类型的可食性包装材料，如膨化型（发泡型）食品包装材料等。可食性包装材料是当前包装材料研究中较为热门的课题。关于可食性包装不断有新的品种和技术出现。可食性包装是世界食品工业新科技发展的主要趋势，它已涉及广泛的应用领域，如肠衣、果蜡、糖衣、糯米纸、冰衣和药片包衣等。由于可食性包装功能多样，无害环境，取材方便，可供食用，因此近年来发达国家食品业竞相研制开发，新产品、新技术不断涌现，应用前景广阔。

三、绿色包装材料

绿色包装又称为环境友好包装或生态包装，它是指对生态环境和人体健康无害，能循环复用和再生利用，可促进国民经济持续发展的包装。也即包装产品从原材料选择、产品制造、使用、回收和废弃的整个过程均符合生态环境保护的要求，包括了节省资源、能源，减量，避免废弃物产生，易回收复用，可再循环利用，可焚烧或降解等生态环境保护要求的内容。

绿色包装材料一般可分为可降解包装材料和非降解无公害包装材料（如玻璃、陶瓷等无机矿产材料）。或根据其来源划分为下述三种类型。

（一）工业加工包装材料（无公害材料）

如生物降解、光降解、水溶性等塑料类或近似塑料包装材料膜与容器，以及金属、陶瓷等包装材料及容器。

（二）天然材质包装材料

（1）纸包装材料。

（2）植物类天然绿色包装材料 草质购物方便袋，植物纤维快餐饭盒，编织包装容器，玉米穗苞叶芯管，天然木质包装盒。

（3）矿物类绿色包装材料 珍珠岩缓冲包装件，黏土、陶瓷制品。

（4）动物类天然绿色包装材料 动物的皮毛、贝壳、动物胶。

（三）组合类绿色包装材料

包括天然材质与工业合成材质的组合，如木材与纸板组合的包装、木材与金属组合的包装、可降解塑料类薄膜与纸的复合包装等。

食品功能性包装材料随着新食品的出现和人类对食品性能要求的变化也在不断地变化，但最终目的还是通过食品功能性包装材料而使食品得到更好的保护（营养、品质等）。未来的食品功能性包装材料会越来越多。

第八节 食品包装印刷油墨安全

油墨含有重金属、残留溶剂、有机挥发物以及多环芳烃等大量有毒有害化学物质，可通过化学迁移对食品内容物造成污染，对人的危害极大，易引起癌症等疾病。

近年来，油墨污染食品的事件时有发生。如一些高档食品包装使用锡纸，据了解，很多锡纸中铅含量都超过了卫生允许指标，而铅是公认的造成重金属中毒的"元凶"。还有许多企业喜欢用彩色包装纸包装食品，虽然彩色油墨是单面印刷在食品包装纸外侧，但印刷后的彩纸是捆叠在一起的，每张包装纸的无印刷面也接触了油墨，即使是浸了石蜡的彩色蜡纸，也会因涂蜡不匀，彩色油墨仍有机会与食品直接接触。以前发生过的某品牌婴儿牛奶遭遇封杀事件，其原因为意大利食品监管部门在抽样检测后发现该品牌婴儿牛奶中存在微量感光化学物质异丙基硫杂蒽酮。这种物质原本存在于婴儿牛奶包装盒的印刷油墨中，牛奶中检出这种物质的原因很可能是微量的油墨渗透到婴儿牛奶中。尽管此物对人体健康是否有危害还无定论，但由于婴儿各器官系统发育尚未完全成熟，对外界有害物质抵抗力较低，因此长期饮用这种牛奶对婴儿可能带来的伤害是不能忽视的。

欧盟实施食品包装印刷油墨新标准，制定了含 4 - 甲基二苯甲酮或二苯甲酮的印刷油墨食品包装的最大迁移限量，规定食品包装印刷油墨材料内的 4 - 甲基二苯甲酮及二苯甲酮总的迁移极限值须低于 0.6mg/kg。面对欧盟严苛的法规，食品出口企业在选择包装材料生产商时必须严格把关，尽可能选择低风险、安全性能高、环保性能好的包装材料，并了解其生产工艺。为了防止油墨对食品造成的污染：一方面要加强对油墨配方的审查，选用安全的颜料和溶剂，印刷后油墨中的溶剂必须全部挥发，油墨固化彻底，并达到相应的行业标准；另一方面印刷面不能直接接触食品。企业在包装袋使用前也可将包装材料送往检验检疫机构具有相应资质实验室进行符合性验证，以确保产品安全。

第九节　食品包装材料及容器安全法律法规与卫生管理措施

食品是供人们食用的，而食品包装直接或间接地与食品接触，食品包装的质量安全关系到公众的身体健康和生命安全。食品包装材料作为保证食品安全卫生的重要手段也得到了更广泛的重视。

一、食品包装材料现行法规与标准

为了保障人体健康，近年来，我国已逐步完善形成主要由通用标准（GB 4806.1）、添加剂及产品标准（GB 9685 和 GB 4806 系列）、检测方法（GB 31604 系列、GB 23296 系列和 GB 5009 系列）和生产通用卫生规范（GB 31603）四部分组成的食品接触材料标准体系。

2016 年，国家卫生计生委发布《食品安全国家标准　食品接触材料及制品通用安全要求》（GB 4806）、《食品安全国家标准　食品接触材料及制品》（GB 31604）、《食品安全国家标准　食品接触材料及制品用添加剂使用标准》（GB 9685）等 52 项食品安全国家标准。

二、食品包装材料和容器监管职责分工及监管制度

（一）食品包装材料和容器监管职责分工

依据《食品安全法》及其条例的规定和部门职责分工，卫生部门负责食品包装材料的安全评价和制定食品安全国家标准，市场监管部门负责生产企业、流通环节的监管，工信部门负责行业管理、制定产业政策等。

（二）食品包装材料和容器监管制度

为了从源头上规范企业生产行为，保证食品安全，防止食品用包装物自身某些成分的活性以及其生产、储存等过程中可能受到的物理性、化学性、生物性的污染，从而对其包装的食品带来潜在的危害，食品包装材料和容器中食品用塑料和纸制品 2 种材质早已纳入生产许可管理产品。2018 年，国家市场监管总局组织全面修订了工业产品生产许可证实施通则，细则中进一步修订并发布了《食品用塑料包装容器工具等制品食品相关产品生产许可实施细则》和《食品用纸包装、容器等制品食品相关产品生产许

可实施细则》。细则对用于包装、盛放食品或者食品添加剂的包装容器制品，食品或者食品添加剂生产、流通、使用过程中直接接触食品或者食品添加剂的容器、用具、餐具等制品实施市场准入制度，对于未获得食品用塑料包装容器工具、纸包装容器等制品生产许可证的产品不得生产销售。

三、食品包装材料产生食品安全危害的控制措施

食品包装材料对食品造成的危害按其污染物的性质可分为化学性、物理性、生物性污染，通常包装材料直接造成化学性污染可能性较大，生物性污染次之，但化学与生物方面造成的污染，只要生产商规范生产、贮运管理控制，该类污染是可控制在可接受水平内；食品包装材料对食品造成物理性污染通常是肉眼可见的异物等，但产生感官不易识别而造成的间接污染通常会被忽略，如包装罐、袋的封口气密性不良，极易造成食品在货架期间内残留微生物滋长与产毒，从而间接导致产生生物与化学性危害，造成隐患。

（一）化学性危害控制措施

化学性污染控制主要是在原料、油墨、色母料、涂料采购选择控制按规范采购符合食品级要求的原辅材料。

1. 控制原材料采购与使用　食品包装用材料的材质应符合相应的产品食品级包材卫生标准及产品标准要求，如《食品安全国家标准　食品接触用塑料材料及制品》（GB 4806.7—2016）等。有些不法厂家为了降低成本，使用废塑料及非食品级工业原料，如使用废旧塑料生产纯净水桶，易造成化学污染物迁移超标；违规使用脲醛树脂代替密胺树脂生产密胺餐具，造成甲醛及其他化学污染物污染，超量、超范围使用添加剂，亦易造成包装物对食品产生不良化学污染。

2. 控制油墨使用　食品包装印刷用油墨企业应按《危险化学品油墨产品实施细则》要求取得生产许可证，其生产的油墨产品应符合《食品容器、包装材料用添加剂使用卫生标准》及相应产品标准要求，如凹版印刷油墨产品标准：《凹版塑料薄膜表印油墨》（QB/T 1046—2012）、《凹版塑料薄膜复合油墨》（QB/T 2024—2012）标准中均明确油墨产品中重金属（铅、砷、镉、铬、汞、钡）、溶剂（溶剂残留总量、苯系溶剂残留量）。如部分包装材料生产企业使用含苯类溶剂型油墨，导致苯类溶剂迁移到食品，含苯类溶剂型油墨生产已列入 2011 产业结构调整指导目录淘汰类产品，任何企业个人不得生产使用。

3. 严禁违规使用色母料等添加剂　色母料产品应符合 GB 9685 及相应产品标准要求，超量、超范围使用色母料都会导致化学污染物迁移到食品，如 GB 9685 对着色剂的纯度提出要求，明确了重金属（铅、砷、镉、铬、汞、钡等 8 种重金属的限量值）及其他化学污染物：多氯联苯、芳香胺、二氨基联苯、萘胺、四氨基联苯限量要求，应符合相应产品标准要求，如《聚乙烯着色母料》（QB 1648—1992）、《丙烯腈－丁二烯－苯乙烯（ABS）色母料》（QB/T 2894—2007）。

4. 控制涂料使用　食品接触用涂料及涂层应符合 GB 4806.1—2016 和《食品安全国家标准　食品接触用涂料及涂层》（GB 4806.10—2016）的要求。GB 4806.10—2016 还对食品接触所使用涂料的感官、理化以及添加剂作出了明确规定，并罗列出了允许使用的基础树脂及使用要求共计 105 项。

（二）生物性危害控制措施

良好的卫生条件，控制得当的消杀工序和生产、贮运环节卫生，都能有效防止环境污染造成和生物性交叉污染的危害。因此食品包装材料生产企业应按相关规范要求，不断强化内部管理，提高产品质量安全水平，如应严格参照《食品安全国家标准　食品接触材料及制品生产通用卫生规范》（GB 31603—2015）标准，不断改进厂区环境、厂房和设施、设备和生产过程及操作控制、卫生质量管理水平，提高

人员的素质、能力等，以期保证产品稳定的质量安全水平。

（三）物理性危害控制措施

物理性危害主要是肉眼可见异物，如材料本身的碎屑、员工的毛发、环境蚊虫等混入产品造成的污染，肉眼不可见的封口气密性，产品材质及构造也决定了产品本身的性能，如食品中最常见的复合膜袋，构成至少 2 种材质膜及黏合剂等，材质厚度的均匀性及生产过程黏合剂使用的均匀对终产品袋的封口气密性起决定性作用，目前膜的厂家质量参差不齐，每批原料膜的采购均匀性控制成为决定终产品质量的关键因素，这些不安全因素都反映了包装材料厂家产品质量，因此食品接触材料的采购前，应对生产厂家及其产品的合格性和相关资质进行调查和评估，严格按规范要求采购合格的产品。

另外，食品包装材料产品在其他方面的危害主要表现为标识不规范，未能正确指导下游的食品企业正确使用，食品包装材料生产企业应按相关规范要求，正确标识，引导下游的食品企业按标注的要求使用条件要求使用。

知识链接

2023 年 9 月 25 日，国家卫生健康委、国家市场监督管理总局发布了 85 项食品安全国家标准和 3 项修改单的公告，其中涉及食品接触材料的食品安全国家标准有 17 项，包括 5 项产品标准（塑料、金属、橡胶、复合材料、油墨）和 12 项方法标准（迁移通则、方法验证通则、特定迁移量检验方法等）。标准制定了食品接触材料及制品用油墨标准，修订了食品接触用塑料、金属、橡胶、复合材料及制品等标准。具体新增和修改见表 6-3 和表 6-4。

表 6-3 食品接触材料及制品产品标准

标准名称	标准号
食品安全国家标准　食品接触用塑料材料及制品	GB 4806.7—2023
食品安全国家标准　食品接触用金属材料及制品	GB 4806.9—2023
食品安全国家标准　食品接触用橡胶材料及制品	GB 4806.11—2023
食品安全国家标准　食品接触用复合材料及制品	GB 4806.13—2023
食品安全国家标准　食品接触材料及制品用油墨	GB 4806.14—2023

表 6-4 食品接触材料方法标准

标准名称			标准号
食品安全国家标准	食品接触材料及制品	迁移试验通则	GB 31604.1—2023
食品安全国家标准	食品接触材料及制品	脱色试验	GB 31604.7—2023
食品安全国家标准	食品接触材料及制品	丙烯酸和甲基丙烯酸及其酯类迁移量的测定	GB 31604.29—2023
食品安全国家标准	食品接触材料及制品	游离酚的测定和迁移量的测定	GB 31604.46—2023
食品安全国家标准	食品接触材料及制品	纸、纸板及纸制品中荧光性物质的测定	GB 31604.47—2023
食品安全国家标准	食品接触材料及制品	多元素的测定和多元素迁移量的测定	GB 31604.49—2023
食品安全国家标准	食品接触材料及制品	双酚 F 和双酚 S 迁移量的测定	GB 31604.54—2023
食品安全国家标准	食品接触材料及制品	异噻唑啉酮类化合物迁移量的测定	GB 31604.55—2023
食品安全国家标准	食品接触材料及制品	月桂内酰胺迁移量的测定	GB 31604.56—2023
食品安全国家标准	食品接触材料及制品	二苯甲酮类物质迁移量的测定	GB 31604.57—2023
食品安全国家标准	食品接触材料及制品	9 种抗氧化剂迁移量的测定	GB 31604.58—2023
食品安全国家标准	食品接触材料及制品	化学分析方法验证通则	GB 31604.59—2023

练 习 题

答案解析

一、单选题

1. 纸类包装材料和容器禁止使用（　　）。

    A. 荧光增白剂　　　B. 食用级石蜡　　　C. 增塑剂　　　　D. 表面活性剂

2. 塑料包装材料对食品安全的影响包括树脂本身和添加剂，树脂本身的主要危害体现在（　　）。

    A. 有机高分子材料本身的毒性

    B. 塑料中残留的单体

    C. 材料内部残留的有毒有害化学污染物

    D. 材料内部残留的微生物污染

3. 为了加强塑料包装材料的管理，以下不合理的是（　　）。

    A. 对所有塑料制品进行标识

    B. 不断更新和完善相关标准

    C. 加强食品包装塑料制品的认证管理制度

    D. 杜绝塑料废弃物的回收

4. 玻璃制品中较为突出的食品安全问题是（　　）。

    A. 硅酸盐成分有毒有害　　　　　　　B. 玻璃制品容易受到污染

    C. 有毒物质和着色剂溶出　　　　　　D. 玻璃透明度高

二、简答题

1. 简述食品包装的定义以及常见食品包装材料。

2. 食品包装材料及容器的安全危害控制措施有哪些？

书网融合……

本章小结　　　　　　微课　　　　　　题库

第七章

食品安全质量保障体系

PPT

学习目标

知识目标

1. 掌握 HACCP 管理体系的原理。

2. 熟悉 食品原料、加工、流通环节食品安全危害因素及防治对策。

3. 了解 ISO 22000 食品安全管理体系

能力目标

1. 熟悉 GMP 的主要内容。

2. 能运用 HACCP 的原理解决实际问题。

3. 熟悉 ISO 22000 食品安全管理体系的主要内容。

素质目标

通过本章学习，树立底线思维，具备风险意识及风险防控的基本素养。了解食品安全保障体系在各环节的危害因素，能够应用 GMP、HACCP、ISO 22000 食品安全管理体系的基本原理、基本方法分析、解决问题。

　　我国食品安全保障体系是由监管部门、检测机构、种植养殖主体、生产经营主体、消费者共同参与构成的，整个体系链条长，涉及生态环境、住房和城乡建设、商务、教育、工信、科技、卫生、农业农村、市场监管等多个部门，涉及食品抽样检验，违法案件查处，刑事犯罪侦查、起诉、审判、执行等，是一个层面多、环节多、涉及广的复杂体系，包含了安全监督管理体系、认证认可体系、检验检测体系、可追溯体系、标准体系等。其中，食品安全监管体系由政府主导建设，并通过推进食品安全标准的制定、食品安全风险评估评价、食品市场准入备案许可、食品质量认证、食品安全检验检测、食品违法行为查处与惩戒等工作实现对食品质量安全的保障。食品常见的认证认可体系有食品 GMP 认证、ISO22000 认证、HACCP 认证等，通过食品安全管理体系认证，可以有效识别、控制食品安全危害因素，提高产品的知名度和认知度，增加消费者消费信心等。食品检验检测体系通过食品安全标准的执行和实施，有效识别不合格食品，实现为执法部门提供执法依据，为食品生产企业提供生产改进方向和上市销售依据等。食品安全可追溯体系的建设由企业作为实施主体，政府辅助监管，实现食品的来源清楚、去向明确、信息便捷查询。食品安全标准体系贯穿于整个食品安全保障体系之中，为各项工作的实施提供标准化指导和基础技术支撑，实现病性微生物、农药残留、兽药残留、重金属、污染物质以及其他危害人体健康物质的限量规定等危害有效识别、可控。以上几大体系借助于食品安全信息网络平台共同作用，构成我国食品安全保障体系。通过在食品安全网络信息平台上公开食品安全信息，增加我国食品安全保障工作的透明度，接受社会监督；同时将食品安全科技推广与宣传到全社会，将我国食品安全保障由被动实施变为主动实施，提高我国食品消费市场消费者信心指数，推动我国食品经济发展。

第一节　食品生产过程中的安全质量保障体系 📱微课1

食品生产过程的质量安全是政府关注、群众关心的社会焦点问题，也是食品安全的基础和源头，食品生产环节的管理对食品安全起到关键性作用，任何一个环节管理不规范，都可能造成严重的食品安全事故，危害广大人民群众的身体健康和生命安全。我国的食品生产加工环节，存在着产业化集约化程度低、标准化和规模化生产企业少、小作坊数量庞大、食品原料来源复杂、食品原料种类繁多、食品储存条件环境简陋、生产企业加工环境不达标、不规范组织生产加工、小作坊准入门槛低、不经检验放行成品等现象，给食品安全带来了风险隐患。

一、食品原料生产过程安全保障体系

食品安全问题是世界各国都存在的热点问题，生产环节产生的食品安全事故也屡见不鲜。我国因食物种类多、生产加工方式多样，食品从业人数庞大，情况比较复杂。食品生产环节的安全问题、食品原料生产过程中的安全控制尤为关键，因此，我国提出了"从农田到餐桌"的全程质量控制理念。食品原料安全的影响因素涉及从种植、养殖到餐桌整个食品链条中的每个环节，其中种植、养殖环节是源头、是关键，只有符合安全标准的原料，才能生产出符合安全标准的食品。我国目前种植、养殖的源头污染对食品安全的危害越来越严重，滥用农兽药、农兽药残留、环境污染物、致病菌滋生、动物疫病疫情等问题较为突出。

（一）食品原料的分类

根据在产品中的不同作用，可分为食品主料、食品辅料、食品添加剂三大类。

1. 食品主料　即食品主要原料，是指食品加工中用量较大、未经深加工的可食用的天然物质，主要是农副产品，包括面、米、肉、蛋、奶、油、糖、果、蔬等。又可细分为糖料、粮面、豆类、油料、水果、蔬菜、肉类、禽蛋、茶类、水产、菌藻、干果、其他，共13类。

2. 食品辅料　是指经深加工过的或用量较小的农副产品，其特点是生产原料和配料本身都是天然物质，即"双天然"一般无用量限制，具有改善食品品质、加工性能及代料的作用，不是食品添加剂卫生标准中所列品种，可分为淀粉、变性淀粉、淀粉糖、糖醇、专用面粉、酵母制品、低聚糖、蛋白类、膳食纤维、馅料、调味料、香辛料、动植物提取物、饮料浓缩液、可可制品、功能性食品配料、其他，共17类。

3. 食品添加剂　是指为改善食品品质和色、香、味以及为防腐和加工工艺的需要而加入食品中的化学合成或天然物质，可分为酸度调节剂、抗结剂、消泡剂、抗氧化剂、漂白剂、膨松剂、胶姆糖基础剂、着色剂、护色剂、乳化剂、酶制剂、增味剂、面粉处理剂、被膜剂、水分保持剂、营养强化剂、防腐剂、稳定和凝固剂、甜味剂、增稠剂、香精香料、食品加工助剂、其他，共23类。

（二）食品原料对食品安全的影响因素

1. 生产过程带入的污染　我国拥有耕地面积19.179亿亩，大概拥有地球上7%的耕地，我国的种植、养殖环节的污染问题仍较为突出。我国每年要使用农药140多万吨，其中主要是化学农药，占世界总施用量的1/3，中国是世界第一农药消费大国，平均每亩用药约1公斤，农药残留问题已经成为食品原料生产亟待解决的问题。农药残留是农药使用后一个时期内没有被分解而残留于生物体、收获物、土壤、水体、大气中的微量农药原体、有毒代谢物、降解物和杂质的总称。

2. 种植养殖环境带入的污染　食品的种植养殖离不开土壤、水、大气，环境的污染物会直接给食品原料安全带来不可忽视的影响。由于重金属、农药残留、抗生素污染问题日趋严重，最终会通过食物链进入人体，从而引发健康问题。土壤重金属污染物主要有汞、镉、铅、铜、铬、砷、镍、铁、锰、锌等；水的主要污染物有铅、汞、镉、铬、砷、氮、磷、氰化物及酸、碱、盐、苯、酚、石油及其制品等。

3. 食品生产加工过程带入的污染 我国食品生产有生产企业和生产作坊两类，都存在多、小、散、乱的问题，生产企业获得食品生产许可证后质量控制措施不到位，小作坊取得食品小作坊备案证后不按规定生产，存在对原料管理不到位、过量使用或使用违禁添加剂、生产后未经检验放行产品的现象，这些违规行为都会带入重金属、致病菌、异物等风险。

4. 食品新资源带入的风险 食品新资源主要有在我国无食用习惯的动物、植物、微生物；从动物、植物、微生物中分离的在我国无食用习惯的食品原料；在食品加工过程中使用的微生物新品种；因采用新工艺生产导致原有成分或结构发生改变的食品原料。食品原料中新的生物性和化学性污染物对人类健康不容忽视，食品新资源新技术应用给食品安全带来了新的风险，如转基因食品、酶制剂和新的食品包装材料等。

（三）食品原料对食品安全影响的控制措施

1. 加强立法工作 进一步加强立法工作，将现有的监管经验和国外成熟的管理方式，结合我国国情，通过立法的形式固定下来，对食品原料安全的全过程风险开展针对性立法，将食品原料生产者主体责任、政府部门监管责任、社会各界的社会责任加以固化和明确。近年来《食品安全法》《农产品质量安全法》等相关法律正式颁布实施，就明确规定各自职责，建立科学的管理机制。

2. 加大健康教育工作 通过各种人民群众喜闻乐见的方式方法，提高人民群众对食品原料安全重要性和食品安全问题造成严重危害的认识。加大食品种植养殖、生产者从业人员的食品安全教育和培训，提高生产者自觉遵守法律法规的意识，进一步普及农药、合肥、添加剂等使用管理知识，倡导合法规范生产行为。

3. 加强农药化肥的审批管理 针对我国种植养殖生产特点，进一步完善农药化肥风险评估体系，真正将风险评估、风险监测纳入批准生产使用依据，严禁使用高毒、高残留农药，推广应用高效低毒低残留农药和生物农药，将农药、化肥使用量和残留限量低于可接受限值，进一步降低风险。进一步加大生产环节的抽检力度，全面落实出厂检验，尽可能把不合格食品控制在生产环节。

4. 加大科技创新力度 进一步加大科学研究资金，研制广谱、高效、低毒的农药，积极开发绿色生物农药，积极推广绿色产品生产技术，广泛提倡生物防治技术，进一步降低农药的使用量。推行无公害农产品、绿色食品、有机食品标准化综合示范区、养殖小区、示范农场。

二、食品加工过程安全保障体系

食品加工是指改变食品原料或半成品的形状、大小、性质或纯度，使之符合食品标准的各种操作。

（一）食品加工过程中的危害因素

1. 使用食品添加剂不规范 《食品安全法》《食品安全法实施条例》《食品安全国家标准　食品添加剂使用标准》等法律法规、技术标准对食品添加剂的使用有明确规定。但在食品生产过程中，存在使用非法生产的食品添加剂、食品添加剂标签标识不规范、不按照规定品种范围用量使用添加剂等违法违规行为，甚至添加可能危害人体健康的化学物质。

2. 生产环节不符合法律法规要求 食品生产企业在取得食品生产许可证、小作坊在取得食品生产小作坊备案证前，监管部门都要按照《食品生产许可审查通则》、小作坊备案现场检查细则等验收标准进行审查，但获证后，往往不能按照标准规定组织生产。如不按规定使用设施设备、设施设备清洁消毒不规范、不及时保养设施设备、人员管理不到位等行为。

3. 微生物危害 微生物指的是人类肉眼难以辨别的生物体，例如真菌、细菌、病原体与支原体等，而这些微生物群体中，有些是对人类有益的，但部分微生物都是致病性的病毒或细菌，严重威胁着人类的身体健康。食品大多是含有糖、水等营养成分，在适宜的温度下，容易滋生细菌、霉菌等微生物，一旦食物被微生物"占有"，有的微生物会使食品气味和组织结构发生不良变化，有的微生物可引起人类中毒。或会引起食物的性质改变，例如霉变、基因变等，严重威胁人们的健康。食品的生产各个工序，都容易受到微生物的污染。如：原材料保存不当，受到微生物污染，进而产生霉变；又如加工环节卫生控制不好，包装清洁不彻底，引起微生物污染；运输环节，保藏条件不达标，食品被微生物污染。微生物导致的食品污染较常见的是大肠埃希菌污染、沙门菌污染等，如果食品没有经过严格灭菌，也会产生肉毒杆菌，其在厌氧条件下会产生大量毒素。

4. 标签标注不符合规定 通过查看食品标签上的配料表、保质期、净含量等内容，消费者可以了解食品的基本信息，监督、检测机构通过查看标签相关信息，选择适合的标准和方法判定食品的质量，便于市场监管。如果不能规范的按照《食品安全国家标准 预包装食品营养标签通则》标注食品相关信息，本身就是不合格产品，甚至会引起危害事件的发生，如不完整标注食品成分导致过敏反应等。

（二）食品加工过程中危害因素的控制措施

1. 加强添加剂的管理

（1）严格按照《食品安全国家标准 食品添加剂使用标准》《食品安全国家标准 食品营养强化剂使用标准》和国家卫健委的食品添加剂新品种公告等规定中确定的食品添加剂使用原则、允许使用的食品添加剂品种、使用范围及最大使用量或残留量，对照相应食品安全标准和产品标准要求合理确定产品配方，规范使用食品添加剂。

（2）使用的食品添加剂应专库或专区（柜）存放，专人管理，避免随意取用和产生混淆；配备专用计量器具，精度应符合标准要求，并在检定/校准有效期内使用；建立食品添加剂专用台账，准确、及时记录食品添加剂领用、配制情况。如有使用复配食品添加剂的，应当对复配食品添加剂中所包含的各单一品种食品添加剂的实际名称、含量进行确认计算，确保食品中含有的食品添加剂符合食品添加剂使用标准要求。充分考虑配料表中各成分的带入可能，有效防止终产品中食品添加剂的超范围超限量使用。

（3）成品标签应当按照《食品安全国家标准 预包装食品标签通则》《食品安全国家标准 预包装食品营养标签通则》和相关产品标准要求规范标注食品添加剂内容。

2. 建立健全规范的管理制度 建立符合生产实际的管理制度，对食品生产过程的人员、设备、原料采购验收、文件、不合格品、清洁卫生均作出规定。改进与完善食品生产管控制度、生产设备、加工工艺流程。构建规范的食品生产加工管理机制，控制好生产工序、设备、贮存、包装等的关键环节，做好半成品、出厂成品的合格性检验，不断提升企业食品生产加工的质量管理水平。

3. 建立食品安全追溯管理制度 对成品如实记录产品名称、数量、生产批号、生产日期、检验合格证号和交货信息等内容，保证数据的真实、准确、完整。进一步完善食品安全追溯体系，加入或建立食品安全追溯管理系统，确保产品"来源可查、去向可追、责任可究"，食品生产加工小作坊也要建立包含食品添加剂在内的原辅材料购进、使用等工作台账，留存相关生产经营信息。及时处理不合格的食品原料、不合格产品，保证食品质量安全管理的合规合理、有据可依。

4. 加强食品生产过程的监管 严格执行《食品安全法》《中华人民共和国农产品质量安全法》等法律法规，落实监管责任，进一步提高食品企业法人的社会责任意识、守法意识，推动食品质量安全主体责任深入落实，努力防范化解食品生产加工过程潜在的源头风险、过程风险、重点食品安全风险，严肃查处违法违规行为，加大制售假冒伪劣产品、有毒有害食品行为，严守食品安全底线。

5. 引导企业开展食品质量安全管理体系认证 大力推进大型食品生产企业、肉制品、白酒等高风险食品生产企业实施 HACCP 认证等先进质量管理体系，持续提升食品生产企业质量安全管理水平和风险防控能力。

三、食品流通和服务环节安全保障体系

食品流通是指食品从生产领域向消费领域的运动过程。

（一）食品流通和服务环节危害因素

1. 食品流通和服务环节主体责任意识不强　食品流通和服务环节从业人员存在文化程度偏低、管理能力参差不齐，不掌握或简单知晓食品安全知识和法律法规，不能正确履行食品安全主体责任义务。对主体责任停留在"索证索票"，甚至只能简单查看保质期等。

2. 监管手段与经营主体规模不适应　流通环节经营户地理位置分布广、经营形式多、开业停业随时发生，日常监管需要耗费大量的人力、物力、财力，监管效率仍需提高。

（二）食品流通和服务环节的控制措施

1. 落实食品安全主体　进一步加强法律法规的宣贯，食品流通和服务单位自觉履行食品安全主体责任，自觉按照法律法规和食品安全标准从事经营，进一步提高食品安全、遵纪守法意识和社会责任，履行食品安全制度，落实好食品进货查验和证索票规定，规范经营降低食品安全风险隐患。

2. 加强监管力量建设　拓宽人才队伍培训成长渠道，进一步充实执法人员，加强职业规划和职业成长教育，多元化开展激励机制，提升一线执法人员归属感，采取线上线下培训，多手段提升监管人员执法能力。

3. 加强监管手段创新　当前，现代科学技术突飞猛进，人工智能不断发展，为解决监管能力与监管任务不匹配提出了新的方案，采取智慧化监管，让数据多跑路；采取分级监管，高风险、常违法的增加监管频次；管重点，加强源头、批发环节监管。

第二节　食品链上通用性的重要食品安全管理体系 ℮微课 2

情境　某公司运用 HACCP 基本原理分析凤爪食品的加工生产过程，识别凤爪食品生产加工过程中的显著性物理、生物和化学危害，确定对应的控制措施并用以控制关键控制点。经分析，凤爪食品加工过程中的关键控制点为原辅料验收、煮料水煮制和加热杀菌 3 个关键控制点。通过建立生产凤爪的 HACCP 体系，进一步提高了凤爪食品生产质量安全和管理水平。

思考　HACCP 体系在食品安全中的作用是什么？

一、GMP 体系简介

GMP 是良好操作规范（Good Manufacturing Practice）的简称，是一种安全和质量保证体系。其宗旨在于确保在产品制造、包装和贮藏等过程中的相关人员、建筑、设施和设备均能符合良好的生产条件，防止产品在不卫生的条件下，或在可能引起污染的环境中操作，以保证产品安全和质量稳定。因为 GMP 的内容是在不断完善和补充着的，所以有时称其为 CGMP（Current Good Manufacturing Practice）。

良好操作规范是对生产过程的合理性、生产设备的适用性、生产操作的精确性、规范性提出强制要求。良好操作规范是确保产品高质量的有效工具。因此，联合国食品法典委员会（CAC）将 GMP 作为

实施危害分析与关键控制点（HACCP）原理的必备程序之一。1969 年，世界卫生组织向世界各国推荐使用良好操作规范。1972 年，欧共体 14 个成员国公布了 GMP 总则。1975 年，日本开始制定各类食品卫生规范。

（一）GMP 体系起源、发展及现状

20 世纪以来，人类发明了很多具有划时代意义的重要药品，如阿司匹林、青霉素、胰岛素等，然而同时由于对药物的认识不充分而引起的不良反应也让人类付出了沉重的代价。尤其是 20 世纪 50～60 年代发生的"反应停"事件，让人们充分认识到建立药品监督法的重要意义。

良好操作规范是确保产品高质量的有效工具。良好操作规范在 20 世纪 60 年代产生于美国，先是美国食品药品管理局（FDA）制定了药品的良好操作规范，为保证药品的质量，强制要求药品生产厂达到其要求，如厂房设施、机构人员、设备、物料、生产卫生管理、质量管理、销售回收、投诉等。于是，1963 年经美国国会的批准正式颁布了 GMP 法案。美国 FDA 经过了几年的实践后，证明 GMP 确有实效。故 1967 年 WHO 在《国际药典》（1967 年版）的附录中收录了该制度，并在 1969 年的第 22 届世界卫生大会上建议各成员国采用 GMP 体系作为药品生产的监督制度，以确保药品质量和参加"国际贸易药品质量签证体制"。同年 CGMP 也被联合国食品法典委员会（CAC）采纳，并作为国际规范推荐给 CAC 各成员国政府。1979 年第 28 届世界卫生大会上 WHO 再次向成员国推荐 GMP，并确定为 WHO 的法规。此后 30 年间，日本、英国以及大部分的欧洲国家都先后建立了本国的 GMP 制度。到目前为止，全世界一共有 100 多个国家颁布了有关 GMP 的法规。

（二）良好操作规范的作用

实施良好操作规范的作用在于将人为的差错控制在最低的限度，防止对食品的污染和降低质量，保证高质量产品的质量管理体系。

1. 有效控制人带来的风险　①管理方面，质量管理部门必须独立行使质量否决权利，和生产管理部门相互独立、相互监督、相互协作。制定各部门职责并用书面形式确定下来，建立相应的管理制度、操作规程、记录表格确保职责能够得到贯彻落实。各关键工序需一人执行，一人复核。②装备方面，操作间要有操作的照明并有足够的操作空间。不同品种的操作必须有有效的措施防止交叉污染和混淆。

2. 有效降低对食品的污染的风险　①管理方面，操作间清洁、设备清洁的标准操作规程和执行，操作人员及外来人员要经过必要的卫生教育和控制；操作人员要开展定期的健康监测，患有传染性疾病和开放性伤口的不得从事直接接触食品的操作。②装备方面，关键操作或者有可能带入污染的操作要设有专间。维修关键等也要专间管理。

（三）GMP 体系的基本内容

GMP 法规是一种对生产、加工、包装、储存、运输和销售等加工过程的规范性要求。其内容包括厂房与设施的结构、设备与工器具、人员卫生、原材料管理、加工用水、生产程序管理、包装与成品管理、标签管理以及实验室管理等方面。

1. 生产车间选址　生产车间不得选择对食品有显著污染的区域。要充分考虑周边环境对生产车间的污染，如有害废弃物以及粉尘、公厕、垃圾站、放射性物质和其他扩散性污染源、有毒有害化工企业等；要充分考虑地质灾害可能带来的风险，如洪涝、泥石流、滑坡。

2. 生产车间周边　要充分考虑周边环境引入的各种风险，要求采取充分必要的措施将其降至可控范围。厂区布局要合理，各功能区域划分明显，并有适分离或分隔措施，防止交叉污染，要充分考虑人流、物流的流向；道路应铺设混凝土、沥青，或者其他硬质材料；空地不得出现裸土，采取必要措施保持环境清洁，防止正常天气下扬尘和积水等现象；要合理绿化，绿化植物不得与生产车间保持适当距离，定期维护，以防止虫害的滋生。要有适当的排水系统，并符合环保要求。生活区要与生产区保持适

当距离或分隔。

3. 厂房和车间　设计和布局应满足食品卫生操作要求，避免生产中发生交叉污染；设计要根据生产工艺合理布局，预防和降低产品受污染的风险；厂房和车间要根据产品特点、生产工艺、生产特性以及生产过程对清洁程度的要求合理划分作业区，并采取有效分离或分隔；厂房的检验室应与生产区域分隔；厂房的面积和空间应与生产能力相适应，便于设备安置、清洁消毒、物料存储及人员操作。建筑内部结构应易于维护、清洁或消毒和耐腐蚀。门窗应闭合严密；门的表面应平滑、防吸附、不渗透，并易于清洁、消毒。清洁作业区和准清洁作业区与其他区域之间的门应能及时关闭；窗户玻璃应使用不易碎材料。窗户如设置窗台，其结构应能避免灰尘积存且易于清洁。可开启的窗户应装有易于清洁的防虫害窗纱。地面应使用无毒、无味、不渗透、耐腐蚀的材料建造。地面的结构应有利于排污和清洗的需要。地面应平坦防滑、无裂缝，并易于清洁、消毒，并有适当的措施防止积水。

4. 设施设备要求　供水设施应能保证水质、水压、水量及其他要求符合生产需要。食品加工用水的水质应符合规定。食品加工用水和其他不与食品接触的用水应以完全分离的管路输送，避免交叉污染。各管路系统应明确标识以便区分。自备水源及供水设施应符合有关规定。供水设施中使用的涉及饮用水卫生安全产品还应符合国家相关规定。排水系统的设计和建造应保证排水畅通、便于清洁维护，应适应食品生产的需要，保证食品及生产、清洁用水不受污染。污水在排放前应经适当方式处理，以符合国家污水排放的相关规定。生产场所或生产车间入口处应设置更衣室；必要时特定的作业区入口处可按需要设置更衣室。应根据需要设置卫生间，卫生间不得与食品生产、包装或贮存等区域直接连通。应在清洁作业区入口设置洗手、干手和消毒设施。根据对食品加工人员清洁程度的要求，必要时应可设置风淋室、淋浴室等设施。进、排气口应装有防止虫害侵入的网罩等设施。通风排气设施应易于清洁、维修或更换。若生产过程需要对空气进行过滤净化处理，应加装空气过滤装置并定期清洁；根据生产需要，必要时应安装除尘设施。厂房内应有充足的自然采光或人工照明，光泽和亮度应能满足生产和操作需要，光源应使食品呈现真实的颜色。应具有与所生产产品的数量、贮存要求相适应的仓储设施；仓库应以无毒、坚固的材料建成，仓库地面应平整，便于通风换气。仓库的设计应易于维护和清洁，防止虫害藏匿，并应有防止虫害侵入的装置。原料、半成品、成品、包装材料等应依据性质的不同分设贮存场所。必要时仓库应设有温、湿度控制设施，贮存物品应与墙壁、地面保持适当距离，以利于空气流通及物品搬运。清洁剂、消毒剂、杀虫剂、润滑剂、燃料等物质应分别安全包装，明确标识，并应与原料、半成品、成品、包装材料等分隔放置。应根据食品生产的特点，配备适宜的加热、冷却、冷冻等设施，以及用于监测温度的设施。材质与原料、半成品、成品接触的设备与用具，应使用无毒、无味、抗腐蚀、不易脱落的材料制作，并应易于清洁和保养；设备、工器具等与食品接触的表面应使用光滑、无吸收性、易于清洁保养和消毒的材料制成。应建立设备保养和维修制度，加强设备的日常维护和保养，定期检修，及时记录。

5. 人员健康管理与卫生　建立并确保有效执行人员健康管理制度；人员上岗前培训需要接受与岗位职责相匹配的卫生知识培训；每年必须参加健康检查，并取得健康证明文件；开展定期的健康监测，患有传染性疾病和开放性伤口的不得从事直接接触食品的操作；进入操作间前应整理个人卫生，需配备必要的防护措施，防止污染食品，如洁净工作服、发套、手套、雨鞋等；按操作规程进行手清洁、消毒；进入操作不得佩戴饰物、手表，不应化妆、染指甲、喷洒香水；不得携带或存放与生产无关的个人用品；从事与生产无关的其他活动后，再次从事接触食品、食品工器具、食品设备等与食品生产相关的活动前应洗手消毒；无关人员不得进入生产车间，确实需要进入需经批准并按操作人员同样管理。

6. 食品原料、食品添加剂和食品相关产品　应建立食品原料、食品添加剂和食品相关产品的采购、验收、运输和贮存管理制度，确保所使用的食品原料、食品添加剂和食品相关产品符合国家有关要求。不得将任何危害人体健康和生命安全的物质添加到食品中。采购的食品原料应当查验供货者的许可证和产品合格证明文件；对无法提供合格证明文件的食品原料，应当依照食品安全标准进行检验。食品原料必须经过验收合格后方可使用。经验收不合格的食品原料应在指定区域与合格品分开放置并明显标记，并应及时进行退换货等处理。食品原料运输及贮存中应避免日光直射、备有防雨防尘设施；根据食品原料的特点和卫生需要，必要时还应具备保温、冷藏、保鲜等设施。食品原料运输工具和容器应保持清洁、维护良好，必要时应进行消毒。食品原料不得与有毒、有害物品同时装运，避免污染食品原料。食品原料仓库应设专人管理，建立管理制度，定期检查质量和卫生情况，及时清理变质或超过保质期的食品原料。仓库出货顺序应遵循先进先出的原则，必要时应根据不同食品原料的特性确定出货顺序。采购食品添加剂应当查验供货者的许可证和产品合格证明文件。食品添加剂必须经过验收合格后方可使用。运输食品添加剂的工具和容器应保持清洁、维护良好，并能提供必要的保护，避免污染食品添加剂。食品添加剂的贮藏应有专人管理，定期检查质量和卫生情况，及时清理变质或超过保质期的食品添加剂。仓库出货顺序应遵循先进先出的原则，必要时应根据食品添加剂的特性确定出货顺序。采购食品包装材料、容器、洗涤剂、消毒剂等食品相关产品应当查验产品的合格证明文件，实行许可管理的食品相关产品还应查验供货者的许可证。食品包装材料等食品相关产品必须经过验收合格后方可使用。运输食品相关产品的工具和容器应保持清洁、维护良好，并能提供必要的保护，避免污染食品原料和交叉污染。食品相关产品的贮藏应有专人管理，定期检查质量和卫生情况，及时清理变质或超过保质期的食品相关产品。仓库出货顺序应遵循先进先出的原则。盛装食品原料、食品添加剂、直接接触食品的包装材料的包装或容器，其材质应稳定、无毒无害，不易受污染，符合卫生要求。食品原料、食品添加剂和食品包装材料等进入生产区域时应有一定的缓冲区域或外包装清洁措施，以降低污染风险。

7. 检验 应通过自行检验或委托具备相应资质的食品检验机构对原料和产品进行检验，建立食品出厂检验记录制度。自行检验应具备与所检项目适应的检验室和检验能力；由具有相应资质的检验人员按规定的检验方法检验，检验仪器设备应按期检定。检验室应有完善的管理制度，妥善保存各项检验的原始记录和检验报告。应建立产品留样制度，及时保留样品。应综合考虑产品特性、工艺特点、原料控制情况等因素，合理确定检验项目和检验频次以有效验证生产过程中的控制措施。净含量、感官要求以及其他容易受生产过程影响而变化的检验项目的检验频次应大于其他检验项目。同一品种不同包装的产品，不受包装规格和包装形式影响的检验项目可以一并检验。

8. 食品的贮存和运输 根据食品的特点和卫生需要选择适宜的贮存和运输条件，必要时应配备保温、冷藏、保鲜等设施。不得将食品与有毒、有害，或有异味的物品一同贮存运输。应建立和执行适当的仓储制度，发现异常应及时处理。贮存、运输和装卸食品的容器、工器具和设备应当安全、无害，保持清洁，降低食品污染的风险。贮存和运输过程中应避免日光直射、雨淋、显著的温湿度变化和剧烈撞击等，防止食品受到不良影响。应根据国家有关规定建立产品召回制度。当发现生产的食品不符合食品安全标准或存在其他不适于食用的情况时，应当立即停止生产，召回已经上市销售的食品，通知相关生产经营者和消费者，并记录召回和通知情况。对被召回的食品，应当进行无害化处理或者予以销毁，防止其再次流入市场。对因标签、标识或者说明书不符合食品安全标准而被召回的食品，应采取能保证食品安全，且便于重新销售时向消费者明示的补救措施。应合理划分记录生产批次，采用产品批号等方式进行标识便于产品追溯。

9. 培训 应建立食品生产相关岗位的培训制度，对食品加工人员以及相关岗位的从业人员进行相应的食品安全知识培训。应通过培训促进各岗位从业人员遵守食品安全相关法律法规标准和执行各项食品安全管理制度的意识和责任，提高相应的知识水平。应根据食品生产不同岗位的实际需求，制定和实施食品安全年度培训计划并进行考核，做好培训记录。当食品安全相关的法律法规标准更新时，应及时开展培训。应定期审核和修订培训计划，评估培训效果，并进行常规检查，以确保培训计划的有效实施。

10. 管理制度和人员 应配备食品安全专业技术人员、管理人员，并建立保障食品安全的管理制度。食品安全管理制度应与生产规模、工艺技术水平和食品的种类特性相适应，应根据生产实际和实施经验不断完善食品安全管理制度。管理人员应了解食品安全的基本原则和操作规范能够判断潜在的危险，采取适当的预防和纠正措施，确保有效管理。

11. 记录和文件管理　应建立记录制度，对食品生产中采购、加工、贮存、检验、销售等环节详细记录。记录内容应完整、真实，确保对产品从原料采购到产品销售的所有环节都可进行有效追溯。应如实记录食品原料、食品添加剂和食品包装材料等食品相关产品的名称、规格、数量、供货者名称及联系方式、进货日期等内容。应如实记录食品的加工过程（包括工艺参数、环境监测等）、产品贮存情况及产品的检验批号、检验日期、检验人员、检验方法、检验结果等内容。应如实记录出厂产品的名称、规格、数量、生产日期、生产批号、购货者名称及联系方式、检验合格单、销售日期等内容。应如实记录发生召回的食品名称、批次、规格、数量、发生召回的原因及后续整改方案等内容。食品原料、食品添加剂和食品包装材料等食品相关产品进货查验记录、食品出厂检验记录应由记录和审核人员复核签名，记录内容应完整保存期限不得少于 2 年。应建立客户投诉处理机制。对客户提出的书面或口头意见、投诉企业相关管理部门应做记录并查找原因，妥善处理。应建立文件的管理制度，对文件进行有效管理，确保各相关场所使用的文件均为有效版本。

二、HACCP 食品安全管理体系

（一）HACCP 的定义

危害分析关键控制点（Hazard Analysis and Critical Control Point，HACCP）在《食品工业基本术语》（GB/T 15091—1994）中是指：生产（加工）安全食品的一种控制手段；对原料，关键生产工序及影响产品安全的人为因素进行分析；确定加工过程中的关键环节，建立、完善监控程序和监控标准，采取规范的纠正措施。是一种鉴别、评价和控制对食品安全至关重要的危害的一种体系。它是通过对可能发生的食品安全危害进行预测，是国际公认的一种有效预防性食品安全危害控制体系。HACCP 发展至今，大致可分为三个阶段，20 世纪 60~90 年代初为 HACCP 创立阶段，20 世纪 90 年代后期为 HACCP 应用阶段，进入 21 世纪为演变发展阶段。

HACCP 体系是国际上共同认可和接受的食品安全保证体系，主要是对食品中微生物、化学和物理危害进行安全控制。HACCP 不是通过最终产品的检测结果来确定食品是否安全，而是将食品安全建立在对加工过程的控制上，以防止食品产品中的可知危害或将其减少到一个可接受的程度。

HACCP 的提出最初是为了制造百分之百安全的太空食品。美国 Pilsbury 公司认为他们现用的质量控制技术，并不能提供充分的安全措施来防止食品生产中的污染，确保安全的唯一方法是研发一个预防性控制体系，防止生产过程中危害的发生。从此，Pillsbury 公司的体系作为食品安全控制最新的方法被全世界认可。但它不是零风险体系，其设计目的是为尽量减小食品安全危害。

《中华人民共和国食品安全法》第四十八条第一款规定："国家鼓励食品生产经营企业符合良好生产规范要求，实施危害分析与关键控制点体系，提高食品安全管理水平。"联合国粮农组织和世界卫生组织 20 世纪 80 年代后期开始大力推荐这一食品安全管理体系。开展 HACCP 体系的领域包括：饮用牛乳、奶油、发酵乳、乳酸菌饮料、奶酪、生面条类、豆腐、鱼肉火腿、蛋制品、沙拉类、脱水菜、调味品、蛋黄酱、盒饭、冻虾、罐头、牛肉食品、糕点类、清凉饮料、机械分割肉、盐干肉、冻蔬菜、蜂蜜、水果汁、蔬菜汁、动物饲料等。我国食品和水产界较早引进 HACCP 体系。2002 年我国正式启动对 HACCP 体系认证机构的认可试点工作。目前，在 HACCP 体系推广应用较好的国家，大部分是强制性推行采用 HACCP 体系。

（二）HACCP 体系的适用范围

HACCP 体系强调的是对"从农田到餐桌"全程进行安全性管理，保证所有阶段的安全。生产者在实施 HACCP 时，不仅必须考虑产品和生产方法，还必须将 HACCP 体系应用于原料的供应、成品贮藏、销售、运输等环节，直到消费终点。

（三）HACCP 体系的基本原理

HACCP 体系由以下 7 个基本原理组成。

1. 原理 1：进行危害分析 ①危害识别。根据食品风险程度，从原料生产直到最终消费的范围内，在加工步骤中分析生物、化学、物理危害，识别其在每个操作步骤中可能引入、产生或增长的所有潜在危害及其原因。②危害评估。针对识别的潜在危害，评估其发生的严重性和可能性，如果这种潜在危害在该步骤极可能发生且后果严重，则应确定为显著危害。③控制措施的制定。针对每种显著危害，制定相应的控制措施，并提供证实其有效性的证据；应明确显著危害与控制措施之间的对应关系，并考虑一项控制措施控制多种显著危害或多项控制措施控制一种显著危害的情况。④制定危害分析工作单。根据工艺流程、危害识别、危害评估、控制措施等结果提供形成文件的危害分析工作单，包括加工步骤、考虑的潜在危害、显著危害判断的依据、控制措施，并明确各因素之间的相互关系在危害分析工作单中，应描述控制措施与相应显著危害的关系，为确定关键控制点提供依据。

2. 原理 2：确定关键控制点（CCP） 根据危害分析所提供的显著危害与控制措施之间的关系，识别针对每种显著危害控制的适当步骤，以确定 CCP，确保所有显著危害得到有效控制（图 7-1）。

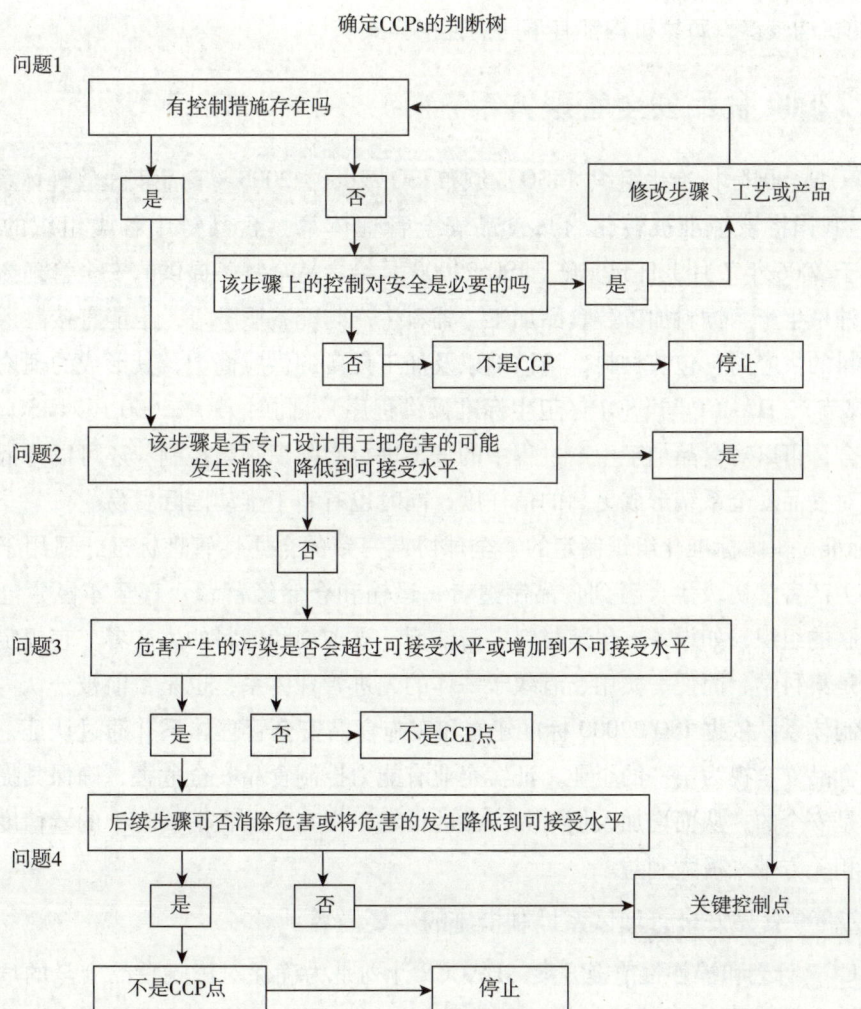

图 7-1 确定 CCP 的判断树

3. 原理3：建立关键限值 制定为保证各 CCP 处于控制之下的而必须达到的安全目标水平和极限。关键限值可以是时间、速率、温度、湿度、水分含量、水活度、pH、水分含量等，一个 CCP 可以有一个或一个以上的关键限值。关键限值的设立应科学、直观、易于监测，确保产品的安全危害得到有效控制，而不超过可接受水平。

4. 原理4：建立监控体系 针对每个 CCP 制定并实施有效的监控措施，保证 CCP 处于受控状态；监控措施包括监控对象、监控方法、监控频率、监控人员。

5. 原理5：确立纠偏行为 针对 CCP 的每个关键限值的偏离预先制定纠偏措施，以便在偏离时及时实施。纠偏措施应包括实施纠偏措施和负责受影响产品放行的人员，偏离原因的识别和消除，受影响产品的隔离、评估和处理。纠偏应完整记录并按文件规定保存。

6. 原理6：建立验证程序 建立并实施对 HACCP 计划的确认和验证程序，以证实 HACCP 计划的完整性、适宜性、有效性。

7. 原理7：建立文件和记录保持系统 建立并保存 HACCP 计划制定、运行、验证等完整记录。

（四）HACCP 认证

按照《HACCP 管理体系认证管理规定》（认监委 2002 年 3 号公告），从事 HACCP 认证的机构应当获得国家认监委的批准，并按有关规定取得国家认可机构的资格认可。在我国，具备这样的资质能够从事 HACCP 认证的机构较多，每家机构都有不同的证书样式。

三、ISO 22000 食品安全管理体系

2005 年 9 月 1 日，国际标准化组织（ISO）颁布 ISO 22000：2005《食品安全管理体系 食品链中任一组织的要求》。我国将该标准被转化为《食品安全管理体系 食品链中各类组织的要求》（GB/T 22000—2006），于 2006 年 7 月 1 日起实施。ISO 22000 是给食品全链条提供的安全管理体系，具体涉及的工作环节包括种植生产、饲料加工、食品加工、辅料生产与配餐服务等，也能直接融入食品链组织内部，如接触性材料的供应商、包装材料、清洁剂以及加工设备的供应商中。其形成的理论基础包括 GMP（生产质量管理规范）、HACCP 与 SSOP（卫生标准操作程序），同时 ISO 22000 还对 ISO 9001 的部分要求进行了有效整合，可以对食品加工生产过程中的危害进行有限识别与控制，还可以降低食品安全监管成本，使消费者对食品安全系统形成更高的信任度，同时也有利于推动国际贸易。

ISO 22000 标准是国际标准化组织制定的、全球协调一致的自愿性管理标准，适用于食品链内的各类组织，从饲料生产者、初级生产者到食品制造者、运输和仓储经营者，直至零售分包商和餐饮经营者，以及与其关联的组织，如设备、包装材料、清洁剂、添加剂和辅料的生产者。它规定了食品安全管理体系的要求，是集科学、简便、实用、有效于一体的先进管理体系，也是目前被公认为最有效、最经济的食品安全控制体系。依据 ISO 22000 标准建立和实施食品安全管理体系并通过认证，等于向公众证明企业是一个将食品安全视为第一的企业，证实企业有能力控制食品安全危害，确保其提供的产品按预期用途对消费者是安全的，从而增加人们对其产品的信心，提高产品在消费者中的置信度，必将为食品生产相关企业和相关方带来极大利益。

（一）ISO 22000 食品安全管理体系控制措施的主要内容

1. 制定 HACCP 计划和操作性前提方案 HACCP 计划是为确保对影响食品安全的危害实施控制并遵照，HACCP 原理而制定的书面计划，包括食品危害分析和预防措施、关键控制点、关键限值、监控程序、纠正措施、验证程序、文件控制与记录保持程序等。操作性前提方案是通过危害分析确定的、必害的前提方案，以控制食品安全危害引入的可能性和食品安全危害在产品或加工环境中污染或扩散的可

能性。操作性前提方案应形成文件,其中每个方案应包括:由每个方案控制的食品安全危害、控制措施、监视程序、当操作性前提方案失控时所采取的纠正措施、职责和权限、监视的记录等。

2. 验证 是指通过提供客观证据对规定要求已得到满足的认定验证。验证的目的是证实食品安全管理体系和控制措施的有效性。常见的验证活动分为日常验证和定期验证。日常验证活动是通过检查质量记录、复查现场操作执行情况、检验产品、对工作环境卫生状况的微生物进行抽样检测等方法进行验证。定期验证活动是定期对整个体系进行评审,以确定体系是否按计划有效实施,是否需要更新或改进。定期的验证活动一般通过内审活动来实现。

3. 可追溯性系统 应建立且实施可追溯性系统,以确保能够识别产品批次及其与原料批次、生产和交付记录的关系。可追溯性系统应能够识别直接供方的进料和终产品初次分销的途径。应按规定的期限保持可追溯性记录,以便对体系进行评估,使潜在不安全产品得以处理;在产品撤回时,也应按规定的期限保持记录。可追溯性记录应符合法律法规要求、顾客要求。

4. 不符合产品控制 当关键控制点超出关键限值或操作性方案失控时,应确保根据产品的用途和放行要求,识别和控制受影响的产品。所有纠正应由负责人批准并予以记录,记录还应包括不符合的性质及其产生原因和后果,以及不合格批次的可追溯性信息。应采取措施处置所有不合格产品,以防止不合格产品进入食品链。处理潜在不安全产品的控制要求、相关响应和授权应形成文件。评价后,当产品不能放行时,重新加工、进一步加工,以确保食品安全危害得到消除或降至可接受水平或销毁和(或)按废物处理。

(二) ISO 22000 食品安全管理体系建立的基本步骤

1. 准备工作 ①企业最高管理者对拟建立食品安全管理体系作出规划,并通过在内部宣贯建立体系和认证的重要性和必要性,以便统一管理层及所有员工的思想认识,督促所有人员参与体系的建立和认证工作。②成立食品安全小组及任命食品安全小组组长。任命食品安全小组组长,组长必须具备相关的专业知识和必备的从业背景。对其按照 ISO 22000 标准要求建立和实施食品安全管理体系给予充分的授权,同时任命食品安全小组。小组成员必须有食品安全相关学科和技术知识,还要有一定的食品安全管理能力,确保各项工作任务得以开展。因涉及大量的文字材料,不但要求处理文件的设施设备,还要有文字综合能力的人员。小组成员一般是企业各部门的负责人和技术骨干。③编制工作计划。编制建立和实施食品安全管理体系工作计划,内容包括宣传教育、培训人员、体系分析、要素展开、责任分派、文件编制、资源配备和体系建立等方面。④学习培训。对全体人员,尤其是管理人员和食品安全小组成员进行 ISO 22000 标准的培训,培训可以企业自行开展,也可以委托专业机构进行,可以采取授课和实践相结合的形式进行。管理人员要了解标准的由来,掌握标准的主要内容和用途,理解贯标的意义;食品安全小组应对 ISO 22000 标准有全面的掌握,掌握标准的应用方法,掌握 HACCP(危害分析与关键控制点)原理与 ISO 22000 标准的关系,掌握有关食品安全方面的法律法规、GMP 法规,掌握文件编写的要求;普通员工学习 ISO 22000 标准基础知识,学习食品安全基本知识。

2. 食品安全现状评估 就是评估企业食品安全管理的现状,对企业所有食品安全管理活动进行分析。通过食品安全现状评估,可以识别和获取适用于企业的食品安全法律法规、GMP 法规及其他要求;可以对照相关 GMP 法规,检查硬件设施,提出硬件改造方案。可以收集和整理与食品安全有关的各类管理文件、工艺、标准等;摸清生产操作实际情况。可以找出现行管理体系与 ISO 22000 标准的差距,进而确定需改进的方面。

3. 体系策划与设计 食品安全管理体系策划应从管理职责,资源管理,安全产品的策划和实现,食品安全管理体系的确认、验证和改进几个方面着手,策划的内容应包含 ISO 22000 标准的全部内容。体系策划阶段工作重点是依据食品安全现状诊断的结论,制定食品安全方针,制定组织食品安全目标,重新划分或明确组织机构和职责，编制前提方案，进行危害分析，并在危害分析的基础上，制定操作性前提方案、HACCP 计划。

（1）制定食品安全方针　确定食品安全目标食品安全方针内容。食品安全目标应支持食品安全方针，内容合理、具体、可测量并可实现。

（2）食品安全责任分配及资源配备　根据需要对企业的组织机构进行调整，保证食品安全管理部门具有一定的独立性。将各项食品安全问题、食品安全行为及活动责任分配落实到各职能部门，编制职能分配矩阵表。分配时注意各部门之间的衔接，各部门的食品安全职责要覆盖标准的要求，不得出现空白。为了实现 ISO 22000 标准要求，应识别和确保食品安全管理体系拥有必需的资源，对短缺的资源应及时进行补充。

（3）编制前提方案　前提方案是食品生产企业为保持卫生环境所必需的基本条件和活动，前提方案是实施 HACCP 计划的基础，企业应结合适用的法律法规、GMP 法规、企业类型和企业在食品链上的位置，制定文件化的前提方案。

（4）危害分析　食品安全小组实施危害分析，确定需要控制的危害、危害的可接受水平以及所需的控制措施的组合。

（5）制定操作性前提方案、计划，并对它们进行确认　食品安全小组对所选择的控制措施进行分类，在此基础上，编制出操作性前提方案、HACCP 计划。食品安全小组对操作性前提方案、HACCP 计划进行确认，确保操作性前提方案、HACCP 计划从技术和科学的角度都是可靠的，能将相应的食品安全危害控制在预期的水平。

4. 文件的编制

（1）确定文件的结构层次　ISO 22000 标准关于管理体系文件的表述中，没有强求将其形成专门手册的形式，也没有刻意要求划分体系文件的层次。在具体实施中，建议可将食品安全管理体系文件设计成三个层次，即管理手册、程序文件和其他作业文件。管理手册阐述企业的食品安全方针、目标，概括性、原则性、纲领性地描述食品安全管理体系。程序文件描述为实施食品安全管理体系要求，各部门及有关人员应开展的活动。其他作业文件即详细的作业文件，包括前提方案，操作性前提方案，原料、辅料及与产品接触材料的信息，终产品特性，关键限制的合理证据，HACCP 计划，作业指导书，规范、指南、图样、报告、表格等。

（2）确定要编制的文件清单　整理现有的各类食品安全管理体系文件，并与 ISO 22000 标准的条款进行对照，以确定要新编与修订的文件清单。制定文件编写导则，为了使食品安全管理体系文件统一协调，达到规范化和标准化要求，应编制简洁明了的文件编写导则，就食品安全管理体系文件的要求、内容、体例和格式等作出规定。制定文件编写计划，针对需要编写的文件，制定编写计划，落实编写、讨论、审核、批准人员，拟定编写进度。体系文件的编写，食品安全管理手册可以由一个人编写，也可由食品安全小组共同完成；前提方案、操作性前提方案、HACCP 计划、程序文件及相关表格一般由食品安全小组完成；作业指导书及相关表格一般由各职能部门完成。文件的编写完成后，应进行讨论、修改，最后进行审核和批准。除了食品安全管理手册、前提方案、操作性前提方案、HACCP 计划由企业最高领导者批准之外，其余文件可由各级负责人审批。

5. 实施运行

（1）准备试运行　食品安全管理体系试运行前，应进行食品安全管理体系文件的培训，使企业各部门人员明确食品安全管理体系文件的要求，明白自己该做什么、该怎么做。在试运行前，还应检查资源配置到位情况，确认硬件改造已全部完成；制备各类印章、标签和标识用品、记录表格、表卡等；通过板报、标语等形式向企业员工宣讲食品安全方针、食品安全目标等。

（2）宣布试运行　试运行是食品安全管理体系由不完善到完善，由不配套到配套，由不习惯到习惯，由没记录到记录完整，由不符合到符合的过渡过程。试运行中食品安全小组要做好下列工作：指导和监督企业各部门按照文件的规定进行管理和操作；对前提方案、操作性前提方案、HACCP 计划适宜性和有效性进行验证；对单项验证结果进行评价，对验证活动结果进行分析。

（3）整改完善，正式运行　对试运行中的问题，应及时地采取纠正措施，如果是文件问题，应及时修订改正。然后按修订完善的食品安全管理体系文件的要求，全面正式运行。

6. 内部审核　食品安全管理体系正式运行三个月以后，宜进行一次内部食品安全管理体系审核。其目的在于从符合性、有效性、达标性三个方面对食品安全管理体系作出系统评价，它可作为企业食品安全管理体系改进的一个重要的信息来源、依据和推动力。对审核中的不符合项须采取纠正或纠正措施，加以解决。此后每年应至少进行一次内部审核。

7. 管理评审　内部食品安全管理体系审核以后，还应进行一次管理评审，确保食品安全管理体系的充分性、适宜性和有效性。此后每年应至少进行一次管理评审。

🔗 **知识链接**

推行 HACCP 计划的十二个步骤

1. 组成一个 HACCP 小组。
2. 产品描述。
3. 产品预期用途。
4. 绘制生产流程图。
5. 现场验证生产流程图。
6. 列出所有潜在危害，进行危害分析确定控制措施。
7. 确定 CCP。
8. 确定 CCP 中的关键限值。
9. 确定每个 CCP 的监控程序。
10. 确定每个 CCP 可能产生偏离的纠正措施。
11. 确定验证程序。
12. 建立记录保存程序。

◇ **练习题** ◇

答案解析

一、单选题

1. 食品流通是指食品从（　）向消费领域的运动过程。

　　A. 生产领域　　　　B. 销售领域　　　　C. 种植领域　　　　D. 养殖领域

2. ISO 22000 是给食品（　）提供的安全管理体系，具体涉及的工作环节包括种植生产、饲料加工、食品加工、辅料生产与配餐服务等，也能直接融入食品链组织内部，如接触性材料的供应商、包装材料、清洁剂以及加工设备的供应商中。

　　A. 销售　　　　　　B. 生产　　　　　　C. 全链条　　　　　D. 储存

二、简答题

HACCP 体系基本原理是什么?

书网融合……

本章小结　　　　微课1　　　　微课2　　　　题库

第八章
食品安全溯源及预警技术

学习目标

《知识目标》

1. 掌握 食品安全溯源和预警技术的作用。

2. 熟悉 食品安全溯源和预警的定义与分类。

3. 了解 国内外食品安全溯源和预警体系存在的问题和发展方向。

《能力目标》

具备识别溯源及预警技术的能力。

《素质目标》

通过本章学习，具备安全责任意识，能够将所学知识运用到生活和学习中。

食品是保证人体健康的三大要素之一，食物的营养成分是构成人体组织和免疫系统的基本物质。食物的好坏直接影响每一位消费者的健康。面对经济全球化、贸易自由化的世界潮流，国与国之间食品和农产品的贸易往来都必须遵循"符合性评价程序"，其基础除了国际公认的计量基准、品质的标准化、产品的认证之外，还有就是生产与流通过程的可追溯性。食品安全可追溯制度已经成为农产品国际贸易的要点之一，影响我国食品和农产品的国际贸易。因此建立食品可追溯系统有助于从根源上保障食品安全，它已是现代社会食品企业、消费者和政府的共同要求，并成为全球食品安全管理的发展趋势。

第一节　概　述

PPT

《 情境导入 》

情境　2021 年"3·15"晚会上曝光了河北省某县养羊产业中喂养瘦肉精的问题，该县是河北省一个重要的养羊基地，每年大约出栏 70 万只羊。事件曝光后，农业农村部、市场监督管理总局连夜派出工作组，当地政府组织联合执法队进行全面排查。2021 年 5 月 8 日，市场监管总局通报了"央视 3·15 晚会曝光案件线索查处情况"。河北省市场监管部门已责令依法注销河北某肉业有限公司食品经营许可证。

思考　监管部门可以通过什么方式掌握问题羊肉的流向？

一、食品安全溯源

2006 年，国际食品法典委员会（Codex Alimentarius Commission，CAC）制定了标准《食品检验和认证体系中运用可追溯性/产品追溯的原则》（CAC/GL 60—2006），将可追溯性定义为"在特定生产、加

141

工和分配阶段跟踪食品流动的能力"，并将可追溯性与产品溯源作为同一术语。此后，ISO 制定的标准中涉及食品追溯的内容时，基本上都引用了上述标准中的定义。ISO 22005：2007 除引用了上述标准中可追溯性的定义外，还对"流动"进行了解释，即"流动"可能涉及食品或饲料原材料的来源、加工历史或分配。各国的食品追溯相关标准基本上都遵循和沿用了 ISO 22005：2007 中关于可追溯性的定义。

2015 年 12 月 30 日，国务院办公厅印发了《关于加快推进重要产品追溯体系建设的意见》（国办发〔2015〕95 号），部署加快推进全国重要产品（包括食品、食用农产品等）追溯体系的建设。并制定了一系列标准，其中《重要产品追溯　追溯术语》（GB/T 38155—2019）中将追溯定义为："通过记录和标识，追踪和溯源客体的历史、应用情况或所处位置的活动。追溯包括追踪和溯源"。也就是说食品安全追溯包含食品安全溯源和食品安全追踪两个方面。溯源指沿食品供应链向上游回溯，识别追溯单元的来源，可为危害源头的查找提供支撑。追踪指沿食品供应链向下游跟踪追溯单元的流动路径，了解追溯单元的去向，为产品召回等提供信息。其中，追溯单元是指需要对其来源、用途和位置的相关信息进行记录和追溯的单个产品或同一批次产品，例如物流单元、零售商品等。

食品安全溯源是指在食品链的各个环节中，食品及其相关信息能够被追踪，或者回溯，从而使食品的整个生产经营活动处于有效监控之中。

食品安全溯源系统是利用食品溯源关键技术标识每一件商品、保存每一个关键环节的管理记录，能够追踪和溯源食品在食品供应链的种植、养殖、生产、销售和消费整个过程中相关信息的系统。它能够连接食品种植、养殖、生产、销售和消费等各个环节，使食品的整个生产经营活动处于有效的监控之中，让消费者了解食品安全生产和流通过程，从而控制食源性疾病的危害范围，刺激食品企业生产优质安全食品，增进食品质量安全。

二、食品安全预警

预警最初来源于军事领域。所谓预警，是指在灾害来临之前，根据经验或者系统作出预测，在系统中向有关部门发出警示，从而避免危险在未知的情况下发生而带来更大的伤害。预警的概念来源于德国的 Vorsorge（风险防范）法则，主要是为政府预防或者降低随时可能出现的危害社会大众的事件与状态，为政府积极出谋划策，最大限度地降低该事件对各类资源和生态环境的破坏。随着时间的推移发展，预警一词被运用到社会管理许多方面。食品安全问题越来越被社会所重视，相关理念在食品安全许多方面得到运用。

食品安全预警是指通过对食品安全隐患的监测、追踪、量化分析、信息通报预报等，对潜在的食品安全问题及时发出警报，从而达到早期预防和控制食品安全事件，最大限度地降低损失，变事后处理为事先预警的目的。

食品安全预警机制，一般认为政府对食品安全进行的社会性监督管理，是以保障劳动者和消费者的安全、健康、卫生、防止公害为目的进行的政府干预。食品安全预警机制可以被定义为政府通过颁布法律、法规、行政规章等方式，动员社会各种力量，积极做好危机准备工作和保障措施，对食品原材料及食品的生产、加工、流通、销售等环节的企业和个体的行为进行严密监控，对其发展趋势、危害程度等作出科学合理有效的判断，通过危机传导流程，发出正确的警报，并在政府其他各部门的协同工作下，充分保证各系统有效运行的组织体系，从而对食品安全进行早期预报和早期控制的一种管理机制。主要目的是为消费者提供安全、放心的食品，起到提前预防的作用，保护消费者利益，维护公共健康和安全。

第二节　食品安全溯源技术

一、食品安全溯源的基本要素

食品生产经营企业通过建立食品安全追溯体系，客观、有效、真实地记录和保存食品质量安全信息，实现食品质量安全顺向可追踪、逆向可溯源、风险可管控，发生质量安全问题时产品可召回、原因可查清、责任可追究，切实落实质量安全主体责任，保障食品质量安全。食品生产经营企业建立食品安全追溯体系以及食品安全监管部门指导和监督，应当遵循以下基本原则。

（1）企业建立　食品生产经营企业是第一责任人，应当作为食品安全追溯体系建设的责任主体，根据相关法律法规与标准等规定，结合企业实际，建立食品安全追溯体系，履行追溯责任。

（2）部门指导　食品安全监管部门根据有关法律法规与标准等规定，指导和监督食品生产经营企业建立食品安全追溯体系。

（3）分类实施　食品生产经营企业数量多、工艺差别大、规模水平参差不齐，既要坚持基本原则，也要注重结合食品行业发展实际，分类实施，逐步推进，讲究实效，防止"一刀切"。

（4）统筹协调　按照属地管理原则，在地方政府统一领导下，各相关部门做好统筹、协调、推进工作。食品安全监管部门要注重同农业、出入境检验检疫等部门沟通协调，促使食品、食用农产品追溯体系有效衔接。

食品生产经营企业建立食品安全追溯体系的核心和基础，是记录全程质量安全信息。生产企业、经营企业、餐饮企业以及运输、存储过程中应当记录的基本追溯信息如下。

（一）食品生产企业应当记录的溯源基本信息

1. 产品信息　企业应当记录生产的食品相关信息，包括产品名称、执行标准及标准内容、配料、生产工艺、标签标识等。情况发生变化时，记录变化的时间和内容等信息。应当将使用的食品标签实物同时存档。

2. 原辅材料信息　企业应当建立食品原料、食品添加剂和食品包装材料等食品相关产品进货查验记录制度，如实记录原辅材料名称、规格、数量、生产日期或生产批号、保质期、进货日期及供货者名称、地址、负责人姓名、联系方式等内容，并保存相关凭证。企业根据实际情况，原则上确保记录内容上溯原辅材料前一直接来源和产品后续直接接收者，鼓励最大限度将追溯链条向上游原辅材料供应及下游产品销售环节延伸。

3. 生产信息　企业应当记录生产过程质量安全控制信息。主要包括：①原辅材料入库、贮存、出库、生产使用等相关信息；②生产过程相关信息（包括工艺参数、环境监测等）；③成品入库、贮存、出库、销售等相关信息；④生产过程检验相关信息，主要有产品的检验批号、检验日期、检验方法、检验结果及检验人员等内容，包括原始检验数据并保存检验报告；⑤出厂产品相关信息，包括出厂产品的名称、规格、数量、生产日期、生产批号、检验合格单、销售日期、联系方式等内容。

企业要根据不同类别食品的原辅材料、生产工艺和产品特点等，确定需要记录的具体信息内容，作为企业生产过程控制规范，并在生产过程中严格执行。企业对相关内容调整时，应记录调整的相关情况。

原辅材料、半成品和成品贮存应符合相关法律法规与标准等规定，需冷藏、冷冻或其他特殊条件贮存的，还应当记录贮存的相关信息。

4. 销售信息　企业应当建立食品出厂检验记录制度，查验出厂食品的检验合格证和安全状况，如实记录食品的名称、规格、数量、生产日期或生产批号、保质期、检验合格证号、销售日期及购货者名称、地址、负责人姓名、联系方式等内容，并保存相关凭证。

5. 设备信息　企业应当记录与食品生产过程相关设备的材质、采购、设计、安装、使用、监测、控制、清洗、消毒及维护等信息，并与相应的生产过程信息关联，保证设备使用情况明晰，符合相关规定。

6. 设施信息　企业应当记录与食品生产过程相关的设施信息，包括原辅材料贮存车间、预处理车间（根据工艺有无单设或不设）、生产车间、包装车间（根据工艺有无单设或不设）、成品库、检验室、供水、排水、清洁消毒、废弃物存放、通风、照明、仓储、温控等设施基本信息，相关的管理、使用、维修及变化等信息，并与相应的生产过程信息关联，保证设施使用情况明晰，符合相关规定。

7. 人员信息　企业应当记录与食品生产过程相关人员的培训、资质、上岗、编组、在班、健康等情况信息，并与相应的生产过程履职信息关联，符合相关规定。明确人员各自职责，包括质量安全管理、原辅材料采购、技术工艺、生产操作、检验、贮存等不同岗位、不同环节，切实将职责落实到具体岗位的具体人员，记录履职情况。根据不同类别食品生产企业特点，确定关键岗位，重点记录负责人的相关信息。

8. 召回信息　企业应当建立召回记录管理制度，如实记录发生召回的食品名称、批次、规格、数量、来源、发生召回原因、召回情况、后续整改方案、控制风险和危害等内容，并保存相关凭证。

9. 销毁信息　企业应当建立召回食品处理工作机制，记录对召回食品进行无害化处理、销毁的时间、地点、人员、处理方式等信息，市场监管部门实施现场监督的，还应当记录相关监管人员基本信息，并保存相关凭证。企业可依法采取补救措施、继续销售的，应当记录采取补救措施的时间、地点、人员、处理方式等信息，并保存相关凭证。

10. 投诉信息　企业应当建立客户投诉处理机制，对客户提出的书面或口头意见、投诉，如实记录相关食品安全、处置情况等信息，并保存相关凭证。

（二）销售企业应当记录的基本信息

1. 进货信息　企业应当建立进货查验记录制度，查验供货者的许可证和食品出厂检验合格证或其他合格证明，如实记录食品的产地、名称、规格、数量、生产日期或生产批号、保质期、进货日期及供货者名称、地址、负责人姓名、联系方式等内容，并保存相关凭证。

实行统一配送经营方式的食品经营企业，可由企业总部统一查验供货者的许可证和食品合格证明文件，记录进货查验信息。

食用农产品销售企业应当建立食用农产品进货查验记录制度，在包装、保鲜、贮存、运输中使用的保鲜剂、防腐剂等食品添加剂和包装材料等食品相关产品应当符合食品安全国家标准，如实记录食用农产品的产地、名称、数量、进货日期及供货者名称、地址、负责人姓名、联系方式等内容，并保存相关凭证。

2. 贮存信息　企业应当按照保证食品安全的规定贮存食品，定期检查库存食品，及时清理变质或超过保质期的食品，如实记录贮存的相关信息，并保存相关凭证。

食品贮存应符合相关法律法规与标准等规定，需冷藏、冷冻或其他特殊条件贮存的，还应当记录贮存过程的相关信息。

食品经营者贮存散装食品，应当在贮存位置标明食品的产地、名称、生产日期或生产批号、保质期、生产者名称及联系方式等内容。

3. 销售信息 从事食品批发的食品、食用农产品经营企业应当建立食品销售记录制度，如实记录批发食品的产地、名称、规格、数量、生产日期或生产批号、保质期、销售日期及购货者名称、地址、负责人姓名、联系方式等内容，并保存相关凭证。

食品经营企业销售散装食品，应当在散装食品的容器或外包装标明食品的产地、名称、生产日期或生产批号、保质期及散装食品生产经营者名称、地址、负责人姓名、联系方式等内容。散装食品来自不同的预包装食品混合而成，应当记录混合品种及比例等情况。

（三）餐饮企业应当记录的基本信息

1. 进货信息 企业应当建立进货查验记录制度，查验供货者的许可证和食品出厂检验合格证或其他合格证明，制定并实施原料控制要求，如实记录原料的产地、名称、规格、数量、生产日期或生产批号、保质期、进货日期及供货者名称、地址、负责人姓名、联系方式等内容，并保存相关凭证。

实行统一配送经营方式的餐饮企业，可由企业总部统一查验供货者的许可证和食品合格证明文件，记录进货查验信息。

2. 贮存信息 企业应当按规定维护食品加工、贮存、陈列等设施、设备，清洗、校验保温设施及冷藏、冷冻设施，并记录相关信息。

（四）食品生产经营企业应当记录的运输、贮存、交接环节等基本信息

1. 运输信息 包括由食品生产企业，食品、食用农产品经营企业，餐饮企业，相关的运输企业，或其他负责食品、食用农产品运输企业的运输行为。企业应当建立运输记录管理制度，记录运输相关信息，包括运输产品的产地、名称、数量、批次、交通工具、运输时间、运输人员及负责人姓名、联系方式、双方交接情况等保障食品安全的运输信息，并保存相关凭证。

食品、食用农产品的运输过程应当符合相关法律法规与标准等规定。需冷藏、冷冻或其他特殊条件运输的，还应当记录运输过程的相关信息。

2. 贮存信息 包括由食品生产企业异地贮存采购的原辅材料和成品，食品、食用农产品经营企业异地贮存采购的产品，餐饮企业异地贮存采购的产品，相关的贮存企业，或其他负责食品、食用农产品贮存企业的贮存行为。食品生产经营企业应当建立食品贮存记录管理制度，记录贮存的相关信息，包括贮存产品的产地、名称、数量、批次、入库、出库、仓库管理、双方交接人员姓名、联系方式等保障食品安全贮存要求信息，并保存相关凭证。

食品、食用农产品的贮存过程应当符合相关法律法规与标准等规定。需冷藏、冷冻或其他特殊条件贮存的，还应当记录贮存的相关信息。

3. 交接信息 交接环节是指食品、食用农产品在食品生产经营企业之间的交付接收过程。应当保证各食品生产经营企业建立的食品质量安全追溯体系与食用农产品生产者，即种植养殖环节食用农产品追溯体系有效衔接，并保存相关凭证。

交接环节食品、食用农产品的一进一出，即不论物权归属，食品生产经营企业均需记录一进一出交接信息。应当在进货查验记录制度、出厂检验记录制度等要求记录的信息基础上，记录交接的时间、地点、人员、运输方式、运输工具等信息，保证食品、食用农产品在不同主体间流转有序，确保食品安全，并保存相关凭证。

4. 其他应当记录的基本信息 食品、食用农产品销售企业，餐饮企业，食品、食用农产品运输、贮存企业应当记录的设备、设施、人员、召回、销毁、投诉等信息，参照前述生产企业的相关信息内容，如实记录、保存。

二、食品安全溯源关键技术

（一）食品安全追溯体系基本要求

食品生产经营企业负责建立、实施和完善食品安全追溯体系，保障追溯体系有效运行。建立食品安全追溯体系的基本要求如下。

1. 科学严谨，可追可溯　企业应当建立食品安全追溯制度规范，适用和涵盖企业组织实施追溯的人员，生产经营各个环节实施追溯的记录，追溯方式及相关硬件、软件运用，追溯体系实施等要求。记录可采用纸质或电子信息手段记录，鼓励企业采用信息化手段记录和保存信息。

2. 统筹推进，积极实施　企业应当按照建立的食品安全追溯体系，严格组织实施。出现产品不符合相关法律法规、标准等规定，或发生食品安全事故等情况，要依托追溯体系，及时查清流向，召回产品，排查原因，迅速整改。涉及相关食品生产经营企业的，应当按规定及时通报。

3. 不断完善，逐步提高　企业在追溯体系实施过程中，应及时分析问题、查找原因，特别是对发生食品安全问题或发现制度存在不适用、有缺环、难追溯的情况，要及时采取措施，调整完善。企业的组织机构、设备设施、生产经营方式、管理制度及相关人员等发生变化，应当及时调整追溯体系的相应要求，确保追溯体系运行的连续性。

（二）常见食品安全溯源技术

食品安全溯源技术主要是通过记录食品在生产、加工、运输、销售等各个环节的信息，实现对食品的全程追踪和管理。以下是几种常见的食品安全溯源技术。

1. 电子追溯码技术　在食品的生产、加工、运输、销售等各个环节中，通过打印电子追溯码的方式记录食品的相关信息，包括生产日期、保质期、生产批次、原材料批次、运输信息等。消费者可以通过扫描二维码或者输入编码的方式查询食品的全程信息，从而实现食品安全溯源。

2. 物联网技术　通过在食品生产、加工、运输、销售等各个环节中安装传感器和监控设备，实现对食品实时监控和信息采集。传感器可以监控食品的温度、湿度、氧气含量等关键指标，确保食品在运输过程中的质量和安全。

3. 区块链技术　通过区块链技术，将食品生产、加工、运输、销售等各个环节的信息进行分布式存储，保证信息的真实性和不可篡改性。区块链技术可以实现食品全程信息的透明化和信任化，提高食品安全溯源的可靠性和可信度。

4. 物种鉴别技术　是一项关键技术，通过对物种鉴别技术的应用，可以获得有关物质品种的信息。目前，能够快速、准确地进行物种鉴别的方法主要有蛋白质分析技术、脂质体技术、DNA 技术和虹膜识别技术。

5. 数据库技术　构建可追溯系统的一个基本要素是中央数据库和信息传递系统。比如在畜产品可追溯系统中，家畜个体或者单位群体的迁移信息必须记录到中央数据库中，以备查询。

6. 自动识别技术　是在计算机技术、光电技术、通信技术与信息技术的支持下，在经济全球化、生产国际化、信息网络化的形势下成长起来的一门新兴技术，初步形成了包含耳标、条形码以及 RFID（射频识别）在内的技术体系。

7. GPS 技术和 GIS 技术　随着 GPS（全球定位系统）技术的民用化以及服务和设备成本的降低，许多可追溯系统已经加入了生产企业、加工企业地理位置引用信息和相关分析功能，在食品安全事件暴发时能够提供更多辅助决策信息。如加拿大安大略省生猪生产者市场委员会与 Guelph 大学土地资源科学系合作完成了一个称作 BarnBase 企业标识项目，使用 GPS 和 GIS（地理信息系统）将每个猪场的地理位置卫星定位（GPS）坐标已经记录进数据库。

（三）条码技术简介 微课

条码是将线条与空白按照一定的编码规则组合起来的符号，用于代表一定的字母、数字等资料。在进行辨识时，用条码阅读扫描，得到一组反射光信号，此信号经光电转换后变为一组与线条、空白相对应的电子信号，经解码后还原为相应的字母数字，再传入计算机。条码辨识技术已经相当成熟，其读取的错误率约为百万分之一，首读率大于98%，是一种可靠性高、输入快速、准确性高、成本低、应用面广的资料自动收集技术。

世界上约有225种以上的一维条码，每一种一维条码都有自己的一套编码规格来规定每个字母（可能是文字或数字）是由几个线条（bar）及几个空白（space）组成，以及字母的排列。一般较流行的一维条码有39码、EAN码、UPC码、128码，以及专门用于书刊管理的ISBN、ISSN等。国际广泛使用的条码种类有EAN码、UPC码（商品条码，用于在世界范围内唯一标识一种商品，超市中最常见的就是这种条码）、Code39码（可表示数字和字母，在管理领域应用最广）、ITF25码（在物流管理中应用较多）、Code bar码（多用于医疗、图书领域）、Code93码、Code128码等。

其中，EAN码是当今世界广为使用的商品条码，已成为电子数据交换（EDI）的基础；UPC码主要为美国和加拿大使用；在各类条码应用系统中，Code39码因其可采用数字与字母共同组成的方式而在各行业内部管理上被广泛使用；在血库、图书馆和照相馆的业务中，Code bar码也被广泛使用。除以上列举的一维条码外，二维条码也已经在迅速发展，并在许多领域找到了应用。

条形码是迄今为止最经济、实用的一种自动识别技术。条形码技术具有以下几个方面的优点。①输入速度快：与键盘输入相比，条形码输入的速度是键盘输入的5倍，并且能实现"即时数据输入"。②可靠性高：键盘输入数据出错率为三百分之一，利用光学字符识别技术出错率为万分之一，而采用条形码技术误码率低于百万分之一。③采集信息量大：利用传统的一维条形码一次可采集几十位字符的信息，二维条形码更可以携带数千个字符的信息，并有一定的自动纠错能力。④灵活实用：条形码标识既可以作为一种识别手段单独使用，也可以和有关识别设备组成一个系统实现自动化识别，还可以和其他控制设备连接起来实现自动化管理。另外，条形码标签易于制作，对设备和材料没有特殊要求，识别设备操作容易，不需要特殊培训，且设备也相对便宜。

1. 一维条码　在日常生活中，若注意观察商品外包装可以发现，上面通常会印有一维条码。其是由条、空、字符构成的，为了达到表示信息的目的，这些条、空、字符都是按照一定规则组成的，如图8-1所示。对光线反射率较低的为条，对光线反射率较高的为空，其可以被特定的设备识读。它的优点有制作使用成本低、输入方式快、可靠性高、读取方便等。

图8-1　一维条码符号

尽管一维条码的流行为信息的传输提供了便捷，但是随着条码技术的应用越来越广，传统一维条码的缺点也逐渐暴露出来。由于一维条码携带信息量有限，只能在一个方向（通常是水平方向）上表示信息，所以信息密度较低，信息容量较小，这成为一维条码发展的一个瓶颈。且一维条码仅仅能做到对商品的标识而无法做到对商品进行描述，人们要想知道商品标识的具体含义只能从后台的数据库提取相应的信息，如果没有数据库或网络的地方，商品标识的具体含义无法获得，标识也就没有任何意义。此外，一维条码对于汉字和图像信息的表示无能为力，在需要用到汉字、图像的场合就无法应用了。为了解决这一系列的问题，人们就开发出了二维条码。

2. 二维条码 从一维条码演变而来，信息容量增长了上百倍，从一维码的几十字节增加到现在的两千字节，并且二维条码可将文字、照片等多种字符进行编码，实现了在没有数据库和网络互连不方便的地方进行信息携带和传递。

常见的二维条码有 PDF417、Data matrix、QR Code、Code49、Code16K、Code One 等 20 余种，其中 QR 码具有超高速识读、高效表示中文汉字等特点。

（1）PDF417 条码 所属的二维码类别为行排式二维条码。之所以被称作 PDF417 码，是因为它的每一个字符都是由 4 个条和 4 个空共 17 个模块构成，其结构图如图 8 - 2 所示。

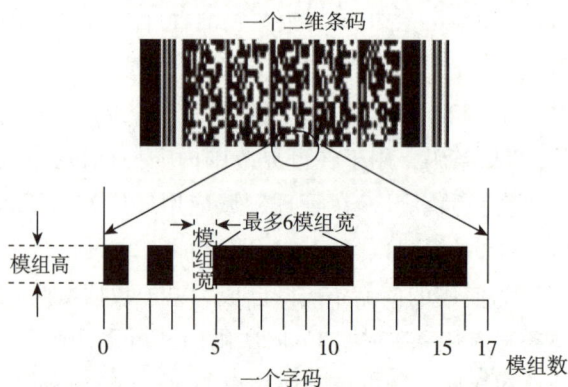

图 8 - 2 PDF417 二维码

PDF417 编码符号周围一圈为空白区域主要用于识别本编码符号，其中中间区域为多行结构，每一行主要由七部分组成，包括左空白区、起始符、左行指示符、数据区、右行指示符、终止符、右空白区。此编码的纠错能力较强，编码的每一行既涉及本行的基本信息，同时还记录一些反映位置用于错误纠正的字符的信息。所以，在某种特殊的恶劣环境下，一部分条码遭到损坏时也可以利用条码中的位置码进行相应的纠正从而顺利还原信息。PDF417 码错误级别可分为 9 级，从 0 到 8 依次增强。

（2）Maxi Code 又称为 USS - Maxi Code，是特别为满足高速度下物品扫描的需求而专门开发设计的一种二维条码，主要目的是实现对包裹的追踪和搜寻。Maxi Code 主要有两部分组成，一部分是相互连接的平行六边形模块，另一部分是位于二维码图片正中间部位的定位图形。其整体结构如图 8 - 3 所示。

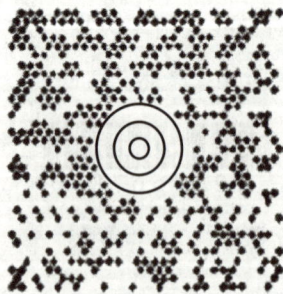

图 8 - 3 Maxi Code 码

Maxi Code 码的定位图形是位于二维码图像正中心位置的三个等间距的同心圆环。采用这种定位图形和平行六边形蜂巢式模块共同构建 Maxi Code，这种图像结构实现了中间对称性，可以使 Maxi Code 进行全方位无障碍扫描，提升了扫描速度，改善了符号对扫描角度的限制。

（3）QR Code 有许多强大的功能，如大容量的信息存储容量，高可靠性及超高的保密防伪性，并且它能够表示文字和图像等多种文本信息除了上述功能外，QR Code 码也可以完成一个完整的 360 度无限制角度的高速读取二维码的操作，并能有效地表达大量的信息。QR Code 是专门针对亚洲汉字设计，适应其相应的语言文化环境的特点。尤其对中国汉字信息和日本汉字信息能够进行特殊的优化编码处理。每一个 QR Code 二维条码都是一个正方形阵列模块，主要由编码区和功能图形共同构成。编码区域主要用于数据信息的存储，功能图形主要由以下几部分组成，分别是位置检测图形、分隔符号、定位图形和校正图形。QR Code 符号周围是预留的空白区域宽度至少 4 个模块，围绕在符号周围，其图像结构如图 8－4 所示。

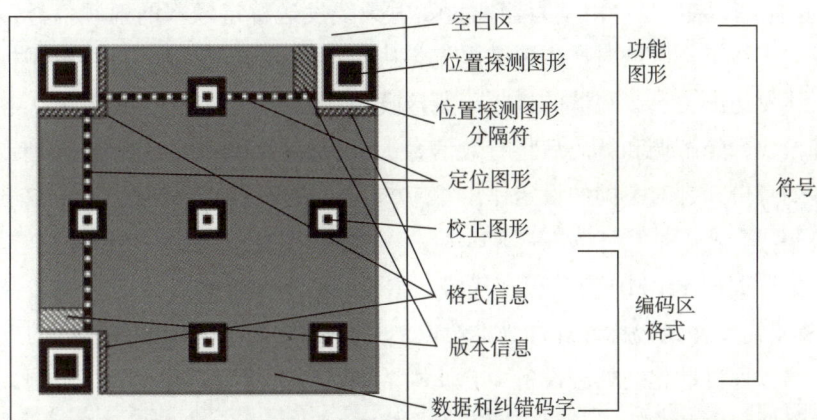

图 8－4　QR Code 的基本特征图

以 QR 码为例研究手机的二维条码识别技术在农产品质量安全追溯系统中的应用，提出的识别方法和思路略加修改同样也适用于其他二维条码。以条码生成技术和移动开发技术为基础，研究基于 Symbian 手机的自动对焦技术、图像处理技术和 QR 码解码算法等，构建基于手机二维条码识别的农产品质量安全追溯系统。系统架构图如图 8－5 所示。该系统主要包括 4 个功能模块：①二维条码图像采集功能模块：控制摄像头的状态（打开、关闭、自动对焦）以捕获食品包装上的二维条码。②图像预处理功能模块：摄像头捕获二维条码图案容易受到光照、角度、与摄像头的距离、摄像头像素数等因素的影响，所得到的二维条码会存在比较明显的歪曲、污损、倾斜等各种噪声和失真，导致不能译码或者错误的译码。为提高其可识读性，需进行灰度化、二值化等预处理。③条码识别功能模块：对预处理之后的条码图像进行倾斜矫正、条码分割和数据译码来识别条码，显示条码中的信息。④二维条码追溯功能模块：根据条码识别的食品追溯号进一步详细追溯信息。

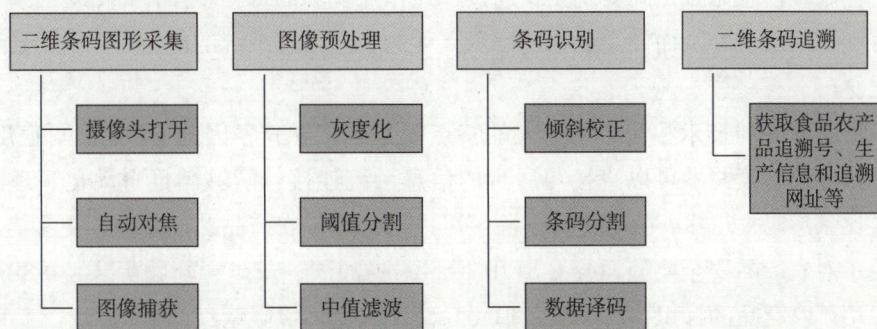

图 8－5　系统架构图

（四）RFID 技术简介

RFID 技术是 20 世纪 90 年代开始兴起并逐渐走向成熟的一种自动识别技术。它利用射频信号通过空间耦合实现非接触信息传递，并通过所传递的信息达到识别的目的。RFID 技术的精髓就是无线交换数据，这个交换数据过程需要两种设备来进行，一个能读/写射频数据的设备和与它配套、用于存储编写数据、含天线的芯片。数据能自动进行交换，不需要任何操作人员的参与便可启动 RFID 的数据读取程序（物品编码标识）。一个基本的 RFID 系统由电子标签、读写器、天线和后台主机系统组成。电子标签是 RFID 系统的数据载体，可存储识别对象的相关信息，具有可重复读写、使用寿命长、不易仿制等特点。根据自身是否带有电源一般分为无源、有源、半无源三类。对比其使用范围和自身价格目前使用较多的为无源和半无源式。读写器主要是读取标签内数据或通过天线向标签发送信号。

RFID 系统的基本工作原理是：由读写器通过发射天线发送特定频率的射频信号，当附着电子标签的目标对象进入发射天线工作区域时产生感应电流，从而获得能量被激活，使得电子标签将自身编码信息通过内置射频天线发送出去；读写器的接收天线接收到从标签发送来的调制信号，经天线调节器传送到读写器信号处理模块，经解调和解码后将有效信息送至后台主机系统进行相关处理；主机系统根据逻辑运算识别该标签的身份，针对不同的设定作出相应的处理和控制，最终发出指令信号控制读写器完成不同的读写操作。

与其他数据采集形式相比 RFID 有着很多优势，主要有以下几个优点。

（1）RFID 标签不需要像条码标签那样瞄准读取，只需要被置于读取设备形成的电磁场内就可以准确读到，更加适合与各种自动化的处理设备配合使用，同时减少甚至消除因人工干预数据采集而带来的因人力资源、效率降低和生产差错以及纠错而产生的成本。

（2）RFID 每秒钟可进行上千次的读取，同时处理许多标签，高效且高度准确。从而使企业能够在既不降低（甚至提高）作业效率，又不增加（甚至减少）管理成本的前提下，大幅度提高管理精细度，让整个作业过程实时透明，创造巨大的经济效益。

（3）RFID 标签上的数据可反复修改，既可以用来带载、传递一些关键数据，也使得 RFID 标签能够在企业内部进行循环的重复使用，将一次性成本转化为长期摊销的成本，进一步节约企业运行成本的同时，降低企业采用 RFID 技术的风险成本。

（4）RFID 标签的识读，不需要以目视可见为前提，因为它不依赖于可见光。因而可以在那些条码技术无法适应的恶劣环境，例如高粉尘污染、野外等环境下使用，进一步扩大自动识别技术的应用范围。

（5）RFID 技术能与条码技术混合使用，分别用于同一系统中各自最适合的环节，再加之移动计算技术，并将无线局域网和广域网作为企业有线网络系统的延伸扩展，便能真正让整个企业的所有现场作业流程与各种企业管理信息系统之间实现无缝连接，让作业现场的每一步操作都处在计算机管理信息系统的管理、监督和控制之下，从而使企业花费巨资兴建的管理信息系统的能力得以充分施展，实现整个投资效益最大化。

与传统的条形码等识别技术相比，其最大的特点就是非接触式，因此 RFID 读写速度快、范围大，能同时识别多个标签，且读写器可以直接与后台的信息系统连接，能够满足自动化管理的需要，RFID 标签的存储容量比条形码大得多，且可擦写。除了可以用来标识农产品，还能储存更多有关农产品质量安全的信息，便于对农产品安全实施监控。RFID 标签不受油渍、灰尘、药物等环境的影响，尺寸大小与形状多样化，用于农产品的标识，解决了条形码易破损，受环境限制大的缺点。

最近几年，为了提高整个农产品供应链的可追溯性，可读写、低功耗的 RFID 电子标签逐渐取代传统的只读型条形码。针对农产品在仓储和运输环节的环境参数监测问题，近年来出现了集成传感器的电子标签。该电子标签通过集成相应功能的传感器进而获得温度、湿度、气体浓度等环境参数。由于这种标签能够记录流通过程中的重要参数，进而找到问题出现的根源，降低产品召回率，便于责任认定，避免大规模群体中毒事件的发生。

三、国内外食品安全溯源体系

（一）欧盟食品安全溯源体系

欧盟是最早倡导和实施食品可追溯制度的地区。为统一并协调内部食品质量安全监管体系，20世纪80年代以来先后制定20多部食品质量安全方面的法律法规。特别是从2000年颁布的《食品安全白皮书》到2002年生效的《食品基本法》，欧盟进一步在食品质量安全立法领域确定了一系列基本的原则和理念，在此基础上，逐步建立起一套较为完备的食品质量安全法律法规体系。

在对牛类动物产品的可追溯性方面，欧洲议会和理事会条例（EC）No. 1760/2000要求建立对牛类动物和牛肉、牛肉产品标记的识别和注册体系。在牛肉加工的每个阶段，必须能够获知下面的信息：牛肉所属牛的产地、把肉同动物或动物种群相联系的参考代码、欧盟批准的对肉类加工的地点；在牛肉加工的每一个环节都必须在加工地点之间建立起牛肉进货批号和出货批号的联系。牛肉的可追溯性还须得到下列条件保证：①所有在欧盟内动物的运输和在某些情况下成员国内部动物的运输都需要通行证；②每只动物的个体识别码和在屠宰场宰杀后的编码相一致，使得牛肉从加工一直到销售的不同环节都有系统的记录；③个体牛的识别系统，牛从出生到屠宰，针对牛及运输牛的个体识别数据都记录在集中的数据库。这种身份标志文件是由每个省专门负责牛的身份识别机构编制。每头牛都有唯一标在耳环上的号码，这个号码也登记在牛的护照上。牛不管到哪里，转卖几次，是被卖到屠宰场还是另一家饲养户，都要有护照跟随。与每头牛相应的这个独一无二的号码包括表示国家的字母（RF）和十位数字：前两位数字表示省编码，紧接着四位是饲养户的识别码，最后四位是牛在农场的出生顺序号。犊牛出生六日之内，饲养户必须将给牛犊戴的耳环号码、出生日期、性别、牛的父母及品种信息上报给省负责牲畜识别的机构。护照与牛终生相随，牛的护照也包括卫生状况信息，由省兽医服务局颁发的一张绿色不干胶识别标签要贴在每份识别文件上。为方便信息登记，护照上有条形码，可供自动读取护照上有关的主要信息。以法国为例，其建立了一个由法国农业部管理的全国牲畜识别数据库（BDNI），从法国各省采集的所有信息统一集中在这个系统中，如果牲畜离开饲养场，护照上牛所经过的不同饲养地点或停留过的地点都有记载，因为牛每到一处，都要加贴标签记载。这些信息也要登入全国的数据库，农业部可随时知道法国国土上任何一头牛所处的位置。屠宰场对宰杀牛按身份特征归为一个批次，即同一天宰杀同一种类的牛（小公牛、改良母牛和犊牛等），当牛来到屠宰场时，必须有护照。屠宰场给每一头牛分配一个屠宰号码，该屠宰号码与牛的身份号码相对应。屠宰号码用墨水印在宰杀的牛上，同时也打印在分割成一块块的肉上。屠宰场可随时根据这一屠宰号码找到某一身份号码的牛。送往肉店的宰杀牛仍然通过登记在送货单和发票上的屠宰号码，可识别其来源。送往加工厂的分割肉，在每道工序中也都通过屠宰号和批次号识别。饲养阶段的牛大都采用电子耳标进行标识，而牛肉采用统一的标识系统（即全球统一标识系统，简称EAN-UCC系统）。2000年末国际物品编码协会（EAN-International）建立欧洲肉类出口集团（MEEO），实施新的"牛肉标签法"，应用EAN-UCC系统到牛肉的生产供应链中。

欧洲议会和理事会条例（EC）No. 852/2004号条例主要规定了两方面的内容，一方面是准确和合理地使用牲畜用药、添加剂、植物保护产品和杀虫剂以及他们的可追溯性；另一方面是饲料的备置、存储、使用和可追溯性。具体规定为：饲养动物或生产以动物为原料的初级产品的食品业从业人员必须保留记录，并在需要时将这些记录包含的相关信息提供给权威机构和进货的其他食品业从业人员。必须保存的记录：①动物饲料的性质和来源；②对动物的用药和其他治疗手段，使用药物的日期和停止用药的时间；③可能影响以动物为原料的产品安全的疾病；④从动物样本上获得的分析结果，可能关系到人类的健康；⑤从对动物和动物原产地的产品检查得到的相关报告。具体来说，欧盟畜禽产品质量安全追溯的主要的环节包括：①屠宰场标识转换。在屠宰厂的屠宰环节，驻厂检疫员使用识读设备识读畜禽标识，查验免疫、产地检疫等信息，检疫合格后由系统自动进行标识的转换，并以打印产品标签的方式附于动物胴体，随同产品出厂。②超市标识分发。在超市畜产品分割柜台，售货员使用终端设备识读动物胴体标准商品编码，打印分割产品标签，附在最终消费者选购的商品包装上。③消费者查验畜产品质量。消费者通过追溯体系提供的查询窗口查询动物从出生到屠宰，从饲养地到餐桌的全程质量安全监管信息，实现畜禽产品的质量安全可追溯。

另外，2004年4月底，在德国不来梅市举行的联合国粮农组织（FAO）渔业委员会水产品贸易分委会第9次会议上，欧盟明确表示从2005年1月1日起，凡在欧盟市场销售的水产类食品上必须贴有可追溯标签，否则拒绝进入。主要目标是研究调查水产品的全链可追溯性，建立水产品可追溯体系的执行标准，于2005年1月1日生效。欧盟TraceFish标准的《养殖鱼生产流通链信息记录细则》从全流通链的角度出发，制定了建立养殖鱼产品可追溯体系的标准细则。细则对生产流通链各个环节的参与者，详尽地规范了信息范畴、信息的建立、记录与传递方法等标准。TraceFish标准是迄今为止全球最完整的关于水产品全链可追溯的标准，对全球渔业发展极具参考价值。

（二）日本食品安全溯源体系

作为应对疯牛病的重要手段，在政府的推进和支持下，2001年，日本农林水产省开始建设牛的溯源体系，要求肉牛业实施强制性的可溯源制度，全面导入了信息可追踪系统，该系统的发展已成为食品质量安全管理以及克服消费者信息不足的重要手段。2002年，日本制定法律对牛肉生产业强制实行可追溯系统，牛饲养场必须为每头牛戴上耳标，耳标上有个体识别号，饲养者必须记录每头牛的基本信息，包括标识号、品种、性别和饲养历史信息（如出生日期，转到饲养场的日期等）。一些专家主张牛饲养者保留动物用药和用量记录，但如此详细的系统很难具体实施。目前日本对进口肉产品还没有要求可追溯性。为了恢复消费者对食品质量安全的信心，同时作为一种竞争手段，同年，日本农林水产省将食品信息安全溯源制度当作"安全、安心信息供应计划"的一个关键环节，推广到全国的猪肉、鸡肉等肉食产业，牡蛎等水产养殖产业和蔬菜产业，消费者购买商品时，通过包装可获取品种、产地和生产加工流通过程的相关信息。日本消费者相信，如果谁生产了优质产品，他就愿意放他的照片和名字在产品上，说明这样的产品更安全。因此一些大型超市对实施了可追溯系统的猪肉，在零售柜台有饲养员的照片，有的直接把饲养员的照片印在肉品外包装的标签上，同时消费者还可看见猪肉各种检测证明，如食品检测无疯牛病的证明、无抗生素使用证明和未使用转基因饲料证明等，消费者可以放心购买。2003年，日本出台《食品安全基本法》，表明日本政府要建立一套保证食品"从田间到餐桌"全过程的食品质量安全控制系统，并将可安全追溯体系通过分销途径延伸到消费者环节。此外，日本拥有全国统一遵循的可追溯系统操作指南，为后期开展追溯体系建设创造了最基本、最重要的条件。2004年底，日本牛肉溯源系统建设完成，并开始实施牛肉以外食品的溯源系统建设。2005年底，日本建立了食用农产品认证制度。2008年，日本农林水产省开始建立大米的可溯源体系。

（三）澳大利亚食品安全溯源体系

2001年，英国发生口蹄疫后，国际市场上要求重视畜产品原产地识别问题的呼声日高，在此背景下，澳大利亚开始建立"国家牲畜标识计划"（the national live stock identifieation scheme，NLIS），并成立相应的管理机构。NLIS是澳大利亚的牲畜标识和追溯系统，主要用于牛和羊，它能从出生到屠宰追溯动物的饲养全过程。加入NLSI系统的牛必须使用统一的电子耳标，羊使用统一的塑料耳标。据报道，自2002年7月22日起，澳大利亚全国1.15亿头羊将打上产地标签。当牧场主将羊出售给屠宰场或出口时，必须在申请表上填写标签号码。有关部门一旦发现某种疾病，便可以根据标签号码迅速查出该羊的产地和农场，并尽快采取预防措施。过去，澳大利亚牧场主只在羊的耳朵上标明数量管理的标签和号码，而且格式不一，管理也不统一。实施 NLIS 系统有利于澳大利亚在国际市场上保护自己的品牌，提高管理能力、饲养水平，更好地满足消费者的需求，而且实施 NLSI 系统是进入欧盟牛肉市场的必备条件。因此虽然政府并没有强制实现 NLIS，但许多农场主自愿加入 NLIS。随着 NLIS 越来越多的应用，州和地方政府着手制定法律支持系统的真实性。

（四）美国食品安全溯源体系

1989 年美国食品质量与安全监测局（FSIS）通过对猪肉加工包装厂的检查监测发现，高达 11% 的猪肉中磺胺类药物残留严重超标。为此，国家猪肉生产者委员会从 1989 年开始了"肉品质量保障计划"，其目的是通过对养猪生产者适当的教育，来克服猪肉中药物残留严重超标问题，进而向消费者及政府部门保证能放心地食用这些产品。PQAP 即猪肉质量保障体系，它以 HACCP 为基础，以监测关键控制点为重点。由于美国采用了 PQA 系统，民众对政府的职能信心较高，对本国畜产品安全生产的信心较强，相信本国政府通过对肉食品的检测、质量监督能够确保肉食品的安全。

2002 年美国国会通过了《公共健康安全与生物恐怖应对法》，将食品安全提高到国家安全战略高度，提出"实行从农场到餐桌的风险管理"。

1. 国家对食品安全实行强制性管理，要求企业必须建立产品可追溯制度。其主要做法体现在以下几个方面。

（1）规定明确了产品生产和食品进口要求　所有生产企业必须按 FDA 制定的规则进行生产，所有进口到美国的食品必须经过 FDA 或美国农业部（USDA）的登记，经检验合格的才允许进口。

（2）规定明确了生产环节的违法行为　在加工车间有泥土，存在不卫生行为，把产品中主要成分提走，采用政府未规定的辐射，在鲜食产品中添加色素，产品不经检测或调查直接判断合格等都将认定违法。

（3）规定明确了种植和生产企业必须建立食品安全可追溯制度　种植环节推行良好农业操作规范（GAP）管理体系，在加工环节推行良好生产操作规范（GMP）管理体系，以及危害分析及关键点控制（HACCP）食品安全认证体系。无论在哪个环节出现了问题都可以追溯到责任者。

（4）规定明确标签基本要求　规范基本标签，食品名称必须表示明显，净含量必须标注准确，主要成分必须标明含量，必须标明生产企业的名称和地址。每个标签必须真实、可靠，不能误导消费者，标签不真实或写错都将视为违法。

（5）规定明确了企业建立食品安全可追溯制度的实施期限　即大企业（>500 名雇员）在法规公布 12 个月后必须实施，中小型企业（11 至 499 名雇员）在法规公布 18 个月后必须实施，小型企业（<10 名雇员）在法规公布 24 个月后必须实施，在规定期限内所有与食品生产有关的企业必须建立产品质量可追溯制度。

2004 年 5 月美国公布《食品安全跟踪条例》，要求所有涉及食品运输、配送和进口的企业要建立并保全相关食品流通的全过程记录。

2. 美国对农业生产、包装加工以及运输过程中的追溯制度如下。

（1）农业生产环节可追溯制度　在农业生产环节可追溯制度中，美国政府对种植生产以及农药的使用上都有严格要求和监管措施，一般使用农药要请专业的农药服务公司执行作业，并将农药用量控制在合理浓度与使用范围内。使用毒性较高的农药时，必须事先通知县农业局，在县农业局备案。在使用过程中，县农业局派人到现场监督并指导农药使用。在收获日前 7 天之内禁止使用任何农药。在采摘过程中，工人必须穿工作服，戴手套，必要时还要洗手。生产基地必须是洁净的，远离污染源。所有废弃物必须经过处理，不能随意丢弃。所有生产过程，从种子处理、土壤消毒、栽培方式、灌溉、施肥、使用农药到收获采摘都要记录。能够追溯到哪个生产基地、品种、生产时间。即使是跨国生产基地，如在墨西哥生产的马铃薯也必须执行 GAP 管理体系。

（2）包装加工环节可追溯制度　美国法律要求所有食品供应商必须建立食品可追溯制度。食品可追溯制度分为前追溯制度（IPS）和后追溯制度（ISR）。

前追溯制度主要记录内容有：企业的名称及其所拥有的信息（国内或国外的）、产品名称、产品出产日期、产品商标、产品类型、产品品种特性、产品等级等、产品生产者、主要生产过程、产品包装者、生产区域信息、单位包装数量或重量。

后追溯制度主要记录内容有：产品接受者企业名称所拥有的信息（国内或国外的，描述产品交易的类型，包括产品商标名称、产品品种特性等，产品交易日期，谁生产、生产工艺如何、谁包装，以及带有产品识别条码信息等，产品单位包装数量（重量），外包装损坏程度，产品的保存期，产品运输企业名称以及与运输企业相关的产品后追溯信息。

在产品加工生产过程中实行的可追溯形式有 2 种，即 GMP 和 HACCP 管理体系。实行 GMP 和 HACCP 都是以第三方认证形式建立的产品质量可追溯制度，美国政府虽然不强调产品认证，但要求产品生产的每个环节必须是可控、安全和可追溯，由此，许多企业在生产过程中都选择了 GMP 和 HACCP 管理体系。如美国的一家蔬菜加工厂，菠菜从进厂后就进行负压清洗，然后是金属探视、消毒、人工去掉黄叶、速冻、包装。对每个关键点进行质量控制，每个环节都有生产操作规程。对洗涤剂和大肠埃希菌实行严格控制。企业生产的产品每天都要送到独立实验室检测，合格的产品才被允许贴上标志及条形码，送入冷藏保鲜库。

（3）运输销售环节可追溯制度　运输、销售过程主要实行食品供应可追溯制度和 HACCP 认证制度。

1）运输企业主要是承接供应商给出的信息并转给批发、零售商的产品主要信息。

2）批发商除将产品供应商提供的信息输入电脑外，还要对产品进行分类标识，建立本企业的条形码信息，该条形码信息主要记录有：反映本企业信息，对入库产品进行货柜编号；标出每一货柜的产品信息，包括产地信息；进口产品需请美国农业部检疫局进行产品检验，合格产品盖有标识章；经过 HACCP 认证的产品，贴有 HACCP 认证机构的标识，通过有机认证产品，贴有有机产品认证标识；产品的接受者企业。

3）零售商同样需要了解以上信息，同时建立零售企业条形码。该条形码记录的主要内容有：产品的产地、属性；产品集装箱号码；产品包装类型、包装容器；产品种类、产品形式；产品品种；产品质量；是否有机认证、HACCP 认证等。

4）实行召回制度。如果在消费环节出了问题，企业有责任将产品召回。

（五）我国食品安全溯源体系

我国的食品安全追溯自古便有，古代王侯将相严格追溯所用食品的来源以及食品检验信息，《起居注》详尽记录了食品来源、制作过程。但由于应用局限性，食品安全追溯并未在民间得到广泛应用。

当代食品安全追溯法律制度始于 1995 年施行的《食品卫生法》，规定了包装食品必须在包装标识相关信息。直至 2001 年，中国着手建立关于食品质量安全追溯体系。同年 7 月，上海市发布了《上海市食用农产品安全监管暂行办法》，该条例提出应当在食品流通环节构建可追溯体系。

2002 年，北京市也发布了食品安全信息可追踪机制，规定食品经营者需要详细记录所买入和出售的食品信息，供应企业需建立销售档案，以及时召回问题食品。此后，各省市和地区陆续着手构建食品质量安全追溯体系。

2003 年通过的《食品生产加工企业质量安全监督管理办法》，要求经检验合格的食品必须加贴食品质量安全市场准入标志才能在市场上销售。2004 年，上海发布了"上海食用农副产品质量安全信息平台"，对农副产品的生产过程采取监控、网络查询和条码识别的管理制度。同年中国物品编码中心颁布了《中国牛肉制品跟踪与追溯指南》。2005 年，中国国家质检总局颁布了《出境水产品溯源规程》，规定必须标识出口水产品及原料。同年，北京顺义区启动蔬菜分级包装盒质量可溯源制度；山东发布了不合格食品退市制度、食品市场准入制度和食品安全事故可追溯制度，福建启用了肉品质量查询系统；天津实行了无公害蔬菜可溯源制度。2007 年，中国标准化研究院为促进我国农产品溯源信息平台建设和农产品溯源标准的制定，启动了《农产品质量快速溯源系统设计与运行规范研究及技术实现》研究，旨在构建通用的农产品质量安全溯源系统。同年国家编码中心关于 EANUCC 编码体系在蔬菜安全溯源系统中的应用并在山东省示范实施，借此推出了《饲料和食品链的可追溯性体系设计与实施指南》。2008 年，北京启动奥运食品安全溯源系统，实施贯穿全供应链的食品全程跟踪。成都采用物联网技术构建生猪肉产品质量安全可追溯信息系统。2009 年的《食品安全法》中规定了食品生产商必须建立食品进货销售档案，进一步明确了食品生产商的追溯义务。

截至《食品安全法》（2015 年版）颁布之前，我国关于建设食品安全追溯制度方面积累了诸多经验。2011 年，国家发展和改革委员会、工业和信息化部联合发布《食品工业"十二五"发展规划》，该规划提出在"十二五"阶段将推进建设食品安全可追溯体系，促进物联网技术的示范应用，进一步加强食品生产企业的信息化服务体系，规定乳粉、肉类、蔬菜、酒类、保健品等门类将先推进电子追溯。2012 年，国务院关于加强食品安全工作的决定（国发〔2012〕20 号）明确提出建立食品追溯系统。2013 年，国务院办公厅发布的《2013 年食品安全重点工作安排》要求重点加快幼儿配方乳粉和原料乳粉、肉类等电子追溯系统建设。2014 年，国务院发布《国务院关于加强食品安全工作的决定》，提出食品安全全程追溯的进一步建设要求，以及进一步完善农产品质量安全追溯体系，进而促进食品安全电子追溯系统建设，以期建立统一的追溯手段和技术平台。2015 年，由中华人民共和国第十二届全国人民代表大会常务委员会第十四次会议讨论通过修订的《食品安全法》，第四十二条明确规定要建立食品安全全程追溯制度。

我国食品安全追溯系统研究始于 2002 年农业部颁布《动物免疫标识管理办法》规定对家畜需使用免疫耳标，推行免疫档案管理制度，到目前仍处于推广深化阶段。2003 年，中国物品编码中心自发布《我国农产品质量快速溯源过程中电子标签应用指南》《水果、蔬菜跟踪与追溯指南》《牛肉产品跟踪与追溯指南》《牛肉质量跟踪与溯源系统实用方案》等规范和应用指南。同年，国家质检总局推行"中国条码推进工程"，对蔬菜、牛肉产品进行编码和标识工作。2004 年，国家质检总局为加强食品溯源管理以完善危害应急预案，发布了《食品安全管理体系要求》与《食品安全管理体系审核指南》。农业部启动了"城市农产品质量安全监管系统试点工作"，重点开展农产品质量安全追溯体系建设。国家食品药品监督管理局等 8 部门也选择肉类行业作为食品安全信用体系建设试点行业，着手建立肉类食品追溯体制和系统建设。2005 年，国家质检总局发布了《出境水产品溯源规程》参照欧盟实行的水产品贸易可追溯制度。2006 年，商务部发布的《酒类流通管理办法》规定了酒类商品溯源体系，农业部建立动物防疫可追溯体系以及乳制品质量安全追溯体系。2008 年，北京奥运会期间采用 RFID 和 GPS 技术建立奥运食品可追溯系统。2009 年，国家为构建各类食品可追溯系统，明确食品追溯的基本原则和基本要求、追溯流程和追溯管理规则发布了《食品可追溯性通用规范》，同时为了完善食品追溯体系，统一食品追溯的信息编码、数据结构和载体标识，发布了《食品追溯信息编码与标识规范》。2010 年商务部发布《全国肉类蔬菜流通追溯体系建设规范》规定了肉类蔬菜在流通环节的可追溯体系。之后，商务部、财政部持续促进大中城市肉类蔬菜流通追溯体系建设。2012 年，国家药监局组织起草了《保健食品质量安全追溯体系建设实施方案》，提出建立国家、省、市、县四级保健食品质量安全电子追溯系统。2013 年，工信部下发《食品质量安全信息追溯体系建设试点工作实施方案》，着手建立幼儿配方乳粉和白酒行业的食品追溯试点。2014 年，国家质检总局修订发布《商品条码 128 条码》（GB/T 15425—2014）。

当前我国主要参与食品质量安全追溯体系建设的部门有国家市场监督管理总局、农业农村部、卫健委、工信部和商务部等。我国幅员辽阔，各地域经济和发展水平及消费者对可追溯性产品的支持程度差异明显，因此在推行食品安全追溯体系进程中不能同步推进。

各参与食品质量安全追溯体系建设的部门都已建立了各自具有代表性的食品追溯体系，不同地区政府也已建立有地域特色的食品追溯平台，但大都需要进一步整合与完善，而且相当一部分区域内仅有少数大型食品企业构建内部食品追溯系统。全国开展的食品可追溯系统已覆盖大部分行业，可追溯系统的试点在乳品、水果、蔬菜、畜禽产品和水产品等多个产业展开，而且着重建设了肉菜、幼儿奶粉和白酒的可追溯系统。具体情况分述如下。

1. 国家层面食品安全可追溯体系建设现状　在食品安全可追溯体系的构建和实施进程中，国家和各大部委相继出台了食品安全立法体系，如《中华人民共和国农产品质量安全法》《中华人民共和国食品安全法》《中华人民共和国标准化法》等，同时制定相关标准，建立面向不同行业的溯源系统并在各地试点实施。中国物品编码中心在全国建立涵盖肉蔬水果、加工食品、水产品及地方特色食品等多个领域产品的质量安全追溯应用示范基地以推进"中国条码推进工程"，如在山东试点的"蔬菜质量安全可溯源系统"，陕西试点的"牛肉质量与跟踪系统"，上海试点的"上海超市农产品查询系统"等。

农业部自 2004 年实施"城市农产品质量安全监管系统试点工作"，开展了农产品质量安全追溯体系试点建设，试点探索建立种植业、农垦、动物标识及疫病、水产品四个专业追溯体系。国家食品药品监督管理部门自 2004 年起联合八个部门以肉类作为食品安全信用体系建设试点行业，建设肉类食品追溯制度和系统。农业部自 2006 年起在四川、重庆、北京和上海四省市进行试点标识溯源工作。之后又在全国八个省市开展种植业产品质量可追溯制度建设试点，建立"农业部种植业产品质量追溯系统"。2008 年以来，农业部建立农垦系统质量安全可追溯系统，涵盖米面、水果、茶叶、畜肉、禽肉、蛋类、水产品等七类农产品，建立"农垦农产品质量追溯展示平台"。此后又建立了"动物标识及疫病可追溯体系"和"水产品质量安全追溯网"。商务部、财政部自 2010 年以来至 2014 年底，在 58 个城市开展肉菜流通追溯体系建设试点开展肉类蔬菜流通追溯体系建设，建成以中央、省、市三级平台为主体、全国互联互通、协调运作的追溯管理网络，将来会逐步扩大到中药材、酒类、奶制品、水果以及水产品等品种。

2017 年印发的《关于发布食品生产经营企业建立食品安全追溯体系若干规定的公告》（2017 年第 39 号），明确要求食品生产经营企业根据相关法律法规与标准等规定，结合企业实际，建立食品安全追溯体系，落实质量安全主体责任，保障食品质量安全。规定中明确，建立食品安全追溯体系的核心和基础，是记录全程质量安全信息；食品安全信息记录与保存，是食品安全追溯体系有效运行的基础，信息链条的衔接是其根本保障；食品生产经营企业负责建立、实施和完善食品安全追溯体系，保障追溯体系有效运行；地方食品药品监管部门要指导和监督食品生产经营企业建立食品安全追溯体系，落实质量安全主体责任；引导社会力量共同推进食品安全追溯体系建设，切实发挥行业协会规范引导作用、技术机构技术支撑作用以及社会监督作用。针对重点食品，《关于白酒生产企业建立质量安全追溯体系的指导意见》《关于食用植物油生产企业食品安全追溯体系指导意见》《婴幼儿配方乳粉生产企业食品安全追溯信息记录规范》等文件，明确提出以企业建立、部门指导、运行有效为基本原则建立食品安全追溯体系，坚持试点先行，着力推进白酒生产企业质量安全追溯示范试点工作，鼓励企业利用信息技术建立追溯体系，实现有效追溯。例如，山西杏花村汾酒集团股份有限公司、贵州茅台酒股份有限公司等试点单位，食品安全追溯体系建设已取得显著成效。

2. 企业层面食品安全可追溯体系建设现状　目前，诸多的食品企业和第三方追溯平台选择成为食品安全追溯试点的一员，企业多采用纸质条码和二维码标识技术，以"一企一号，一物一码"的产品数字化技术为核心，结合物联网及云计算技术，辅助政府和食品监管部门建立针对各企业的内外部追溯监管平台，帮助政府有效监管所属企业产品在全生命周期的详细信息，方便进行质量管控、产品召回、过程追溯、责任核定等监管需求，同时可为食品企业提供原料追溯、产品防伪、物流监管、经销商管理、个性化网建设等企业产品信息化建设服务。部分企业平台，如奶粉行业的飞鹤乳业婴儿配方奶粉全产业链追溯系统、合生元产品追溯系统、多美滋透明追溯系统。另外还有一些第三方追溯平台，如中国食品安全追溯信息网（中国副食流通协会食品安全与信息追溯分会、中国副食流通协会标准化技术委员会、中国副食流通协会采购与供应链专业委员会）、农产品质量安全社会化追溯平台（北京智云天地）、追溯通（河南追溯信息技术有限公司）、食品追溯平台（河南卓奇科技）、乳品质量安全追溯平台、苏州华美龙追溯平台。

四、中国食品安全溯源体系的发展方向

（一）完善食品安全追溯制度

我国需要参考发达国家相关法规，结合我国实际情况，构建可追溯法律基础。建设食品溯源体系，最有效的方法是通过食品安全地方立法、行业规范的形式来确保食品安全溯源体系的健全完善。地方立法和行业规范可以《食品安全法》等上位法作支撑，进一步明晰食品安全溯源体系的具体内容，明确追溯对象、追溯信息、追溯环节、追溯主体、法律责任等相关内容，将食品安全可追溯的要求落到实处。同时，增加强制性条款，执行立法的强制力，加大对提供违法行为的惩处力度，保障追溯信息的准确性和可靠性。

（二）实施追溯系统多环节监控

在食品安全追溯系统中对多个环节实施监控是一项重点内容。追溯系统包含多个环节，这些环节贯穿了产业的整体链条。在各个环节中建立子系统是追溯系统管理的重点要求，在整个系统中查询系统追溯反馈、预警处理监控预警系统投诉、反馈消费者管理、监控部门信息共享和平台建设都要纳入系统化的监控中。例如在家禽类的系统监控中就要明确饲料的使用、添加剂的使用、兽药的投放、家禽环境信息、家庭的个体病史、使用的药物针剂、家禽的屠宰时间和产品的运输时间，这些内容都要在整个链接中进行数据化调用，每次管理都要多环节之间的密切配合，将记录的相关数据信息上传到数据库，实施全链条信息记录。

（三）建立全流程数据管控平台

食品安全追溯系统实施的是数据库的信息化管理，这要求在平台建设中强化对新技术的应用，建立起信息数据库，对数据库实施网络远程监控，对数据做好跟踪和存储，及时做好相应信息的变更记录及标记。从农场到餐桌的整体过程都要纳入信息跟踪系统。还要构建起追溯解决方案系统，实现平台供应链的完全透明信息化管理，同时，要建立起质量监控预警系统，通过网络方式远程访问中心数据库，对各个环节的信息进行监测控制，实施安全质量评价，对产生的各类预警信息进行有效防控，实现信息共享平台建设，突出食品安全管理的数据化模式。

（四）与检验检测、认证的融合越来越紧密

当前国内很多追溯体系承担的只是"信息记录"的功能，在信息的准确度、宽度、深度上存在一定的局限性。检验检测与认证作为国家质量基础建设的重要组成部分，是国家重点支持发展的高技术服务业和生产性服务业，通过检验检测和认证手段，把食品生产、运输、存储、销售等这些真实、可靠、经得起验证的信息通过互联网、防伪技术传递出去，才是政府管理部门认可的、企业和消费者信任的"追溯"。

第三节　食品安全预警技术

PPT

一、食品安全预警的分类

根据不同的预警要求和特点可以将食品安全预警分成不同的类型。

（一）按预警状况分类

1. 常规预警　由于食品的安全是相对的，因此，安全性问题一直贯穿于食品链的整个过程，自始至终都可能发生变化，同时，食品出现的安全危机都不是一朝一夕形成的，而是经过一段时间的潜伏和演化，逐渐变化产生了积累效应，最终形成了具有危害和影响的不安全状况。因此，需要对食品进行经常性的安全监测和检测，以及较长时间的关注、跟踪，警惕警情的发生，预防不安全情况出现。如原本安全的食品受到污染时，不安全性产生，只要污染源还存在，食品的不安全性就一直存在，在这样的变质过程中原本安全的食品就逐渐变成了不安全的食品。

常规预警一般具有经常性的含义，特点是有规律的检测和监测，预警的范围较小。例如定时定点的食品安全检查、抽查，各种专项检查，食品链过程的关键点检测和监测等。

2. 突发性预警　即食品安全出现的危机或警情在某一时间突然出现或暴发，突发具有偶然性而不一定存在必然性。突发的问题往往事先没有任何明显征兆，或者是正常情况下无法预料的食品安全问题。突发型食品安全危机或警情的特点是起事突然、时间短、发展快、解决难度大，若未能及时监测或处理不当，则事态将进一步恶化而产生严重后果。

（二）按预警分析方法分类

1. 指标预警　选择合适的食品安全评价指标，利用指标信息的变化对食品安全进行预警。指标预警一般有以下三种。

（1）单因子预警　根据某一影响因素存在与否或演化趋势、速度、波动程度和后果作出判断而预警。例如对禁用工业用食品添加剂的预警，就是因素是否存在的预警。

（2）多因子预警　当影响安全性的因素多于两个时，便要对若干因素进行影响严重程度的研究，从而对多因素的整体演化趋势、速度、波动程度和后果作出预警。

（3）综合预警　既有可量化的多因素，又有不可量化的单因素，共同组合成一个复杂综合系统。对复杂综合系统所表现的演化趋势、速度、波动程度和后果作出预警即为综合预警。

2. 统计预警　采用统计分析的方法对食品安全进行预警。例如，根据连续监测的数据经过统计分析后表达的状况、趋势进行预警。统计分析的特点是需要有连续的统计数据和合适的统计方法。

3. 模型预警　建立了相应的数学模型，利用数学模型进行定量计算和分析，并对食品安全状态进行评价，对可能产生的变化进行预测预警。

（三）按预警的时间尺度分类

1. 短期预警　在较短时期内对食品安全进行预警。一般来说，短期往往指最近的几天、一周或者数周。

2. 中期预警　在一段时间内对食品安全进行预警。相对而言，中期是指几个月或者一年，一般不超过三年。

3. 长期预警　在较长时间内对食品安全进行预警。相对而言，较长时间通常是 3～5 年或更长。例如，可以按照国家五年计划的方式确定 5 年为一个周期。更长的周期可视预警问题而定。例如，对粮食安全问题研究的时间有 5 年、10 年、20 年甚至更长。目前，已有从现在预测 2050 年的粮食安全问题的研究。

（四）按预警的空间范围分类

1. 全球预警　即在全球范围内对食品安全进行预警。例如，禽流感暴发时，在高流感暴发的国家、与该国相邻的国家，以及与该国有食品贸易的国家所进行的禽流感疫情预警。

2. 国家预警　在一个国家范围之内进行的食品安全预警。例如，中国在 SARS 疫情暴发期间、"新冠"疫情期间对疫区的封锁控制、对非疫区的预防警戒等。

3. 区域预警　在一定区域范围内进行的食品安全预警。如湖南省市场监督管理局 2023 年夏季在其官网发布的"汛期食品安全消费提示"。

（五）按食物链构成分类

1. 产地预警　从食品的原产地监控，预防食品原料出现安全问题的预警。

2. 加工预警　对经过加工制作的食品，检测加工环节对食物的营养、风味等变化的影响，监测添加剂污染的风险。

3. 运输预警　对食品的运输环节可能造成的二次污染实施监测预警。例如，对运输工具、食品的运输包装、运输的温度和湿度、食品的混放状况等进行安全方面的监控。

4. 流通预警　监测食品商品的货架期环境的预警。例如，对保质期、标签、散装食品、现场制作食品等的安全监测。

（六）按食品产生风险的警源分类

1. 化学残留预警　对农药、兽药、化肥、除草剂等化学物质残留的污染检测和预警。

2. 微生物污染预警　对不得检出和限量的霉菌、细菌、病毒的预警。

3. 有机物污染预警　对有机污染物的预警。

4. 添加剂污染预警　对食品添加剂的限量问题、严禁添加的工业添加剂的预警。

5. 有毒物质污染预警　对动物、植物、微生物的有毒物质进行预警。

（七）按食品流通形式分类

1. 进出口食品安全预警　对涉及进出口食品的种类、数量、商品要求、进出口口岸的管理规定以及进出口企业等实施预警。

2. 超市食品安全预警　对城市和乡村超市的食品安全监控预警。

3. 农贸市场食品安全预警　主要是以交易为主的大型批发市场和城镇日常散装食品交易场所为对象，对交易食品的安全进行监测预警。

4. 商场（店）食品安全预警　对有食品专柜的大型商场和食品专营店进行安全监管预警。

5. 餐饮食品安全预警　以单位食堂和餐饮为对象的食品安全预警。

（八）按食品统计口径分类

1. 粮食安全预警　对谷物（稻谷、小麦、玉米）、豆类和薯类粮食的产量、进出口的变动、供需平衡、粮食储备等安全问题、状况以及未来趋势的预警。

2. 食用油脂安全预警　对花生油、芝麻油、油菜籽油的食用油料以及油脂总产量、价格、结构变化、进出口影响等安全问题、状态以及未来趋势的预警。

3. 水果安全预警　对水果的产量（从 2003 年开始我国将瓜果类产量纳入水果产量统计）、价格、储藏等安全状况的预警。

4. 软饮料安全预警　对软饮料的结构变化、产需状况、产品质量和价格等的预警。

5. 蔬菜安全预警　对新鲜蔬菜的食用安全，产品价格、供需平衡等的预警。

6. 调味品安全预警　对酱油、醋、味精、盐、糖等主要调味品的安全预警。

7. 水产品安全预警　对水产品总量以及海产品和淡水产品的产量、储备、价格的安全预警，并分别对海产品和淡水产品中的天然捕捞产量、人工养殖产量以及鱼类、虾蟹类、贝类、藻类等的分类监控预警。

8. 禽蛋类安全预警　对禽蛋类产量、储备、价格的安全预警。

9. 肉类安全预警　对肉类总量以及牛肉、羊肉和猪肉的产量、储备、价格的安全预警。

10. 奶类安全预警　对奶类总量以及牛奶产量、储备、价格的安全预警。

二、国内外食品安全预警体系

（一）欧盟

欧盟建立食品与饲料安全预警系统的法律基础是欧洲议会和理事会条例（EC）No. 178/2002，条例对欧盟的食品法规制订了一般性的原则和要求，建立了欧盟食品安全机构，并规定了食品安全事务的管理程序，由欧盟委员会、欧盟食品安全管理局和各成员国组成。一旦发现来自成员国或者第三方国家的食品与饲料可能会对人体健康产生危害，而该国没有能力完全控制风险时，欧盟委员会将启动快速预警系统，并采取终止或限定问题食品的销售、使用等紧急控制措施。成员国获收预警信息后，会采取相应的措施，并将危害情况通知公众。预警系统的启动取决于委员会对具体情况的评估结果，成员国也可建议委员会就某种危害启动预警系统。

欧盟食品安全快速预警系统的通报是借助于欧盟委员会引入的交流与信息资源管理中心完成的。其具体的运转程序是：系统成员的快速预警系统通过国家联系点将发现的有缺陷食品的通报上传到只有欧洲自由贸易联盟监督局可读的数据库。监督局通过电子邮件接收上传的信息，并根据特定的标准，决定信息进一步传播的程度。由欧洲自由贸易联盟监督局负责与欧盟委员会快速预警系统工作组进行联系，通知他们该信息是否是预警通报。为避免所发现的问题再度出现，欧盟食品和饲料快速预警系统还设立了第三国特殊保障机制，将发现的问题反馈给原产国。除通报外，欧盟委员会出具信函，由欧洲自由贸易联盟监督局转发到欧洲自由贸易联盟国快速预警系统的国家联系点，将相关信息反馈给那些在食品领域发生问题的国家。他们的食品安全预警系统主要包括三种类型。

1. 预警通报　就是当构成危险的食品已上市，必须立即采取行动时，由首先发现该情况并已采取相关措施（如召回或回收）的成员国发出预警通报。这种通报旨在将发现的问题及采取相关措施的信息告知网络各成员，使其检查已确定危险的产品是否也出现在自己的市场上，以便他们也能采取相应的措施。也可以通过预警通报向消费者解释，预警系统通报的商品已经或正在被清除出市场，增强消费者信心和安全感。成员国有其自己的机制来执行这些行动，包括必要时通过媒体提供详细信息。

2. 信息通报　主要围绕某种受到污染、具有高度威胁的食品，但是系统中的其他成员尚不需要立即采取措施，因为该产品还没有到达该国家的市场。这类信息主要包括所关注的食品在欧盟的口岸如何被检出和受到抵制的信息。消费者完全可以放心消费，因为受到通报的商品根本没有进入市场。为了实现在保守商业秘密和公开信息这两个方面的平衡，产品的商标和制造厂商的名字一般不公布。由于欧盟食品和饲料快速预警系统（RASFF）通报中提到已经采取了必要的措施或已清除了该产品，它们就不再对保护消费者构成威胁。

3. 拒绝入境　自 2008 年开始，欧盟食品和饲料快速预警系统新增加了一类通报类型，即"拒绝入境"。拒绝入境要针对在欧（包括欧洲经济区）边防站检测出的存在健康危险并被拒绝入境的食品及饲料，为了加强对该产品的监控及避免该产品通过其他边防站进入欧盟市场，该通报将分发给欧盟（包括欧洲经济区）所有的边防站。

（二）美国

美国政府于 2005 年制订了美国农业反恐合作战略计划（SPPA）。为了确保美国食品的安全供应，美国食品药品管理局、美国联邦调查局、美国疾病控制与预防中心、美国环境保护署这五大部门联合起来参加食品反恐行动，共同保障美国食品的安全供应。该战略的重点是，制定食品反恐应急反应网实验室计划，由美国 FDA 实验室负责对食品、饮用水中化学毒物、放射性物质和致命生物制剂的检测工作，一旦发生食品中毒事件，立即启动相应的应急预案。各个食品安全管理机构所构成的食品安全网络，旨在确定食源性疾患的发生频率和严重程度，引起常见食源性疾患食物的情况，描述新的细菌、寄生虫和病毒等食源性致病源。网络收集的、潜在的食源性疾病的资料，报告给国家食品机构合作的健康部下属的州和地方卫生行政部门，决定食源性疾病的发生过程和性质，发布公开的、恰当的警告并对与这些因素相关的产品尽可能地采取强制行动。

1. 信息披露　食品安全信息披露方面，美国非常重视信息的反馈及对反馈信息的评价，使用多种方法获取反馈信息，通过建立信息共享平台等方式，获取来自公众的反馈信息。

（1）形成了从联邦到地方，分工明确、全方位的信息披露主体。食品药品管理局相当于最高执法机关，负责各州间贸易销售的国产食品和进口食品。农业部食品安全检验署负责国内生产与进口的肉类、家禽及相关产品，蛋类加工产品。农业部动植物卫生检验署负责由动物、植物制造的食品。疾病控制与预防中心监管所有的食品，调查食品传染病的来源、发病率和趋势以及预防。环境保护署主要负责监管饮用水的安全。地方和各州政府主要管理辖区内的所有食品，并与 FDA 和其他联邦机构合作，实施鱼类、海产品、牛奶以及其他国产食品安全标准，检验餐馆、杂货店、其他食品零售商店、牛奶场及牛奶加工厂、谷物加工作坊及其辖区内的食品加工，禁止不安全食品在本地区或州内的销售和配送。按照各部门监管范围和职责权限的划分，形成了以联邦政府信息披露为主，地方各州政府信息披露为辅，分工明确、全方位的信息披露主体。

（2）全面的信息采集，科学的风险分析，综合的信息反馈是信息披露活动开展的物质基础。美国非常重视对其他国家以至全球总体食品安全情况资料的搜集和评价，关于一些国际性和全球性的食品安全问题，如疯牛病、禽流感，通过举办国际合作性研究项目和学术讨论，全面搜集全球范围的资料进行评价，作为美国的基础资料。在风险分析方面，美国发布的"总统食品安全计划"首次把防治生物性污染提上日程，并鼓励研究开发预测性模型和其他工具方法，促进微生物风险评估工作的开展。美国的风险管理通过训练有素的立法机构操作，其唯一的目标就是对美国消费者提供高水平的保护。信息反馈是进一步准确把握食品安全动态，广泛征集食品安全信息，及时发现食品安全问题，鼓励公众参与食品安全管理，强化公众的主体意识，推动食品安全管理工作民主化、科学化的需要。美国非常重视信息的反馈及对反馈信息的评价，使用多种方法获取反馈信息，包括在线提问、免费热线和调查评估等方式。

（3）法律法规的规范是信息披露活动得以进行的制度保障。美国在实现食品安全信息透明性和公开性的目标中，有 3 部法律至关重要，一是行政程序法（PAPA），二是联邦咨询委员会法（FACA），三是信息公开法（FOIA）。行政程序规定了行政当局制定、修改、废除行政法规所必须遵守的程序和利益集团要求公布、修订、行政法规所应遵守的程序，该法使厂家、消费者、其他相关单位和个人都可以参与相应食品安全行政法规的制定过程。联邦咨询委员会法规定，如果行政部门制定行政法规需要依赖咨询机构，则要求这些咨询机构必须尽力避免利益的冲突，保持平衡，并保证公众能有对他们进行评论的机会。信息公开法为公众提供了获得联邦机构信息的权利，规定任何居住在美国的人都有权获得政府有关公众健康保护的信息和记录，仅排除一些少数限定情况。

2. 预警系统　美国危险性预警系统是食品和饲料中的某些成分的控制系统，例如通过对某反刍类动物蛋白饲料的禁令来预防疯牛病（BSE）的传入。在通过立法实施该禁令时，政府遵照现行的行政管理规程条例（APA）在联邦注册公告中解释为什么采取该行动，包括危险性说明，评价来自企业、科学院、公民和政府机构的评论、发布法规。另一个预警的例子是食品添加剂、动物药品和杀虫剂在上市前的审批制度。在生产者提供行政管理机构满意的安全证明之前，产品不能上市。当审批产品的申请时，提供的评价资料应可以确定添加剂的暴露量，包括添加剂中的所有可能存在的混杂物。根据化学物的级别和暴露量考虑评价试验程度，所有申报材料的全面性影响是否被批准。所有的评价过程均有文件记录。在联邦注册公告上公布最后的结果并附详细的解释。对决定有异议的人可以上交申诉材料，要求举办听证会。在行政申诉行动失败后，可以在法庭上对政府的批文进行再次申诉。

对新技术、产品和问题回应的处理。联邦政府是保障实现从田间到餐桌食品安全目标的一分子。联邦机构与州和地方机构与其他当事人合作，鼓励食品安全活动，对企业和消费者促进食品安全的活动给予协助。美国认为被管理企业作为当事人和当事人的一部分对食品安全负主要责任。企业应根据食品安全法规的要求来生产食品，政府的作用是制定合适的标准，监督企业是否按照这些标准和食品安全法规进行生产食品。无论是现代化检验系统还是从田间到餐桌运动，联邦机构都会尽可能地利用资源，有效地保护公众避免食源性疾病。作为HACCP的延伸，美国正在测试新的肉禽类监测模式，以便决定在食物链中植物资源的转换，包括食品的运输、贮藏和零售，是否需要对消费者提供其他的保护。联邦食品安全机构定期地同州和其他机构如种植者组织和与公众健康相关的团体等成为合作伙伴，以便鼓励生产活动的改善。同时在田间和上市过程中，发展和促进食品安全措施，以减少食品中的公众健康危害，发展和实施病虫害安全管理规范，发展良好农业生产规范，以便减少杀虫剂的残留和微生物危险性。国家对突发事件的反应能力是稳定的和不断提高的。

（三）日本

日本在2004年4月15日制定了日本食品安全应急响应基本纲要（简称"基本纲要"），并根据该纲要制定了日本食品安全紧急应对基本方针（简称"基本方针"）。基本纲要的主要构成有紧急事件的范围、紧急事件的基本应对方针、紧急事件应对时的信息沟通机制以及紧急事件的对策。

1. 紧急事件的范围　基本纲要根据《食品安全基本法》第21条规定的基本事项，作为应急预案，制定在发生紧急事件时国际的应对方式。紧急事件的范围分三种类型：①受害规模大而且区域范围广，需要食品安全委员会和危机管理机构（厚生劳动省、农林水产省、环境省以及其他从事确保食品安全的行政机构）之间进行应对调整的事件。②发生由于科学知识不充分的原因而引起的损害或有可能产生危险的事件。③不符合以上两项规定，但是根据社会的反响，需要考虑紧急应对的事件。

2. 紧急事件的基本应对方针　本着保护国民的健康为最重要的这种认识，食品安全委员会和危机管理机构相互保持十分密切的联系，平时收集、整理和分析食品事故等受害信息，在紧急应对的时候，政府全体保持一致，迅速和合理地进行纲要所规定的紧急应对，以此努力防止或控制对国民健康的不良影响。

3. 紧急事件应对时的信息沟通机制　紧急时的信息沟通有赖于建立和完善信息沟通机制。食品安全管理委员会和危机管理机构，为了确保在紧急重大事件发生时整个政府保持一致行动和快速启动，在平时设立各自的信息联络窗口，完善相互紧密地进行信息交换和联系的机制。

紧急事件发生时，食品安全委员会和危机管理机构要立即对紧急事件进行确认，并即时通过信息联络窗口进行相互通报，食品安全委员会和危机管理机构发现紧急事件时，或收到关于紧急事件等的第一通报时，要各自根据所制定的紧急应对预案（食品安全委员会紧急应对基本指南、厚生劳动省健康危机管理基本指南以及农林水产省食品安全紧急应对基本指南），迅速合理地建立信息联系和紧急应对需要的组织机构，并作出应对决策。

关于信息的采集，食品安全委员会和危机管理机构，在发生紧急事件时，从地方政府、有关试验研究机构、有关国际机构、有关国家的公共机构、有关团体直接或通过媒体或因特网，迅速和广泛地收集国内外的信息。关于收集到的信息，通过整理和分析，在食品安全委员会和危机管理机构之间必须共有。食品安全委员会和危机管理机构把收集到国内外的信息必须通过媒体、政府报纸、因特网等迅速和策略地提供给国民。

4. 紧急事件的对策　在发生紧急事件的情况下，日本农林水产省将与厚生劳动省合作，停止向消费者供应有问题的食品，并且在农林水产品的生产及流通的各个阶段作出停止供应及回收的指示，并进行相关的指导等，采取措施消除可能产生有安全问题食品的原因。关于紧急事件的应对措施，日本农林水产省分别在本省内部设立农林水产品安全紧急对策本部，在地方农政局设立地方农政局食品安全紧急对策本部。

（四）中国

我国的食品安全预警工作内容主要包括收集食品安全风险信息、分析研判风险状况和变化趋势、提出并采取防控措施等。近年来，我国各级政府高度关注和重视食品安全问题，相关职能管理部门正着力加快食品安全预警体系的建设，预警系统建设得到了前所未有的发展。

20世纪70年代，WHO/UNEP/FAO联合发起了全球环境监测系统/食品污染监测与评估规划（GEMS/Food），其主要目的是监测全球食品中主要污染物的污染水平及其变化趋势。中国是全球食品污染物监测计划参加国，1992年开始食品污染物的监测，并积累了部分数据，为制定我国食品中污染物限量标准提供了依据。2003年，卫生部公布了《食品安全行动计划》，并从2004年起根据食品污染物监测情况发布预警信息。

2007年，农业部成立了国家农产品质量安全风险评估专家委员会，并充分发挥专家的智囊作用。农业部还建立了农产品质量安全例行监测制度，参与在全国范围内对动物及动物源性食品进行农兽药残留监测，并发布农产品警情。同年，国家质监总局组织开发了"快速预警与快速反应系统"（RARS-FS），该系统采用数据动态采集机制，对17个国家食品质检中心日常检验检测数据和22个省（市、区）监督抽查数据的动态采集，初步实现国家和省级监督数据信息的资源共享，构建质检部门的动态监测和趋势预测网络。同年，卫生部门建设食品预警信息系统之间的网络平台，先后发布了蓖麻籽、霉甘蔗、河豚、毒蘑菇等十余项食品安全预警信息，这些对消费者及时增强自我保护意识，采取预防措施起到一定作用。

2009年，卫计委成立了"国家食品安全风险评估专家委员会"，主要职责为：承担国家食品安全风险评估工作，参与制订食品安全风险评估相关的监测评估计划，拟定国家食品安全风险评估的技术规则，解释食品安全风险评估结果，开展食品安全风险评估交流。2011年，卫计委成立"国家食品安全风险评估中心"，负责承担我国食品安全风险监测、评估、预警、交流等技术支持工作。国家食品安全风险评估专家委员会和国家食品安全风险评估中心的成立，在组织开展优先和应急风险评估、风险监测、风险交流和风险预警，以及加强能力建设等方面做了大量卓有成效的工作，也开启了我国风险交流预警工作的高速发展之路。

自2013年以来，我国食品安全监管经历两轮机构改革，食品安全风险预警交流方面的探索、研究、实践工作一直在稳步推进，基本形成了以市场监管总局、卫健委、农业部等多部门联合主导，生产经营者、消费者、科研机构、媒体等多方共同参与的社会共治局面，通过食品安全风险监测、风险信息收集、风险研判、风险评估、风险交流等多形式多渠道，最终以食品安全消费提示、消费预警、风险评估报告等形式向社会公布。

三、中国食品安全预警体系的发展方向

根据我国新时代对食品安全的要求，反思以往食品安全预警信息工作的局限性，我国应建立国家层面预警信息平台。预警信息平台既要整合从田间到餐桌全产业链的食品安全信息，更要从根本上解决食品安全信息的互通互联和充分共享。基于此，预警信息平台应包括以下四个信息子系统。

（一）检验检测信息系统

食品质量的检验检测是食品安全监管的重要手段，也是预警信息的主要来源。依托各级食品检测机构，及时锁定食品企业在生产、销售和消费过程中发现的安全隐患信息，在第一时间发起初始预警，给后续的风险评估、预警、监管处置等工作提供预警准备，这是做到早发现、早处置的前提。该信息源的关键是准确性和时效性，只有准确、及时地给出科学结论，才能赢得后续监管工作的针对性和有效性。检验检测信息主要来源于日常监督检验、现场快速检验和食品污染物检验三个方面。日常监督检验是食品安全的基础检验，也是覆盖面最广的检验，日常监督检验按照现行有效的食品标准，由各级检测机构对生产、销售、消费中的食品进行理化卫生指标项目检验，检验结果作为食品安全预警信息的基础来源。现场快速检验是指销售、消费环节的现场检验，是对日常监督检验的补充。如生鲜蔬菜、水果等农业初加工食品，以及屠宰后的猪牛羊肉制品、鲜奶制品等，都需要现场快速检验。现场快速检验已成为抽查检验信息来源的重要一环，随着人们对食品安全质量要求的不断提高，现场快速检验将变得愈发重要。食品污染物检验应涉及重金属、农药残留、天然毒素、食品加工有害物质、环境有害物质、致病微生物及其毒素等，其目的在于根据检验结果，对各类食品污染物开展危险性评估，从而有针对性地制定食品安全政策法规、产品标准和监管措施，对由于现行食品标准或检测技术落后导致的政策（标准）缺陷进行修改完善。检验检测信息系统主要负责食品内在质量的科学数据的收集、汇总、分析，对出现的异常数据按照疑似安全问题进一步分析，以判断可能存在的安全风险。为了更有效地开展食品安全预警，应当按照分级管理的原则界定职能，市县一级的检测机构主要负责与百姓关系密切的食品，如米面油、肉制品、乳制品、饮料等，进行日常监督检验和现场抽查检验；国家与省级检验机构，重点对危及食品安全的可疑污染物进行监测，构成食品安全立体检验系统，检验结果信息实现充分共享。

（二）稽查执法信息系统

稽查执法是遏制制假售假的重要监管手段，是通过管理手段获取食品安全隐患信息，是对检验检测信息的重要补充。要明确稽查执法单位搜集和报告食品安全信息的职责，以综合执法网络为依托，及时收集发现的食品安全信息，形成食品安全稽查数据库，从原来分散、零星的隐患信息中及时发现系统性安全隐患信息，实现及时预警、快速反应。

（三）日常监管信息系统

日常监管是基层市场监管人员对辖区内的食品生产、流通、消费环节开展的常规监管工作，是发现和掌握第一手食品安全信息的主要手段。按照全程监管原则，日常监管涵盖从田间到餐桌的全过程，涉及食品（原料、辅料）的生产、加工、运输、储藏、销售和消费完整产业链，食品安全信息最直接也最全面。在全面落实日常监管的同时，对城乡结合部、农村乡镇小作坊等领域进行重点监管。要充分利用网络技术、人工智能等现代信息技术，提高日常监管绩效。

（四）社会反馈信息系统

社会反馈系统是食品安全预警信息的重要组成部分。"12315"投诉举报中心是食品安全社会反馈信息的主要来源，目前，各级市场监管局"12315"，要充分发挥"12315"综合举报投诉功能，强化收集食品安全信息的功能。逐步完善食品安全社会反馈信息定期报送制度，专人负责反馈信息的收集和报送

工作，实现省、市、县三级联动，及时对消费者或企业投诉举报的食品安全信息进行综合分析，从群众反映的蛛丝马迹中发现食品安全隐患。2015年南京市建邺区食品药品监管局接到群众投诉，某居民区小店销售"疑似"保健食品，监管部门根据举报线索，查出了"7·21"横跨多省市特大生产销售假冒伪劣保健食品大案。加强互联网＋应用，拓展食品安全反馈信息来源。市县一级监管部门要充分利用社区、街道、乡镇等食品监管协管员、信息员，建立食品安全信息源的社会采集队伍，集联络、信息、宣传、协管为一身，这些协管员、信息员对本区、本乡的情况非常熟悉，能够及时发现食品安全隐患信息甚至制假售假黑窝点信息，为食品安全预警提供有益的线索，实现预警信息社会化。

四、中国食品安全预警的作用

（一）提前发现食品安全风险

食品安全预警机制通过对食品生产、流通和消费环节进行监测，能够及时发现潜在的食品安全风险，避免食品安全事故的发生。

（二）预警相关部门和公众

一旦发现食品安全风险，食品安全预警机制能够及时预警相关部门和公众，提醒大家注意食品安全问题，并采取相应的措施，避免食品安全事故的发生。

（三）采取相应措施防止事故

食品安全预警机制不仅能够发现食品安全风险，还能够根据预警结果采取相应的措施，及时防止食品安全事故的发生，保障人民群众的生命安全和身体健康。

（四）规范食品行业

食品安全预警能够对食品生产、流通等各个环节进行监测和评估，发现存在的问题和隐患，及时向相关企业和政府部门发出预警，促进行业内部的自我规范和改进，提高食品行业的整体水平和安全性。

（五）增强风险防范意识

食品安全预警能够提高公众对食品安全的认识和风险防范意识。通过预警信息的发布，让公众了解食品安全的最新动态和潜在风险，使公众更加关注食品安全问题，增强自我保护能力。

（六）维护社会稳定

食品安全是社会稳定的重要因素之一。食品安全预警能够及时发现和处理食品安全问题，防止事态扩大引发社会不安和群体性事件。通过预警机制的建立和完善，可以增强社会稳定性和风险应对能力。

（七）促进食品安全可追溯制度的建立与实施

近年来由于食品安全问题日益突出，食品安全问题越来越引起全社会的广泛关注。食品安全可追溯制度是一种以质量安全为目标的保障制度。当危害健康的问题发生后，可准确追溯问题发生的根源，快速有效地解决问题。食品安全可追溯制度的建立与实施离不开食品安全风险分析。风险分析是对从"农田到餐桌"整个食物链流通过程的全程控制，风险评估、风险管理、风险交流为食品可追溯制度的建立提供科学依据。食品安全风险分析着眼点是事前有效分析，以预防为主，从源头抓起，而可追溯制度着眼点是事后有效处理，从尾追溯回去。食品安全风险分析和食品可追溯两头抓可确保食品安全。

（八）制定食品安全标准的基础

食品标准规定了不同食品中危害因子的种类及限量水平，以期为消费者的健康和安全提供合理保护。为保证标准的科学性、安全性，对危害因子在不同人群中的最高无害摄入量或剂量–反应关系，需借助食品安全风险分析的理论与方法来确定。1995 年 3 月，在日内瓦 WHO 总部召开了 FAO/WHO 联合专家咨询会议，形成了一份题为"风险分析在食品标准问题上的应用"报告。其主要目的是提供食品风险分析的技术，为 FAO、WHO 和 CAC 各成员国制定食品标准时应用。

（九）有助于食品质量控制体系的建立

现代的食品安全控制体系以良好生产规范（GMP）、卫生标准操作程序（SSOP）为基础，通过 HACCP 体系的有效实施，最终实现全程质量控制。HACCP 系统是一个确认、分析、控制生产过程中可能发生的生物、化学、物理危害的系统，HACCP 融合了风险评估和风险管理的基本原理。风险评估可能成为确定 HACCP 控制计划中的危害因素的基础。风险评估技术有助于在 HACCP 体系中进行危害评估、确定关键控制点和设定临界限量（即 HACCP 的前三个原则），同时可用来对 HACCP 的实施效果进行评价；研究食品中各种危害物的风险评估的定量方法，将会促进和改善 HACCP 的应用。

（十）在进出口贸易方面，对提高中国食品安全水平有着积极的作用

开展食品安全预警研究，在风险信息收集、危害因素识别和确定等方面建立一套科学的规则和评定程序，提高食品的检测效率，因此，在进出口贸易方面，对提高中国食品安全水平有着积极的作用。

🔗 知识链接

食品安全溯源法律法规

《食品安全法》（2015 年修订）第四十二条规定：国家建立食品安全全程追溯制度。食品生产经营者应当依照本法的规定，建立食品安全追溯体系，保证食品可追溯。国家鼓励食品生产经营者采用信息化手段采集、留存生产经营信息，建立食品安全追溯体系。《食品安全法实施条例》第十八条规定："食品生产经营者应当建立食品安全追溯体系，依照食品安全法的规定如实记录并保存进货查验、出厂检验、食品销售等信息，保证食品可追溯"。

2015 年 12 月 30 日，国务院办公厅印发了《关于加快推进重要产品追溯体系建设的意见》（国办发〔2015〕95 号），部署加快推进全国重要产品，包括食品、食用农产品追溯体系的建设。

2019 年 5 月 9 日，中共中央、国务院《关于深化改革加强食品安全工作的意见》对食品与食用农产品溯源也提出了具体要求：食用农产品生产经营主体和食品生产企业对其产品追溯负责，依法建立食品安全追溯体系，确保记录真实完整，确保产品来源可查、去向可追。国家建立统一的食用农产品追溯平台，建立食用农产品和食品安全追溯标准和规范，完善全程追溯协作机制。加强全程追溯的示范推广，逐步实现企业信息化追溯体系与政府部门监管平台、重要产品追溯管理平台对接，接受政府监督，互通互享信息。

练 习 题

答案解析

一、单选题

1. 下列属于食品安全预警按食物链构成分类的是（   ）。

    A. 产地预警　　　　　　　　　　B. 国家预警

    C. 长期预警　　　　　　　　　　D. 微生物污染预警

2. 食品安全预警的主要目的是（　　）。

　　A. 提高食品口感　　　　　　　B. 提前发现和控制食品安全风险

　　C. 增加食品销售量　　　　　　D. 改善食品生产环境

3. 食品安全预警系统通常（　　）。

　　A. 仅仅依赖于政府部门的检查

　　B. 依赖于食品生产企业的自我检测

　　C. 结合监测、追踪、量化分析和信息通报等手段

　　D. 仅对食品进行抽样检测

二、简答题

1. 食品安全溯源和食品安全溯源系统的定义是什么？有什么作用？

2. 食品安全预警机制的定义是什么？我国的食品安全预警有什么作用？

3. 为做好食品安全溯源，食品生产经营者应记录哪些基本信息？

书网融合……

本章小结　　　　　　微课　　　　　　题库

第九章

食品安全应用实践

PPT

学习目标

知识目标

1. **掌握** 各类食品中常见污染物控制措施。
2. **熟悉** 近年食品行业发生的各项食品安全事件。
3. **了解** 各类食品中常见污染物的污染来源。

能力目标

具备分析判断、预防控制食品中各类常见污染物的能力。

素质目标

通过本章学习，树立科学的人生观、世界观、价值观，树立辩证思维能力，能够使用唯物辩证法看待问题、思考问题、解决问题；能够将所学的食品安全与健康知识熟练地运用到实际生活和未来岗位工作当中。

第一节 蕈菌毒素污染途径及控制

情境导入

情境 ×年×月，家住坪山的李先生和朋友一行6人到山林里"踏青"。在山上发现了白色的蘑菇，大家一致决定采些蘑菇带回去尝尝。李先生将采摘获取的蘑菇炒制食用后，当天并未发现异样。第二天凌晨，李先生出现了剧烈腹痛、上吐下泻的症状，家人将其送入医院治疗。除了李先生，其余五人也因回家吃了白蘑菇，出现了相应的中毒症状，均被送医救治。经过图片辨认，医生初步判断李先生一行人吃的白蘑菇是南方常见的"致命鹅膏"，外号"白毒伞"。它含有致命剂量的鹅膏肽类毒素，会造成急性肝损伤，可能致人死亡。李先生被送到医院之后，经医护人员全力救治，病情才终于稳定下来。

问题 自行采摘的蘑菇可以随意食用吗？为什么？

一、蕈菌毒素的来源与种类分析

蕈菌又称蘑菇，是指大型真菌的子实体。多数毒蕈的毒性较低，但有些蕈菌毒素的毒性极高，可迅速致人死亡。一种毒蕈可能含有多种毒素，一种毒素可存在于多种毒蕈中。目前确定毒性较强的蘑菇毒素主要有鹅膏肽类毒素、鹅膏毒蝇碱、光盖伞毒素、鹿花菌毒素、奥来毒素。

情景导入中毒事件中导致李先生中毒的鹅膏肽类毒素存在于自然界的多种蕈菌中，属于环形多肽类慢性毒素，大鼠经口 LD_{50} 为 $0.4 \sim 3mg/kg$，稍尝即可导致中毒，且化学性质均比较稳定，耐高温、耐干燥和耐酸碱。其毒作用机制为抑制细胞 RNA 聚合酶（RNA polymerase）的活性，终止核糖体和蛋白质的合，导致肝、肾坏死。

因此，鹅膏毒肽由消化道吸收进入体内后，中毒症状分为四阶段：①第一阶段是潜伏期。刚进食后，暂无症状。②第二阶段是急性胃肠炎期。进食 6 ~ 12 小时后就会出现上腹疼痛、恶心、呕吐和严重腹泻。③第三阶段是假愈期。一般在进食后 24 ~ 36 小时，消化道症状明显改善，造成痊愈的假象。④第四阶段是暴发性肝功能衰竭期，这个阶段，患者病情已经相当危重，病死率为 30% ~ 60% 。

李先生在当天使用蕈菌后，因处于鹅膏毒肽毒素中毒症状的第一阶段潜伏期而未出现明显症状，第二天进入第二阶段急性胃肠炎期，出现消化道症状后家人将其送医治疗，因送医及时、救治得当，病情才逐渐稳定。

二、预防控制措施

（一）广泛宣传

为防止毒蕈中毒，卫生部门应组织有关技术人员向本地区采集食蕈类有经验者检查，制定本地区食蕈和毒蕈图谱，并广为宣传，以提高广大群众的识别能力。发生误食后，应立即通告当地群众，防止中毒范围扩大。

（二）应在有关技术人员的指导下有组织地采集蕈类

凡是识别不清或过去未曾食用的品种，必须经有关部门鉴定，确认无毒后方可采用。干燥后可以食用的品种，应明确规定管理方法。如马鞍蕈等在干燥 2 ~ 3 周以上方可出售；鲜蕈则需先在沸水中煮 5 ~ 7 分钟，去汤汁后，方可食用。

（三）中毒后处理措施

蕈菌毒素中毒应及时采用催吐、洗胃、导泻、灌肠等方法以迅速排出尚未吸收的毒素，其中洗胃尤为重要。

第二节　黄曲霉毒素污染途径及控制

一、黄曲霉毒素的影响与危害

食用植物油尤其是花生油由于油料作物生长、收获及油脂精炼、储存和消费过程中受到异常气候、储藏环境和运输条件等影响造成真菌污染而容易产生有害的真菌毒素。黄曲霉毒素是食用油中最为常见的一类真菌毒素，具有肝毒性、致畸性、致癌性、肾毒性、出血性、破坏免疫系统及生殖系统等危害，摄入量超过一定限量后，会危害人类及其他生物健康，甚至危害生命。

二、污染来源及超标原因分析

（一）原料

种植期间或是收获时会受到黄曲霉毒素的侵染，如花生未被储存即被污染，花生收获前若土壤遭遇长时间缺水和高温（土壤温度高于 22℃），也会增加黄曲霉毒素的产生。总之，收获前引起花生感染黄曲霉和寄生曲霉的三个主要原因是：结期昆虫引起的机械损伤、干旱造成的植株缺水、土壤高温。此外，规模化生产企业对花生油的加工通常经过花生原料的筛选、去杂质等工艺步骤，而土榨油小作坊一一般由人工挑选原料，生产工艺落后，霉变花生在选料环节不能被有效去除。

（二）储藏期

贮藏条件对花生感染黄曲霉毒素的影响也非常重要，荚果仁贮时病、残、破损果的数量越多，黄曲霉毒菌的基数就会越大。入贮后花生荚果回潮，含水量高于9%，会大大增加感染黄曲霉毒素的概率。贮藏场所温度超过20℃时，黄曲霉菌的繁殖速度加快，花生感染毒素的机会大大增加。另外，贮藏害虫的危害也会增加黄曲霉菌侵染的渠道，贮藏时间过长花生自身对黄曲霉毒素的抵抗力也会下降。

（三）筛选分级

利用花生和杂质颗粒大小及质量的差别，将大花生米和小花生米分开，大花生米用来炒籽，小花生米用来压榨。筛选分级工艺阶段能有效剔除不合格的花生原料，防止不合格原料进一步被加工。

（四）清洗

清洗工艺能够更进一步降低花生油的黄曲霉毒素 B_1 污染水平。

（五）蒸炒

花生蒸炒后物料湿度较大，此时的湿度条件往往能符合曲霉的生长条件，导致黄曲霉毒素 B_1 的滋生，进而被带到下个工艺环节中。

（六）毛油

真菌毒素和多环芳烃（PAHs）的来源是油料和油籽高温蒸炒不当。土榨油小作坊是用物理压榨的方式榨取油脂，花生油经压榨后，大部分黄曲霉毒素浓缩留存于花生饼中，约30%进入毛油中。

（七）精炼

后期的精炼工艺能有效转移或去除花生原料中的黄曲霉毒素 B_1，使得花生油中黄曲霉毒素 B_1 污染水平明显降低。精炼过程虽然可以大大降低毛油中黄曲霉毒素的含量，但是土榨油小作坊工艺条件有限，如会减少精炼步骤甚至不经过精炼，造成黄曲霉毒素随料进入散装花生油，且往往污染严重。

（八）成品油

产品在包装、运输、储存过程中容易受环境和包装材料污染。浓香花生油通常用塑料瓶制成小包装成品，包装容器与浓香花生油直接接触，因此，包装材料的种类、理化性质、卫生级别、密封性等都会对浓香花生油的品质造成影响。比如，非食用级材料会对人体产生危害；材料与油脂发生反应，会产生有害物质；包装密封性差，会影响浓香花生油的保存期。因此，包装是关键控制点。花生油在储运过程中容易受到光、热影响，暴力运输会影响包装的密封性和浓香花生油的稳定性，可通过良好操作规范控制，储运也是关键控制点。

三、预防控制措施

（一）防霉

防霉是预防食品被黄曲霉毒素及其他霉菌污染的最根本措施。食品霉变要有足够的湿度、温度和氧气，其中湿度尤其重要。因此，防霉的主要措施是控制食品中的水分。就花生而言，从田间收获、脱粒、晾晒、运输至入库等过程中，都应注意防霉。

1. 减少霉变源　收获时要及时排除霉变部分。

2. 环境层面防霉

（1）在田间要防虫、防倒伏。

（3）脱粒后应及时晾晒，使花生水分降至安全水分8%以下。

（3）在保藏过程中应注意温湿度，使其相对湿度不超过70%，温度降至10℃以下，还要注意通风。

3. 贮运过程中防霉变 应保持谷粒、花生、豆类等外壳完整无破损。

（二）去毒

在花生油加工过程中，原料要经过多道程序筛选，并采用紫外线降解等技术去除黄曲霉毒素 B_1，使黄曲霉毒素 B_1 的污染程度降到最低水平再进行生产加工。在了解花生油制备工艺及其参数对黄曲霉毒素 B_1 含量的影响的基础上，可针对性地设计生产工艺，让黄曲霉毒素含量在加工制备过程中逐级减少，保证花生及其制品的安全。

黄曲霉毒素在碱性条件下，其结构中的内酯环被破坏，形成钠盐，能溶于水，故加碱后再用水洗，即可将毒素去除。

（三）限制各种食品中黄曲霉毒素的含量

建议政府相关职能部门有针对性地加强对小企业及个体小作坊的抽检力度，并把纳入监管范围的食品加工企业按获证情况、企业的规模、卫生条件划定等级，按不同等级确定巡查周期和检查力度，实施分类监管，最终才能更好地保证广大市民花生油的食用安全。

我国花生、花生油中黄曲霉毒素 B_1 限量指标均为≤20μg/kg，因此在原料验收、产品质量控制、出产检验等环节要加强对黄曲霉毒素 B_1 的监控，确保其含量在限量指标范围以内。

第三节　豆类毒素污染途径及控制

情境导入

情境　×年×月，郭女士在晚餐后突然感觉自己有些恶心反胃，没过多久胃肠道反应越来越强烈，出现了呕吐、腹泻等症状，遂去医院就诊。接诊医生仔细询问病史后，发现郭女士是因为吃了没有煮熟的四季豆，才出现食物中毒的症状，便立即为她进行补液、护胃等对症治疗。

问题　没煮熟的豆类可以吃吗？为什么？

一、豆类污染途径分析

豆科类作物中含有多种天然植物毒素，其中包括植物红细胞凝集素、胰蛋白酶抑制剂、皂素苷、巢菜碱苷、甲状腺肿素等，并且这些毒素均具备一定耐热性，加热至80℃数小时仍不失活。

（一）血凝集素

血凝集素具有能使人类红细胞凝集的活性。儿童对大豆红细胞凝集素比较敏感，中毒可出现腹泻、腹痛、头痛、头晕等症状。潜伏期为几十分钟至十几小时。人类植物凝集素中毒的典型病例被称为蚕豆病，大多是由于进食蚕豆或与蚕豆的花粉接触后引起的一种中毒性溶血性疾病。大多在食用蚕豆后1～2天发病，早期症状有全身不适、胃口不佳、精神倦息、微热、头晕及腹痛。随后出现溶血症状，精神疲倦、嗜睡、头痛、四肢痛、头晕、贫血及发热，出现血红蛋白尿，随溶血程度不同尿可呈茶色、浓茶色及血红色。还有消化系统症状，如肝大，半数病例脾大，伴有腹痛、呕吐、腹泻、腹胀及食欲不振等。严重病例可出现昏迷、尿少以致急性肾功能衰竭。

（二）胰蛋白酶抑制剂

在胰蛋白酶抑制剂活性很高时能抑制胰蛋白酶对蛋白质分解的活性，引起人体对蛋白质消化及吸收障碍。有实验证明这两种抑制剂能引起小鼠和雏鸡的胰脏肿大，但未明确是否对人体胰脏有类似作用。

胰蛋白酶抑制剂是大豆及其他植物性饲料中的一种主要的抗营养因子。胰蛋白酶抑制剂对动物的有害作用主要是引起生长抑制，生产性能下降，并引起胰腺肿大。一般认为有两方面的原因：①是胰蛋白酶抑制剂能和小肠中的胰蛋白酶及糜蛋白酶结合，形成稳定的复合物，使酶失活，导致食物蛋白质的消化率降低，引起外源性氮的损失；②胰蛋白酶抑制剂可引起胰腺分泌活动增强，导致胰蛋白酶和糜蛋白酶的过度分泌。

二、预防控制措施

血凝集素不耐热，受热很快失活，一般使用在大豆食品生产中的加热处理方法即可消除。家庭和餐饮业加工豆角时应将豆角充分加热煮熟后食用。传统的家常烹饪方法通常可使凝集素和其他潜在的有毒因素解除毒性。然而在特殊条件下常不能完全解毒，特别是在应用磨过的种子或迅速烧煮产品的工业加工的情况下。凝集素对于热灭活的抵抗力值得特别强调。在山区，水的沸点降低可能使毒性破坏不完全，因此烧煮前浸泡对于消除豆类的毒性很有必要。总之，通过长时间的加热处理可以有效消除植物凝集素的毒性。

胰蛋白酶抑制剂热稳定性较高，采用100℃处理20分钟或121℃处理3分钟的灭活方法，可使胰蛋白酶抑制剂失去90%以上的活性。

因此，预防四季豆中毒的关键在去毒，在烹调、加工环节要对四季豆的加热温度和加热时长进行监控，务必使其炒熟、煮透，使豆角失去原有的生绿色和豆腥味后再食用。

第四节　致病菌污染途径及控制

一、即食食品中食源性致病菌——单核细胞增生李斯特菌的特例分析

（一）案例回顾

2011年7月31日至10月27日，美国疾病预防控制中心（CDCP）网站上陆续报道了一起由单核细胞增生李斯特菌引起的食源性疾病暴发事件。共报告病例147例，死亡33例，这是1986年以来美国最严重的一起食源性疾病暴发事件。此次疾病暴发共涉及美国28个州。

相关数据显示病例年龄分布为1~96岁，中位数为77岁，大多数患者超过60岁或者免疫力低下，58%的病例是女性，145例可调查到的病例中143例（99%）均为住院病例。死亡人群中，年龄为48~96岁，中位年龄为81岁。患病人群中有3例为新生儿，4例为妊娠期妇女，其中1例流产。

（二）影响与危害

李斯特菌是最致命的食源性病原体之一，主要以食物为传染媒介，具有很高的致死率，能够导致20%~30%的感染者死亡。同时，李斯特菌导致的食源性疾病很多患者被感染后可能很长一段时间才会出现症状。该事件具有波及范围广、死亡率高的特点，以及食源性疾病调查本身具有耗时长、存在较多不确定性等特征，导致33人死亡，因此受到媒体和公众的广泛关注。

（三）污染途径分析

由地方、州联邦公共卫生和监管机构进行的合作调查表明，疫情暴发的源头是某农场生产的哈密瓜。在144名已知饮食信息的患者中，有134人（93%）报告在发病前一个月吃了哈密瓜。患者声称曾

食用该农场生产的哈密瓜。对患者食用的哈密瓜的来源追踪表明，它们来自科罗拉多州某农场。这些哈密瓜从 2011 年 7 月 29 日至 9 月 10 日至少运往 24 个州，可能还会进一步配送。科罗拉多州公共卫生和环境部门从杂货店和患者家中收集的哈密瓜样本中分离出单核细胞增生李斯特菌。科罗拉多州官员分析检测后确定这些哈密瓜来自某农场。FDA 从位于科罗拉多州农场包装设备和哈密瓜样本中分离出单核细胞增生李斯特菌暴发亚型。

FDA 已经确定了以下因素最有可能导致此次李斯特菌污染事件。

1. 生长环境　农业环境中存在的单核细胞增生李斯特菌和被单核细胞增生李斯特菌侵入的哈密瓜可能是病原体进入包装设施的原因。

2. 包装设备和冷藏　一辆用来将哈密瓜运往养牛场的卡车停在包装设施附近，可能会对设施造成污染，设施设计允许在设备附近的包装设施层和通往分级站的员工通道上汇聚水，可能导致污染；包装设备不容易清洗和消毒；用于哈密瓜包装的清洗和干燥设备以前用于另一种原始农产品的采后处理；在冷藏前，没有预先冷却步骤来去除哈密瓜的田间热量。

（四）预防控制措施

针对单核细胞增生李斯特菌在食品加工过程中可能出现污染的环节如原材料、加工、运输及消费等提出相应的控制技术方法，以降低居民患单核细胞增生李斯特菌病的风险。

1. 结合单核细胞增生李斯特菌生长特性进行防治　单核细胞增生李斯特菌在冷藏环境中仍能生存繁殖，用冰箱冷藏食品并不能抑制该菌繁殖，因此，用冰箱保存的食品有效时间不宜超过 1 周，食用时应重新加热。本菌对热耐受力较强，一般巴氏消毒法不易将其杀灭，故牛奶应煮沸后饮用。单核细胞增生李斯特菌对酸较敏感，pH6.0 以下即不能生长，在预防中可对这一特性加以运用。单核细胞增生李斯特菌对氯化钠耐受力很强，对盐腌食品应加以注意。乳酸菌可抑制单核细胞增生李斯特菌生长而不影响食品的感官性状，尤以干酪乳杆菌作用最为显著。有试验表明促肠活动素和乳酸链球菌素（nisin）对单核细胞增生李斯特菌的生长均有抑制，故可在包装或食品加工中添加适量抑菌物质。

2. 控制运输、销售、食用时的单核细胞增生李斯特菌　在原材料运输到销售场所的过程中，最好使用冷链运输以保证单核细胞增生李斯特菌不再生长。在销售过程中，不同种类的原材料应分别放置，尽量于 4℃冰柜中冷藏，因为此温度下单核细胞增生李斯特菌的生长极为缓慢。销售场所的卫生要保证，食具严格消毒，生熟器皿应分开，做好防蝇、蚊、蟑螂等工作。在制作即食凉拌菜前，要保证刀、筷、砧板等所接触的器具已经过严格消毒。工作人员应穿戴工作服，并时常清洁工作台，应勤洗手和更换手套等。购买即食凉拌菜后，应尽量一次吃完，否则应丢弃或及时密封并放入冰箱冷藏。妊娠期妇女、婴幼儿、老年人及免疫力低下人群应避免食用。

3. 开展防治知识普及活动　对于食品监管者、企业的生产操作者及消费者来说，都应进行一定的培训，以降低患食源性疾病的风险。对于食品监管者，应了解生产加工过程中的关键控制点及产品检测的采样方案、检测方法并能对结果作出解释。对于企业操作人员，应该了解单核细胞增生李斯特菌的性质与生存环境，以便对产品进行适当的危害分析；同时在生产、包装及运输过程中，应了解降低单核细胞增生李斯特菌的控制措施，以减少过程中的污染。对于消费者尤其是易感人群，应对单核细胞增生李斯特菌病有一定的了解，并知道哪些是高危食品。应对正确的家庭卫生操作方式进行普及。

二、蔬菜中食源性致病菌——致病性大肠埃希菌的特例分析

大肠埃希菌是一种在人和温血动物肠道内常见的细菌。大多数大肠埃希菌株不会致病，然而有一些菌株，例如肠出血性大肠埃希菌（EHEC）可通过污染食物感染人类，引起食源性疾病，临床以胃肠道症状多见，可出现血性腹泻，重者可发展成严重威胁生命的溶血性尿毒综合征（HUS）。

（一）案例回顾

2011年5月8日至7月26日，德国发生了一起由EHEC O104：H4 感染引起的暴发疫情，HUS 和血性腹泻（EHEC 感染）发病率明显增加。据德国国家级公共卫生部门罗伯特·科赫研究所（Robert Koch Institute，RKI）统计，截至7月25日，德国国内共报告暴发病例4321例，包括EHEC 感染病例3469例和HUS病例852例，死亡50例，其中EHEC 感染死亡18例，HUS 感染死亡32例。据欧洲欧盟疾控中心（Europe Centre for Disease Prevention and Control，ECDC）统计，截至7月22日，德国以外的其他12个欧盟国家也报告EHEC 感染病例76例，HUS 病例49例（死亡1例）；美国、加拿大等国也受牵连，报告EHEC 感染病例3例，HUS 病例4例（死亡1例）。报告病例数和事件严重程度表明，此次疫情是世界范围内规模最大的HUS、EHEC 感染暴发事件。

RKI 与汉堡有关部门对在汉堡大学附属医学中心（Hamburg University Medical Centre，HUMC）就诊的两组共141例病例的临床信息进行了分析和前瞻性随访观察。病例主要症状包括血性腹泻（124/136，91%）、腹痛（117/131，89%）、恶心（33/97，34%）、呕吐（29/111，26%）等。RKI 截至2011年6月28日报告的3602例暴发疫情相关病例（HUS病例838例，EHEC 感染病例2764例）进行了描述性流行病学分析，德国16个州均报告了HUS病例，主要集中在北部包括汉堡在内的5个州，发病率为1.8/10万~10.5/10万常住人口，其他各国报告的大多数病例都曾到访德国北部地区。在HUS病例中，女性占68%，高于2001—2010年的监测结果（56%）；成年人（17岁以上）约占89%；年龄中位数为43岁（0~91岁），仅有1%为5岁以下儿童；死亡30例（病死率为3.6%），死亡病例年龄中位数为74岁（24~91岁）。EHEC 感染病例中，女性占59%，年龄中位数为47岁（0~99岁）；死亡17例（病死率为0.6%），死亡病例年龄中位数为83岁（38~89岁）。

（二）影响与危害

2011年5月27日，德国汉堡医学实验室从西班牙黄瓜中分离出EHEC，德国政府当即宣布西班牙黄瓜为本次感染暴发来源，发出禁止生食的警示并同时宣布停止进口和出售西班牙黄瓜，欧洲许多国家也采取了同样的措施。自德国呼吁民众不要食用生鲜小黄瓜、番茄、生菜与豆芽菜后，欧洲许多民众都停止食用蔬菜水果。欧盟国家农民声称他们每周损失61100万美元，成熟的蔬菜在田野或商店中腐烂而无人购买。同日，欧盟主管农业事务专门委员丘洛斯宣布欧盟将提高补偿金至30600万美元（相当于21000万欧元）。5月31日，进一步的实验室检验确认从西班牙黄瓜分离出来的EHEC 为非O104型，即非暴发型别，随即解除预警，但措施已导致西班牙农业出口损失高达上亿欧元。

（三）污染途径分析

德国展开的溯源调查根据初步的流行病学分析发现，德国下萨克森的一家芽苗生产公司与国内41起聚集病例相关，最有可能是污染了EHEC O104：H4 芽苗菜的来源。经过EHEC 小组对该公司的水样、员工和种子的深入调查，并未发现员工与食物污染的直接联系，对水样和种子的实验室检验也呈阴性。随后，EHEC 小组从该公司出发，回溯芽苗菜种子在此次疫情暴发时段内的全部来源和去向，具体到生产链、运输链的每一环节。纵向收集产品信息、特征性数据（如名称、批号、收发日期等），横向比较原料接收与产出的总量，并调查缺失部分。最终将EHEC O104：H4 的可疑来源范围缩小至该公司提供的5种芽苗种子：葫芦巴豆、2种扁豆、赤豆及萝卜。由于仅有葫芦巴豆种子为德国和法国聚集病例中共同的可疑食物，故将检测目标锁定为该公司售出的葫芦巴豆种子。通过获得该葫芦巴豆种子的销售批号，确认有75kg属于2009年11月24日德国一进口商从埃及一种子出口商购进的同批种子（批号48088），2009年至2011年，德国公司又接受了从埃及同一出口商购进的批号为8266的75kg种子。德国、法国和欧盟其他国家的调查结果共同显示，从埃及进口的批号48088的种子极有可能是本次疫情传播的来源。

（四）控制措施

1. 防止食源性致病菌污染　在食品的生产、加工、运输等供销链上，每一个环节都有可能被致病菌污染，虽然很难做到完全杜绝，但是积极措施的实施也十分必要。例如，应重点关注肉类、蛋类、奶类和海产品等易成为致病菌寄生体的食品，加强各个环节的卫生管理。另外，家畜的粪便也应严格按照规定处理，防止水体、草场等被污染。

2. 控制食源性致病菌繁殖　杀灭食源性致病菌的有效方法之一是破坏最适温度。大多数情况下，温度在45~46℃时，适于食源性致病菌的生长和繁殖。对于大多数常见的食源性致病菌，对食品进行冷藏能有效控制其中的微生物生长繁殖，广泛适用于市场上许多食品的保鲜和贮存，可行性较高。但是，个别特例如单核细胞增生李斯特菌，低温下仍可繁殖。

3. 养成良好的卫生习惯　在消费者中普及食品安全健康教育，增强其主观能动性和社会责任感。减少生食、生饮，对于经常暴露在空气中的仪器和皮肤应该常用肥皂或乙醇清洗；在家庭饮食环境里，改良不健康的烹饪、贮存方式，矫正不良的饮食习惯，多对食品流通大的场所如冰箱等消毒，将生食和原料煮透以达到最大程度杀灭食源性致病菌的效果。

4. 避免交叉污染　发现被污染的食品，确定污染源之后，应该根据其被污染的实际情况尽快采取最有效的处理措施——覆盖式消毒或直接销毁，防止污染范围扩大、污染程度加剧。对于食源性致病菌中毒的患者，应及时诊断并治疗，控制疾病的进一步传播。

三、肉制品中食源性致病菌——碎牛肉沙门菌事件的特例分析

（一）案例回顾

2018年8月5日至2019年3月22日，美国疾病预防控制中心（Center for Disease Control and Prevention，CDC）网站上陆续报道了一起由沙门菌引起的食源性疾病暴发事件。美国某肉类生产商生产的部分批次牛肉产品怀疑被沙门菌污染，问题产品被包装成不同品牌出售。从2018年8月5日出现首例报告病例至2019年2月8日共报告病例403例，死亡0例。此次疾病暴发共涉及美国30个州。

相关数据显示病例年龄分布在不到1岁到99岁不等，平均年龄为42岁，49%的病例是男性。在有可用信息的340人中，有117人（34%）为住院病例，没有死亡病例的报道。

事件暴发后，CDC、几个州的公共卫生和监管相关部门以及美国农业部食品安全检验局（FSIS）启动联合调查，调查人员向部分病患询问他们生病前一周所吃的食物和其他接触情况。在277名受访者中，可提供进食史信息的237人（86%）报告在家吃过碎牛肉。此外，几名无关联的患者在此事件中食用了碎牛肉，或在同一家连锁杂货店购买了绞碎牛肉，这表明受污染的食品在这些地点供应或出售。流行病学、实验室和追溯证据表明，由某肉类生产商生产的碎牛肉很可能是此次疫情的来源。

亚利桑那州和内华达州的官员从病患家中收集了打开和未打开的碎牛肉包装，还从零售场所收集了未开封的碎牛肉包装，在绞碎的牛肉中鉴定出沙门菌。全基因组测序（WGS）结果显示，在绞碎的牛肉中发现的沙门菌与患者样本中的沙门菌有密切的遗传关系，产品追溯信息也显示这些碎牛肉来自该生产商。WGS分析未从398名患者和5个食物样本中的403株沙门菌中分离出预期的抗生素。CDC的国家抗生素耐药性监测系统（NARMS）实验室使用标准抗生素敏感性试验对17种暴发菌进行了检测，证实了这些结果。

（二）影响与危害

此次牛肉污染沙门菌事件波及美国30个州的连锁零售店和当地商店在内的100多家零售店，波及

范围较广，持续时间较长。2018 年 10 月 4 日，FSIS 发表的一篇新闻稿声明，因为事发公司生产的碎牛肉可能被沙门菌污染，并可能与一起多州沙门菌食源性疾病暴发有关，该公司宣布召回大约 650 万磅可能被沙门菌污染的牛肉产品。2018 年 12 月 4 日，FSIS 发布"一级召回令"，该公司宣布召回额外的 520 万磅牛肉产品，两次共计召回约 1200 万磅牛肉产品。此次事件中 FSIS 发布的"一级召回令"，在评级上为最高等级，这起事故对公众健康的影响定性为"高危害"。《今日美国》指出，这是美国历史上规模最大的一起"沙门菌牛肉召回事件"。

（三）污染来源及超标原因分析

此次碎牛肉沙门菌事件的污染食品为冷藏包装的碎牛肉，在美国餐饮业通常被用来制成圆饼状或圆球状从而烹饪牛肉汉堡肉馅等美食，其污染来源主要有以下几种可能。

（1）肉牛在饲养、屠宰过程中感染沙门菌。

（2）牛肉加工、包装、运输过程中卫生条件不达标导致沙门菌污染。

（3）牛肉在零售店保存条件不达标导致沙门菌污染。

（4）牛肉烹饪过程中未彻底煮熟牛肉至其内部温度为约 70℃ 导致沙门菌继续繁殖。

沙门菌是肠杆菌科常见的一种主要病原菌，广泛分布于自然界，可通过食品等途径感染，占微生物性食源性疾病的首位。研究表明，沙门菌在体外环境中的生存能力较强，肉类等食物被沙门菌污染的机会很多，烹调后的熟食也可再次受到带菌容器、烹调工具等的污染，也可由食品从业人员带菌而直接或间接通过食品链感染人类。

近年来随着人们消费水平的提高，与沙门菌病暴发关联较大的动物性食品的消费量也在不断增长，增加了沙门菌病发生的概率。集约化养殖、集中化的食品加工，为沙门菌的富集与传播创造了有利的条件。同时，人类食物链环节的增多和饮食方式的多元化，增添了沙门菌暴发的不确定因素，为研究沙门菌病的流行病学带来难度。而且，食品生产工艺日新月异，新原料和新设备的采用，使得食品污染的途径日趋复杂化，为防控沙门菌造成巨大障碍。最后，沙门菌耐药性菌株的大量流行与耐药性的不断增强，使得彻底治愈沙门菌病难度增大，将更易导致带菌者人数的增加与接触传染的概率增大。

（四）控制措施

根据危险性评估，沙门菌是三种最严重的牛肉源性致病菌之一，肉牛在从饲养到屠宰、加工、运输、储藏至餐桌的过程中环节众多，需要在每个环节进行质量把控，防止沙门菌污染。主要可以从以下几个方面进行控制。

1. 加强屠宰检疫 肉牛感染沙门菌是影响肉品安全的源头，活牛的胃肠道容易携带沙门菌，然后由粪便排出，污染牛群和饲养环境，导致沙门菌病的传染。牛感染沙门菌后常表现出三种类型，即败血症型、胃肠炎型以及生殖系统炎症型，且不同生理阶段的牛会表现出不同的发病情况，这就使屠宰检疫环节显得尤为重要。应该严格按照有关法规及程序把好屠宰检验关，宰前检验时不让病牛、死牛进入屠宰车间，宰后检验时对检出的病牛严格按照有关规定处理。加大对私宰场点的查处力度，从各方面保障肉品安全。如发现国家规定的检疫需要上报的传染病应及时上报。

2. 控制加工车间温度 在去骨、分割、包装过程中，温度对肉制品的影响十分明显。温度过高会使得微生物大量繁殖，缩短产品保质期，温度过低会改变肉品的微观结构，影响牛肉的口感。沙门菌在 36～38℃ 条件下最适宜生长和大量繁殖，因此，低温是抑制微生物繁殖的有效措施，应严格控制各加工车间温度，其中分割间温度控制在 7～12℃，排酸间温度控制在 0～4℃，结冻间温度控制在 −28℃，包装间温度控制在 10℃，肉品冷却的中心温度控制在 7℃。

3. 重视去骨、修割环节微生物控制 切碎的牛肉是一种广泛使用的商品，通常包括各种辅料和次原材料，可在屠宰肉牛的初级加工厂生产。其中，去骨、修割环节是最易产生微生物污染的环节，因为胴体和外来物质接触机会最多，例如用于修整与分割的刀具、分割锯工作台、各种容器和各种角落容易携带大量沙门菌，如果前期未消毒干净，会造成沙门菌污染或交叉污染，因此应经常对各类屠宰工具、台案、机器、通道、排水沟、地面、墙沟等进行彻底消毒杀菌，并由相关人员定时检查，杜绝卫生死角。常用乙醇、次氯酸钠、磷酸三钠、电解水等强氧化性杀菌剂进行喷淋或冲洗，研究表明，次氯酸钠可通过直接作用于细胞壁和干扰细胞代谢中的生物合成改变来杀死细菌，磷酸三钠可破坏细胞膜并去除脂肪膜，导致细菌细胞内液体泄漏，最终导致细菌死亡。电解水中含有的有效氯成分，可以增加细胞膜渗透性，导致细胞内容物分子泄漏和一些关键酶的失活。同时应注意，使用的化学清洗剂应符合食品卫生标准，以防将化学污染带人肉品中，导致细菌交叉污染。

肉牛屠宰加工环节烦琐，容易出现较多的安全问题，规范可能造成安全隐患的每个环节，才能保证牛肉卫生合格进而消除安全隐患，让人们吃得放心和安心。

第五节　水产品中有机汞污染途径及控制 微课

一、汞的毒性

汞及其化合物的毒性大小与汞的存在形式、汞化合物的吸收途径有关。

（一）急性毒性

有机汞化合物的毒性比无机汞化合物大。由无机汞引起的急性中毒，主要可导致肾组织坏死，发生尿毒症。有机汞引起的急性中毒，早期主要可造成肠胃系统的损害，引起肠道黏膜发炎、剧烈腹痛，严重时可引起死亡。

（二）亚慢性及慢性毒性

长期摄入被汞污染的食品，可引起慢性汞中毒，使大脑皮质神经细胞出现不同程度的变性坏死，表现为细胞核萎缩或溶解消失。局部汞的高浓度积累，造成器官营养障碍，蛋白质合成下降，导致器官功能衰竭。

（三）致畸性和生育毒性

甲基汞对生物体还具有致畸性和生育毒性。母体摄入的汞可通过胎盘进入胎儿体内，使胎儿发生中毒。严重者可造成流产、死产或使初生幼儿患先天性疾病，表现为发育不良、智力减退，甚至发生脑麻痹而死亡。另外，无机汞可能还是精子的诱变剂，可导致畸形精子的比例增高，影响男性的性功能和生育力。

二、污染途径分析

全世界从岩石风化出来的汞每年可达 5000 吨，分别进入土壤、地面水和大气中。煤和石油燃烧，含汞金属矿物（主要是辰砂）的冶炼，成为大气中汞的主要来源；各种工业排放的含汞废水成为水体中汞及其化合物的主要来源；施用含汞农药和含汞肥料及使用污水灌溉成为土壤中汞的主要来源。土壤中的汞可挥发进入大气和进入植物体内，并可由降水淋洗进入地面水和地下水中。地面水中的汞可部分挥发进入大气，大部分吸附在水中颗粒物上沉积于底泥。

三、预防控制措施

1. 控制各种环境介质和污染源中汞排放　将其排放浓度控制在国家标准规定的限量范围以内是控

制食品中汞污染的重要手段。

2. 加强对水产品养殖、捕捞水域中汞污染水平的监测 确保汞污染水平在我国水体汞污染限量指标范围内，并对汞污染超标水域进行严格监管。

3. 食品经营生产企业需落实完善食品进货查验记录制度 依据水产品安全区域产地证明或检验合格报告验收，从源头避免汞污染超标食品。

4. 制定水产品中汞的限量标准 WHO 规定成年人每周摄入总汞量不得超过 0.3mg，其中甲基汞摄入量每周不得超过 0.2mg。我国颁布实施的《食品安全国家标准　食品中污染物限量》（GB 2762—2022）制定了食品中汞的限量标准。建议政府相关职能部门有针对性地加强对水产养殖企业和农贸市场的抽检力度。

第六节　薯片中丙烯酰胺污染途径及控制

一、食品中丙烯酰胺的危害

丙烯酰胺是一种高暴露水平的神经毒素，长时间接触会损伤中枢神经系统的功能，试验显示其具有遗传毒性。在以鼠类的动物实验所得的致癌试验中，已明确表明丙烯酰胺是一种致癌物，会引发鼠类的子宫腺癌、神经胶质细胞瘤等癌症。到目前为止，关于人类的流行病学没有任何证据表明饮食中的丙烯酰胺与某些常见癌症的发展之间存在联系，但其对人体影响是不容忽视的。

二、污染途径分析

导致薯片中丙烯酰胺含量较高主要有以下几种原因。

（一）加工温度和时间

加工温度越高，丙烯酰胺生成越多，而温度在 120℃ 以下，丙烯酰胺生成很少。丙烯酰胺生成量与高温处理持续的时间有关，随着时间的延长，丙烯酰胺的生成增加。薯片的加热温度通常在 170～200℃，符合丙烯酰胺生成前提。

（二）水分含量

食品中的水分在加热过程中可通过蒸发散热限制食品表面温度上升。而烘烤、油炸薯片的主要目的在于通过高温加热使马铃薯脱水后赋予食品酥脆口感，随着加热时间的延长，马铃薯中的水分不断蒸发减少、表面温度不断升高，其丙烯酰胺形成量也持续增加。

（三）加工原料中天冬酰胺和还原糖的含量

当加工原料中同时存在较高含量前体物丙烯酰胺和还原糖时，可通过高温加热产生美拉德反应生成较高含量丙烯酰胺。

三、预防控制措施

（一）原料筛选

选用低天冬酰胺马铃薯品种为原料。另在较低温度下储藏马铃薯虽不会导致天冬酰胺含量升高，但会导致还原糖水平提高，因此应尽量选用新鲜而非长期冷藏的马铃薯作为原料。

（二）清洗漂烫

使用枸橼酸溶液浸泡可进一步减少薯条、薯片中天门冬酰胺和还原糖的含量，同时酸性的枸橼酸溶液会降低美拉德反应中席夫碱的形成，进而降低油炸过程中的丙烯酰胺。

（三）降低马铃薯 pH

在加工过程中使用枸橼酸、富马酸、苹果酸、琥珀酸、山梨酸、己二酸、苯甲酸等有机酸以降低马铃薯的 pH，抑制丙烯酰胺的产生。

（四）添加氨基酸和小肽

加入含巯基的氨基酸或小肽如半胱氨酸、同型半胱氨酸、谷胱甘肽等促进丙烯酰胺的降解。

（五）控制油炸温度和时间

油炸温度和时间是发生美拉德反应的主要条件，也是影响丙烯酰胺生成的重要因素。在100℃以下油炸过程中几乎很少有丙烯酰胺的产生，当温度高于120℃时，开始产生丙烯酰胺。在160℃下油炸不同时间，结果显示在2分钟之后丙烯酰胺的含量急剧增加，8分钟后含量达到最高。综合来看，油炸时间控制在3分钟内可有效控制丙烯酰胺的生成。

由于在真空环境下水的沸点下降，因此可以通过采用真空油炸，在较低油温条件完成油炸脱水，减少丙烯酰胺生成。

（六）加强监测与评估

目前国际癌症研究机构（IARC）将丙烯酰胺列为2A类致癌物，世界卫生组织（WHO）建议，成年人每天摄入的丙烯酰胺不应超过1μg，欧盟于2018年4月11日正式实施了关于丙烯酰胺的法案COMMISSION REGULATION（EU）2017/2158对食品中丙烯酰胺含量设置了限定范围。我国亟须尽快建立食品中丙烯酰胺的限量标准，并加强对人群暴露水平的评估。

第七节　红酒中杀菌剂污染途径及控制

一、污染途径分析

红酒中杀菌剂主要来自原料葡萄种植过程中的农药残留。食品中农药残留主要有以下三种方式。

1. 农药的使用所产生的农药残留　农业生产过程中使用的农药黏附在农作物和果蔬的表面或通过根、茎、叶等吸收都有可能产生农药残留。杀虫剂和杀菌剂的使用也会引起饲养的动物体内产生农药残留从而导致动物食品的污染。

2. 从被农药污染的环境中吸收　药通过污染土壤、水体和大气进而间接导致食品农药残留。被污染的土壤、水体和大气会通过植物的根系转运至作物组织内部，导致农作物食品的农药残留，根系越发达的植物，农药的吸收率越高。

3. 通过食物链与生物富集作用而产生间接污染　生物富集又称生物浓集，是指生物体从环境中不断吸收低剂量的农药并逐渐在其体内积累的现象。通过生物富集和食物链，生态系统中不同级的生物体内农药的含量逐渐升高。

除上述三种主要的污染方式外，食品在储运过程中也可能发生污染，如使用被农药污染的交通工具或被农药污染的粮仓储存，意外污染如农药泄漏等事故导致的食品污染，不法经销商非法使用农药导致的污染。

二、农药残留的危害

食用农药残留超标的动物食品后，农药会通过消化道进入人体而引起中毒。

（一）急性中毒

所谓急性毒性，是指毒性较大的农药 24 小时内可出现不同程度的中毒症状。急性中毒主要是指高毒性农药，如有机磷类农药和酸酯类农药。有机磷进入人体后，会和乙酰胆碱酯酶反应生成磷酰化乙酰胆碱酯酶，进而抑制乙酰胆碱酯酶活性，使其丧失分解乙酰胆碱的作用，造成乙酰胆碱的蓄积，导致神经功能紊乱，出现一系列症状如恶心、呕吐、腹泻、大小便失禁、瞳孔缩小、视物模糊、流涎、出汗、血压升高、心率增快、肌肉震颤和抽搐、呼吸中枢麻痹、呼吸停止而死亡等。

（二）慢性中毒

有些农药毒性不高，但性质稳定，不易分解代谢，长期接触容易在人、畜体内蓄积，损害人体系统如神经系统、内分泌系统、生殖系统等，阻碍正常生理代谢过程。另外、农药最典型的慢性中毒就是其致癌致畸致突变的"三致"作用。如 2,4,5 - T，地乐酚，杀虫脒，含砷、含汞的这些农药或其代谢产物都有潜在的"三致"作用。

三、预防控制措施

1. 科学管理 减少疾病侵染源，如秋冬季清园，及时处理落叶，将病穗扫净烧毁等。

2. 利用物理手段防治病虫害 如套袋技术在葡萄种植过程中是十分有效的物理防虫害手段。

3. 选用高效低毒的农药，降低残留量 如诱导免疫型杀菌剂，该杀菌剂本身没有杀菌作用，但是它可以通过激发植物本身对病害的免疫（抗性）反应来实现防病效果。

4. 合理使用农药 如多菌灵等杀菌剂，休药期为 18 天，因此应在葡萄收获前停用。

第八节　护色剂亚硝酸盐污染途径及控制

一、亚硝酸盐的危害

亚硝酸盐是一种允许使用的食品添加剂，只要控制在安全范围内使用不会对人体造成危害。大剂量的亚硝酸盐能够使血色素中二价铁氧化成为三价铁，产生大量高铁血红蛋白从而使其失去携氧和释氧能力，引起口唇、指甲和全身皮肤出现发绀等组织缺氧症状，并有头晕、头痛、心率加速、呼吸急促、恶心、呕吐、腹痛等症状。严重者可以引起呼吸困难、循环衰竭和中枢神经损害，出现心律不齐、昏迷。

二、污染途径分析

1. 蔬菜种植过程污染 蔬菜在生长过程中可从土壤中吸收大量的硝酸盐，新鲜蔬菜储存过久，尤其腐烂及煮熟菜放置过久，菜内原有的硝酸盐在其还原菌的作用下转化为亚硝酸盐。

2. 刚腌不久的蔬菜含有大量的亚硝酸盐 尤其是加盐量少于 12%、气温高于 20℃ 的情况可使菜中亚硝酸盐含量增加，第 7~8 天达高峰，一般于腌后 20 天降至最低。

3. 硝酸盐和亚硝酸盐用于肉类保藏 我国规定肉制品中亚硝酸盐残留量（以亚硝酸钠计）不得超过 30mg/kg，肉罐头中不得超过 50mg/kg。如果在加工过程中硝酸盐或亚硝酸盐添加剂量超过限量范围，则有可能导致消费者食用后出现中毒。

4. 食用蔬菜过多　大量硝酸盐进入肠道，肠道内细菌可将硝酸盐转化为亚硝酸盐，且由于形成过多、过快而来不及分解，结果大量硝酸盐进入血液导致中毒。

三、预防控制措施

（1）保持蔬菜新鲜，不要食用腐烂变质的蔬菜和过夜的剩菜。

（2）勿在短时间内食用大量腌制蔬菜。

（3）腌制蔬菜时，加入食盐量应≥4%，并保证至少待腌制15天再食用。

（4）加工肉类加工制品时硝酸盐和亚硝酸盐的用量应严格按照国家卫生标准的规定，不可超限量添加。监管部门要加强对肉类加工制品中亚硝酸盐的监测。

第九节　水产品非法添加物污染途径及控制

一、孔雀石绿的危害

研究表明，孔雀石绿和无色孔雀石绿在体内外均具有致突变作用，而且无色孔雀石绿致突变作用的靶器官是肝脏，可以增加肝细胞的突变频率。孔雀石绿具有生殖和发育毒性。研究证实，孔雀石绿可导致妊娠新西兰白兔胎仔发育毒性，子代出现骨骼、心脏、肝和肾发育异常。

孔雀石绿可诱发大鼠甲状腺肿瘤、肝肿瘤和乳腺肿瘤，对雌性小鼠未见致癌作用。无色孔雀石绿可致雄性大鼠甲状腺瘤、睾丸癌和雌性大鼠肝肿瘤发生率增加，并可显著诱发小鼠肝肿瘤。研究发现，孔雀石绿可促进二乙基亚硝胺诱发的肝癌前病变增加，但目前不清楚它们对人类的致癌风险。

孔雀石绿还可以作用于机体的多个器官，如引起动物肝、肾、心脏、脾、皮肤、眼睛、肺等多器官毒性。无色孔雀石绿还能降低动物甲状腺素（T）的水平，提高促甲状腺激素水平。

二、污染途径分析

孔雀石绿是一种合成的 N - 甲基三苯甲烷类工业染料，过去常被用于制纸业、制陶业、纺织业、皮革业、食品业等，曾一度用作食品染色剂。在被证实具有抗菌杀虫等药效后，许多国家曾将其广泛用作驱虫剂、杀菌剂和防腐剂，用于杀灭原生动物、水产动物体外的寄生虫等，也用于预防和治疗鱼卵、鱼体的水霉病。我国农业农村部第 250 号公告中规定，孔雀石绿为禁止使用的药物，在动物性食品中不得检出。一些不法商贩会在新鲜活鱼的运输或暂存过程中，加入孔雀石绿，来降低新鲜活鱼的死亡率。

三、预防控制措施

（1）推广应用安全合法的新型水产生物保鲜活剂进行杀菌消毒，减少水产养殖户对孔雀石绿的非法使用。

（2）监管部门需加强针对水产养殖企业和农贸市场中孔雀石绿的监测，杜绝孔雀石绿在水产行业的违法添加。由于孔雀石绿具有致畸、致癌、致突变的危险性，很多国家和地区都禁止它在水产养殖业中作为兽药使用，如加拿大于 1992 年禁止其作为渔场杀菌剂使用；加拿大和美国均规定在食用鱼等水产品中孔雀石绿和无色孔雀石绿不得检出；欧盟于 2002 年 6 月也颁布法令禁止其在食用鱼的渔场中使用；我国于 2019 年 12 月将孔雀石绿列入《食品动物中禁止使用的药品及其他化合物清单》中。

第十节　豆制品生产 HACCP 体系

一、危害分析——危害分析表

豆制品生产危害分析见表 9-1。

表 9-1　豆制品生产危害分析表

加工步骤	潜在危害 （B. 生物的；C. 化学的；P. 物理）		显著与否 （是√否×）	判断依据	预防控制措施	是否 CCP 点 （是√否×）
原料接收	B：黄曲霉、大肠菌群		×	原料生产环境运输、贮存过程污染、检测资料	1. 采购合同需规定，验证供方有效认证证书 2. 本厂检验、外送检或验证供方检验报告	×
	C：矿物油、农残					
	P：杂质（灰尘、土粒、玻璃块、草秸木屑、纤维物、金属物等）					
除杂	B：黄曲霉、大肠菌群		×	原料生产环境运输、贮存过程污染，检测资料	保持设备良好工况：重力去石、筛网去渣、吸铁除金属、旋风除尘	×
	C：矿物油、农残					
	P：泥沙、石子、玻璃、金属物、草木屑、纤维物、毛发、昆虫、土块					
大豆清洗	B：大肠菌群、黄曲霉		×	筛选工艺处理未净	1. 保持清洗水洁净、供水正常水量充足 2. 水浮除霉豆 3. 每 2 小时停机一次，清除旋洗机底部杂物 4. 出料口、管路每班清洗干净，管内不存余豆	×
	C：无					
	P：小土粒					
浸泡	B：大肠菌群、酵母菌		×	生产用水、操作工手的污染检测报告	1. 每班清洗输料管路，不存余豆 2. 每班清洗浸泡容器 3. 保持供水充足 4. 水浮霉豆、易流排出	×
	C：无					
	P：无					
磨浆	B：大肠菌群、酵母菌		×	设备的污染	1. 每班清洗磨制设备，保持洁净 2. 生产用水定期检测，发现不合格，立即停用，改换水源	×
	C：无					
	P：无					
浆渣分离	B：大肠菌群、酵母菌		×	空气、容器中微生物的污染	1. 清洗地面、避免污水进入搅拌槽 2. 每班清洗设备避免结垢	×
	C：无					
	P：无					
配浆	B：大肠菌群、酵母菌		×	容器表面、空气中微生物污染	1. 容器清洗消毒、空气臭氧消毒 2. 每季抽取豆浆接触面样本监测	×
	C：无					
	P：无					

续表

加工步骤	潜在危害 （B. 生物的；C. 化学的；P. 物理）	显著与否 （是√否×）	判断依据	预防控制措施	是否 CCP 点 （是√否×）
煮浆	B：脲酶 C：无 P：无	√	检测标准和检测报告	1. 保持蒸汽压力 0.3 ~ 0.5MPa 2. 煮浆温度加温到 95℃以上，并持续 5 ~ 10 分钟	√
滤浆	B：大肠菌群、酵母菌 C：无 P：头发丝	×	容器表面、空气中微生物污染，操作工头发	1. 容器清洗消毒、空气臭氧消毒 2. 操作工符合上岗卫生要求，头发卷入帽网	×
点浆	B：大肠菌群、酵母菌 C：凝固剂添加量超标、品种不符合 GB 2760 要求 P：头发丝	×	容器表面、空气中微生物污染。凝固剂添加量超标、品种不符合要求	1. 容器清洗消毒、空气臭氧消毒、盐卤浓度调整到 6 ~ 76brix 2. 操作工符合上岗卫生要求，头发卷入帽网	×
凝固	B：大肠菌群、酵母菌 C：无 P：无	×	容器表面、空气中微生物污染	容器清洗消毒、空气臭氧消毒	×
破脑	B：大肠菌群、酵母菌 C：无 P：头发丝	×	容器表面、空气中微生物污染、员工的手部污染	1. 容器清洗消毒、空气臭氧消毒，员工手部清洗消毒 2. 操作工符合上岗卫生要求，头发卷入帽网	×
压制脱水	B：大肠菌群、酵母菌、金黄色葡萄球菌、链球菌、痢疾杆菌 C：无 P：包布纤维、金属毛边飞刺	×	空气、工具、操作工手的微生物污染，压制、包制工具的污染	1. 箱盖每班前后均清洗消毒，不使用有毛刺、飞边的箱盖 2. 包布每班完毕清洗消毒，使用完好的包布 3. 操作人员上岗符合健康要求，手无受伤，穿戴符合规定并保持清洁 4. 操作中的箱、盖、包布不落地 5. 保持设备工况正常。正常脱水时间 45 ~ 50 分钟不延长	×

二、确定关键控制点——CCP 决策树

豆制品生产 CCP 决策树如图 9 - 1 所示。

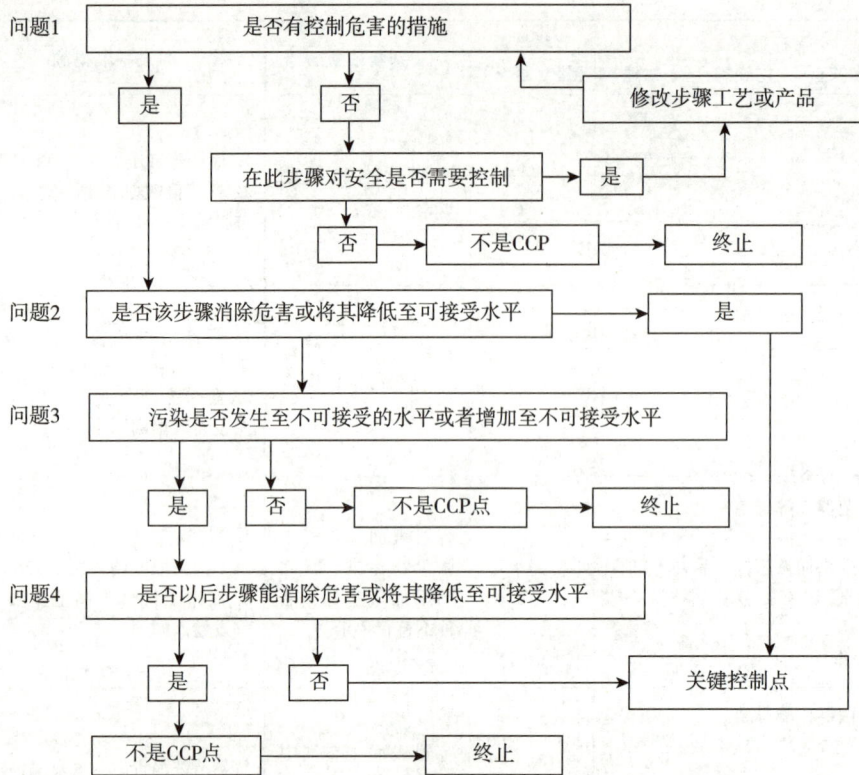

图 9 – 1　豆制品生产 CCP 决策树

三、HACCP 计划表

豆制品生产 HACCP 计划见表 9 – 2。

表 9 – 2　豆制品生产 HACCP 计划表

加工步骤	CCP代码	显著危害	关键限值	监控程序				纠偏措施	记录	验证
				对象	方法	频率	责任人			
煮浆	1	脲酶	1. 保持蒸汽压力 0.3～0.5MPa 2. 煮浆温度加温到 95℃以上，并持续 5～10 分钟	压力表；温度计；时间表	观察	连续	煮浆工	1. 压力表、温度计未达到额定值，立即报告生产部值班人员，通知维修工采取措施，恢复额定值 2. 当蒸汽压力调整不能达到额定压力，通知锅炉房升压，未煮熟的浆不得排放转序	1. 生产记录 2. 设备维修记录	生产部副经理每月 1 次；设备部副经理每月 1 次
巴氏杀菌	2	大肠菌群、酵母菌、金黄色葡萄球菌、痢疾杆菌	1. 加温，杀菌温度保持在 80～95℃ 2. 水浴机速度适宜，保持杀菌时间≥35 分钟	温度计；计时器	观察	每30分钟 1 次	班长	1. 发现温度计温度不够，通知锅炉房立即保压供气 2. 如发现设备行程时间不够，立即停机，通知设备部检修，保持正常工况	1. 生产记录 2. 设备维修记录	生产部副经理每月 1 次；设备部副经理每月 1 次

续表

加工步骤	CCP代码	显著危害	关键限值	监控程序				纠偏措施	记录	验证
				对象	方法	频率	责任人			
冷却	3	大肠菌群、酵母菌	1. 冷却水温度为8~15℃ 2. 冷却时间≥35分钟	温度计；计时器	观察	每30分钟1次	班长	1. 发现温度计温度不够，通知锅炉房立即保压供气 2. 如发现设备行程时间不够，立即停机，通知设备部检修，保持正常工况	1. 生产记录 2. 设备维修记录	生产部副经理每月1次；设备部副经理每月1次
检验（金属探测）	4	金属异物的残存	铁：1mm；不锈钢：2mm	金属探测仪	观察	连续监控	检验工序负责人	脱离关键限值时，停止金属探测仪，对其进行调查，进行改善，在确认能够正常进行检验后，重新开始作业。在脱离关键限值时检测出的可能是不良品的产品，在区分批次的情况下，跟合格产品进行区分保管，待金属探测仪能够正常工作后，进行再检查，舍弃不合格产品	1. 产品的抽样检查记录 2. 金属探测仪的精度点检记录	操作工每天开工前校准1次，加工期间每小时对金属探测仪校准一次，车间质检员每天复核金属探测仪校准记录
入库冷藏	5	酵母菌	冷库温度保持在2~10℃	冷库温度计	观察	每2小时1次	库管员	1. 发现温度超过指定温度，立即调节制冷机 2. 如有损坏，立即通知设备部检修	1. 生产记录 2. 设备维修记录	生产部副经理每月1次；设备部副经理每月1次

练习题

答案解析

一、单选题

1. 鹅膏毒肽中毒症状分为四阶段，分别为潜伏期、（　　）、假愈期、暴发性肝功能衰竭期。

　　A. 神经系统症状期　B. 心脏衰竭期　　　C. 消化道症状期　　　D. 肾脏衰竭期

2. 下列针对花生中黄曲霉毒素污染的控制措施中，错误的是（　　）。

　　A. 收获时要及时排除霉变部分　　　　　B. 花生脱粒后应及时晾晒

　　C. 控制储存环境的温湿度　　　　　　　D. 烹调时充分蒸煮加热脱毒

3. 豆科类作物中胰蛋白酶抑制剂热稳定性较高，采用100℃处理（　　）的灭活方法，可使其失去90%以上的活性。

　　A. 5分钟　　　　　B. 10分钟　　　　　C. 15分钟　　　　　D. 20分钟

4. 下列选项中，（　　）不属于导致薯片中丙烯酰胺含量增加的影响因素。

　　A. 加热温度和时间　　　　　　　B. 天冬酰胺和还原糖的含量

　　C. 水分含量　　　　　　　　　　D. 脂肪酸的组成比例

5. 下列选项中，（ ）无法有效控制食品中亚硝酸盐的含量。

　　A. 腌制蔬菜时，加入食盐量≥4%

　　B. 腌制蔬菜时，腌制时间不超过7天就必须上市销售

　　C. 严格控制加工肉类制品中硝酸盐和亚硝酸盐的用量

　　D. 减少蔬菜种植过程中氮肥的使用

二、简答题

1. 针对牛肉加工过程中沙门菌的污染风险，有哪些预防控制措施？

2. 如何控制水产品中甲基汞的含量？

3. 如何通过加工工艺的改进，减少薯片中丙烯酰胺的含量？

书网融合……

本章小结　　　　微课　　　　题库

参考文献

［1］钟耀广. 食品安全学［M］. 北京：化学工业出版社，2019.

［2］纵伟. 食品安全学［M］. 北京：化学工业出版社，2016.

［3］王朔，王俊平. 食品安全学［M］. 北京：科学出版社，2016.

［4］张双灵. 食品安全学［M］. 北京：化学工业出版社，2017.

［5］侯红漫. 食品安全学［M］. 北京：中国轻工业出版社，2019.

［6］侯秀兰. 食品安全学［M］. 北京：化学工业出版社，2021.

［7］顾绍平，陈凤明，张峰. 危险分析与关键控制点在中国食品企业应用现状和展望［J］. 中国食品卫生杂志，2019，31（5）：407－409.

［8］王嘉宁. 浅谈我国食品添加剂引发的食品安全问题及解决对策［J］. 食品安全导刊，2018（33）：32.

［9］李贸衡. 食品领域的化学性危害及防治［J］. 现代食品，2015（23）：5－7.

［10］杨继涛，季伟. 食品分析及安全检测关键技术研究［M］. 北京：中国原子能出版社，2019.

［11］刘宁，刘涛. 食品安全监测技术与管理［M］. 北京：中国商务出版社，2019.